LA
SCIENCE CURIEUSE ET AMUSANTE

CORBEIL. — IMPRIMERIE ÉD. CRÉTÉ.

LA
SCIENCE CURIEUSE
ET AMUSANTE

CURIOSITÉS, RÉCRÉATIONS ET FANTAISIES SUR LES SCIENCES
ET LEURS APPLICATIONS

CERFS-VOLANTS ET TOUPIES — DISTRIBUTEURS AUTOMATIQUES
LE MACHINISME — L'ACOUSTIQUE — PHONOGRAPHE ET TÉLÉPHONE — L'ÉLECTRICITE
LES PHÉNOMÈNES ATMOSPHÉRIQUES
CHAUFFAGE, ECLAIRAGE, HABITATION ET VÊTEMENTS
MOYENS DE TRANSPORT — COMBUSTIONS SPONTANÉES — SABLE, VERRE ET DIAMANT
LE CANON — LE PAPIER

PAR

Ferdinand FAIDEAU

PROFESSEUR A L'ÉCOLE MUNICIPALE J.-B. SAY

Ouvrage orné de 210 gravures

PARIS

LIBRAIRIE ILLUSTRÉE, MONTGREDIEN ET Cie
Jules TALLANDIER, Successeur
8, RUE SAINT-JOSEPH (2e ARR^t)

LA
SCIENCE CURIEUSE ET AMUSANTE

CHAPITRE PREMIER

LE CERF-VOLANT ET SES APPLICATIONS

A quelle époque fut inventé ce jouet charmant qui nous fit faire jadis de si longues courses à la campagne ? Qui l'imagina ? Quelle est l'origine de son nom ? Autant de questions sans réponse précise. On admet, sans preuves certaines, qu'il nous est venu d'Extrême-Orient. Un général chinois, Han-Sin, qui vivait il y a vingt et un siècles, aurait fabriqué le premier cerf-volant, non pour se délasser de ses campagnes ou pour maigrir, mais pour mesurer la distance exacte qui le séparait d'une ville où il voulait pénétrer par un chemin souterrain.

Quant au nom du jouet, il varie suivant les pays ; en Écosse, en Allemagne, en Danemark, on le nomme *dragon* et l'on sait qu'en Chine il a presque toujours la forme de ce monstre ; en France, en Angleterre, en Italie, *cerf-volant, kite, cervo-volante*, ce qui provient peut-être d'une ressemblance entre les premiers appareils lancés et l'insecte qui porte le même nom.

Quoi qu'il en soit, l'invention du vieux brave à face jaune a fait, depuis, son chemin dans le monde. Si elle a amusé bien des générations d'enfants, elle a fait pâlir, sur sa théorie, des légions de savants. Un peu délaissé par ces derniers depuis les beaux travaux de Franklin, le cerf-volant a été, depuis trente ans, le sujet de nombreuses recherches ; il a servi à exécuter des expériences intéressantes ; il a permis d'obtenir des résultats importants.

CONSTRUCTION D'UN CERF-VOLANT.

Mais revenons au jouet. Il se compose d'une charpente en bois léger et en cordes sur laquelle on fixe du papier ou du calicot. Une longue baguette bien droite forme l'*épine*, colonne vertébrale qui porte un arc de même longueur à peu près, en frêne ou en châtaignier, dont les deux extrémités sont retenues par des ficelles à la partie inférieure de l'épine. La largeur maxima doit être environ les quatre cinquièmes de la longueur. On habille ce châssis avec du papier, on laisse sécher, puis on perce dans l'épine, au cinquième et aux deux tiers de la longueur totale en partant du haut, deux trous dans lesquels on fixe la *corde ventrière* qui retient par un nœud coulant la ficelle d'attache (*fig.* 1 ; *1*).

La *queue* est une corde ayant douze à vingt fois la longueur du jouet et qui porte, tous les 10 centimètres, des papillotes en papier ; un gros gland en papier découpé et frisé la termine. Deux autres ou *oreilles* sont souvent fixées aux extrémités de l'arc. L'équilibre de l'appareil doit être aussi parfait que possible.

LE LANCER DES CERFS-VOLANTS COMME SPORT.

Qui ne se souvient des émotions d'un premier lancement ! Depuis une semaine on en rêvait, mais un jour c'était la pluie, le lendemain un calme plat, qui forçaient à remettre l'opération tant désirée. Ainsi le bonheur fuit devant nous ! L'heureux moment arrivé, avec quelle joie on exécutait, sur le terrain même, les derniers préparatifs ; avec quelle ardeur on filait la corde quand un vent favorable soulevait le léger appareil ; quel orgueil en le voyant s'élever paisiblement presque jusqu'aux nuages, mais quelle déception si, après avoir, comme un homme ivre, « donné des têtes » dans toutes les directions, il venait s'abattre piteusement sur le sol ! Grand conseil alors. Il est mal attaché, disait l'un ; on s'empressait de déplacer la ficelle. Il est trop léger, disait l'autre, et vite une touffe d'herbe à la queue de l'appareil. Age heureux !...

Quand le cerf-volant se balançait mollement sans changer de place, on lui envoyait, par la ficelle, des *courriers*, rondelles de papier ou de carton percées d'un trou en leur milieu. Poussées par le vent, elles montaient en tournoyant.

Plus élégants sont de légers tubes de bois mince sur les
parois desquels on colle obliquement des ailettes de papier.

La lutte pour la hauteur et l'envoi de courriers de plus en plus
nombreux sont les seules récréations que s'offrent, en France et

Fig. 1. — 1. Carcasse et cerf-volant complet. — 2. Un match en Amérique.

dans la plupart des pays d'Europe, les amateurs de ce sport trop
négligé.

Aux États-Unis il existe des clubs d'amateurs de cerfs-volants
comme il y a chez nous des sociétés d'amateurs de cyclisme ou
de photographie. Ces clubs organisent même des réunions très
suivies et des luttes amusantes.

Dans une plaine, les juges de camp tracent à terre une ligne perpendiculaire à la direction du vent et, sur cette ligne, des cercles de 1ᵐ,50 environ de diamètre, en nombre égal à celui des concurrents. Chacun de ceux-ci, ayant armé la pointe de la queue de son instrument d'une ou deux lames de canif, prend place dans un compartiment, une fois son cerf en l'air, et cherche à couper la ficelle de ses voisins avec ses canifs. Tout cerf-volant coupé lui appartient (*fig*. 1 ; *2*).

L'opération exige une grande habileté et aussi un tour de main qui ne s'acquiert qu'à la longue ; elle est d'autant plus délicate qu'il est interdit de dépasser les limites de chaque loge.

Un tel *match* serait impraticable avec nos légers cerfs-volants à queues de papier ; il exige des jouets polygonaux à queue très longue en corde et en étoffe, analogues à quelques-uns de ceux dont nous allons donner la description.

CERFS-VOLANTS A SURFACE PLANE.

Les *cerfs-volants rectangulaires*, très employés en Russie, sont en papier résistant dont la longueur égale environ une fois et demie la largeur. Quatre baguettes sur les bords et deux en diagonale, que des ficelles relient entre elles et aux précédentes, lui donnent une résistance suffisante. Trois ficelles, dont deux sont fixées aux angles supérieurs, la troisième au point de rencontre des diagonales, forment par leur ensemble une pyramide triangulaire au sommet de laquelle on noue le fil d'attache. Des coins inférieurs partent deux autres ficelles au point de rencontre desquelles on fixe une queue très longue, formée à la manière ordinaire d'une corde avec des morceaux de papier de distance en distance, et un lourd pompon à l'extrémité. Un cerf-volant d'un mètre de longueur, construit d'après ces indications, a une grande force d'ascension (*fig*. 2 ; *3*).

En mai 1886, M. Maillot, avec un *cerf-volant octogonal*, sans queue, ni tête, a pu enlever un sac de terre pesant 68 kilogrammes, c'est-à-dire autant qu'un homme (*fig*. 2 ; *2*).

Cet appareil avait, il est vrai, 72 mètres carrés de surface, une charpente de 68 kilogrammes et un poids de toiles et de cordes de 45 kilogrammes. Il était fort compliqué. Des cordes manœuvrées de terre et reliées aux deux extrémités de la verticale passant par le centre de figure permettaient de lui donner une inclinaison variable avec la vitesse du vent et sa direction.

La *forme hexagonale allongée* est celle qu'affectionnent les Américains ; la charpente de leur cerf-volant est formée de trois baguettes droites, croisées au centre et aboutissant aux six

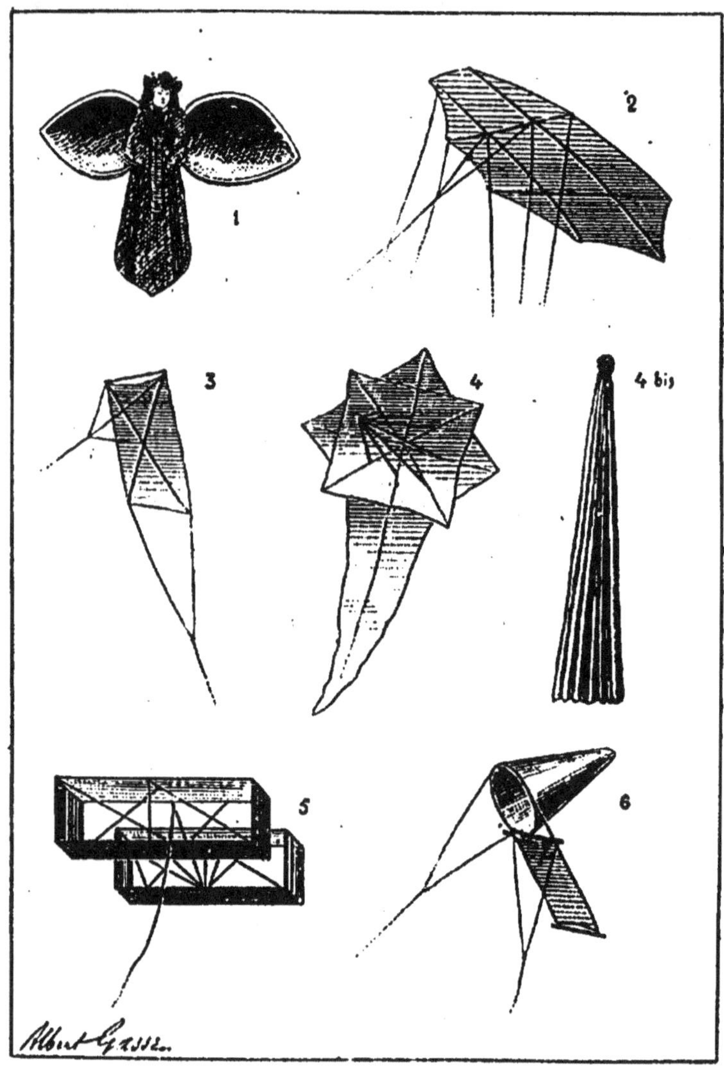

Fig. 2. — *1.* Cerf-volant japonais. — *2.* Cerf-volant octogonal. — *3.* Cerf-volant rectangulaire. — *4* et *4 bis.* L'aérophile ouvert et fermé. — *5.* Cerf-volant à cellules. — *6.* Cerf-volant à cône.

sommets. Des cordes forment les côtés ; le tout recouvert de fort papier ou de calicot. Pour queue, une bonne corde garnie de tampons d'étoffe. Pour un cerf-volant de 80 centimètres de hauteur, elle doit avoir 6 mètres par vent faible, 9 mètres par vent fort.

Si la queue est trop légère, au lieu de donner de la tête,

comme les nôtres, il tourne sur lui-même de façon inquiétante. A part cela, il est très docile, très maniable et se lance tout seul si le vent est bon, sans qu'il soit besoin de courir.

Le géant des instruments de ce type est celui qui s'enleva le 31 août 1892 à Dudley Hill (Massachusetts). Il n'avait pas moins de 6^m,40 de haut, avec une surface de 32 mètres carrés de toile, une queue de 30 mètres du poids de 5 kilogrammes. Il se maintint pendant plus de deux heures à 300 mètres de hauteur ; quatre hommes tirant sur la corde avaient beaucoup de peine à le maintenir. La traction constatée au dynamomètre varia entre 80 et 120 kilogrammes. Voilà une belle pièce, n'est-ce pas ?

L'*aérophile*, qui eut quelque succès en France en 1897, est aussi un cerf-volant hexagonal, mais pliable et, par suite, aisément transportable. Entièrement établi en soie avec une ossature métallique analogue à celle d'un parapluie, on n'a qu'à l'ouvrir pour s'en servir. On attache la ficelle à un anneau central et la queue à un crochet spécial. Le lancer a lieu à la manière ordinaire (*fig.* 2 ; *4* et *4 bis*).

Le *cerf-volant à cône*, imaginé par M. Jobert, est rectangulaire, mais ses deux baguettes verticales se prolongent de manière à supporter un cercle métallique auquel est fixé, comme un filet à papillons sur sa monture, un cône en étoffe ouvert à la pointe pour laisser passage à l'air (*fig.* 2 ; *6*). Des banderoles en clinquant placées sur ce cercle sont agitées par le vent et rendent des sons aigus. C'est un cerf-volant musical.

CERFS-VOLANTS A SURFACE COURBE.

Tous les appareils décrits jusqu'ici sont à surface plane.

Le *cerf-volant Malay*, modifié dans ses proportions par M. Eddy, de New-Jersey, présente au vent une surface convexe obtenue par la flexion en arc de la traverse horizontale à l'aide d'un fil métallique attaché à ses deux extrémités. Comme tous ses congénères, il est dépourvu de queue, et court le risque d'être culbuté par les augmentations brusques de vitesse du vent.

Quant aux *cerfs-volants japonais et chinois*, ils sont tellement nombreux et de formes si variées qu'ils défient toute classification.

Formés d'une carcasse légère de jonc ou de bambou recouverte d'un papier mince, mais d'une solidité à toute épreuve, ils so..t, malgré leur bizarrerie, d'une. stabilité parfaite. Les uns figurent des personnages fantastiques ; d'autres ont la forme d'oiseaux ou de poissons ; plus souvent encore de dragons formés de disques reliés entre eux, dont l'ensemble ondule, dans l'air, comme le corps d'un reptile. Les moins bizarres comportent une surface plane portant deux ailes qui forment poche et sont inclinées vers l'arrière (*fig.* 2 ; *1*).

CERFS-VOLANTS CELLULAIRES.

Très employés au Japon depuis des siècles sont les *cerfs-volants cellulaires*, consistant en deux boîtes à section rectangulaire reliées entre elles par des traverses en avant et en arrière (*fig.* 2 ; *5*).

En ces temps derniers le cerf-volant japonais à cellules a été modifié de cent façons diverses et s'est montré supérieur à tous les autres au point de vue de la force d'ascension et de la stabilité.

L'un des modèles d'amateurs les plus employés est le *cerf-volant Lecornu*. Sa charpente se compose de deux systèmes de lattes de sapin en forme d'X, reliés entre eux par quatre autres tiges parallèles formant les quatre arêtes verticales d'un prisme. Quand l'appareil est monté, il ressemble à une grande

Fig. 3. — Montage du cerf-volant Lecornu.

boîte rectangulaire sans fond, ni couvercle. Les parois sont formées par du papier fort ou de la toile (*fig.* 3).

Des fils, parallèles aux diagonales du rectangle de base, supportent d'autres feuilles de papier qui divisent la boîte en cellules. Quatre ficelles attachées aux angles du rectangle forment la

Fig. 4. — Lancement du cerf-volant Lecornu

bride où sera fixée la corde reliant le cerf-volant au sol (*fig.* 5).

Le plus grand avantage de ce modèle, c'est la facilité de son montage qui n'exige pas plus de quelques minutes et qui peut être effectué par deux observateurs en un lieu quelconque et au moment jugé favorable. Le mode de lancement est aussi très simple (*fig.* 4).

Pour les observations météorologiques dont nous allons parler tout à l'heure, l'appareil généralement adopté est celui qu'a imaginé, en 1894, M. Hargrave, de Clinton, membre de la Société royale de la Nouvelle-Galles du Sud. Il a l'aspect d'une boîte longue et peu profonde, sans fond ni couvercle. Il est formé de lattes en sapin, recouvertes de toiles. Pas un clou, pas une vis dans sa charpente ; les lattes sont unies par du fil de cordonnier. On recouvre de toile de coton, encollée avec de l'amidon dissous dans la benzine, pour obtenir une dessiccation rapide.

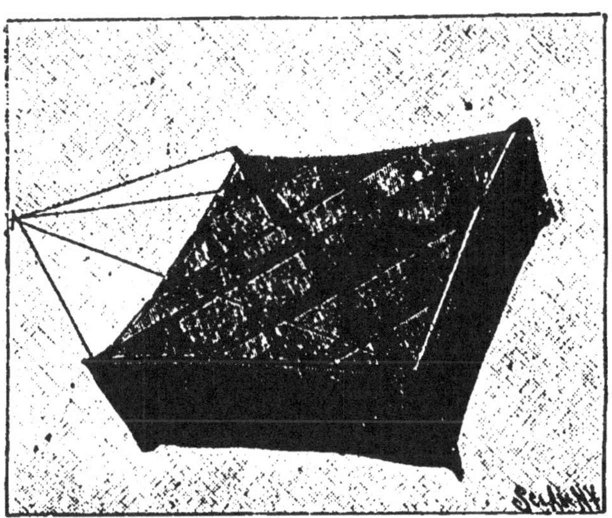

Fig. 5. — Mode d'attache du cerf-volant Lecornu.

Depuis lors les inventeurs se sont ingéniés à varier cette forme de toutes les façons imaginables.

Un Américain, M. Potter, a modifié le cerf-volant Hargrave en supprimant la tige centrale et en la remplaçant par quatre tiges qui réunissent les quatre angles des prismes (*fig. 6 ; 1*).

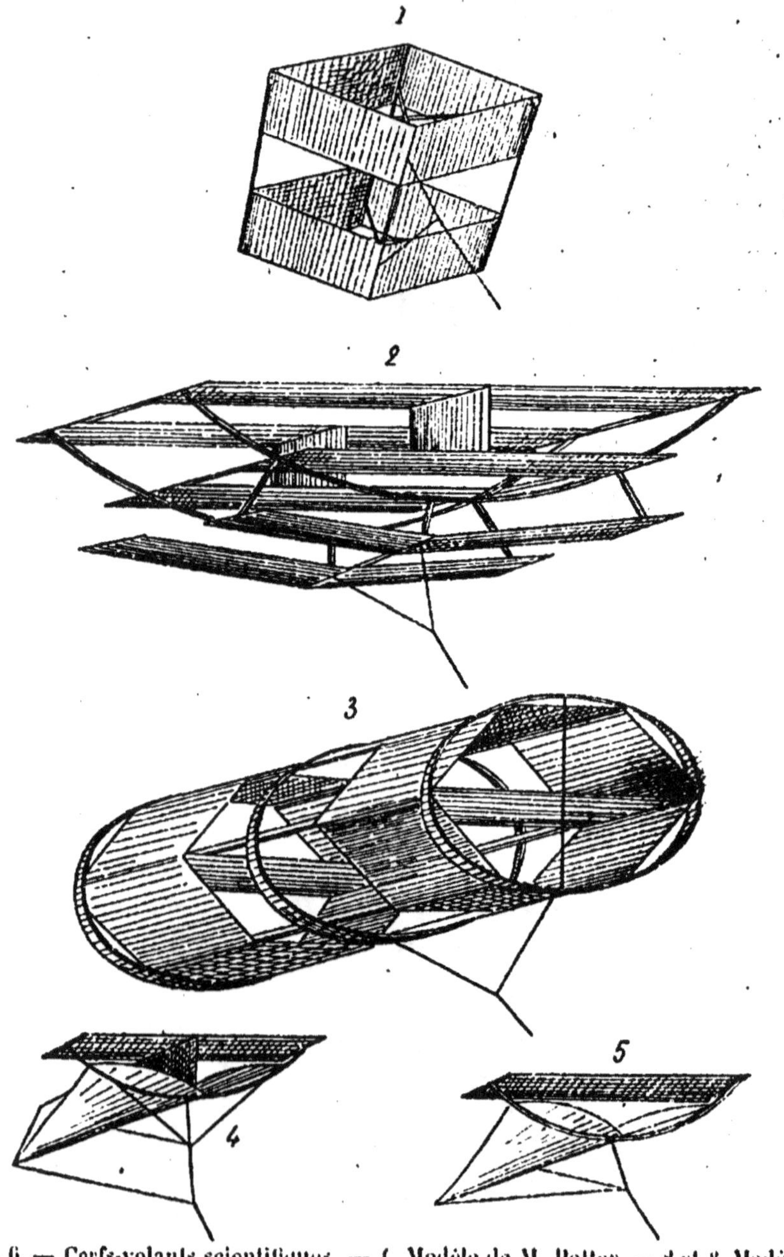

Fig. 6. — Cerfs-volants scientifiques. — *1.* Modèle de M. Potter. — *2 et 3.* Modèles alvéolaires à surfaces courbes. — *4 et 5.* Modifications du cerf-volant Malay.

On a essayé aussi de remplacer les surfaces à angle droit par des parties courbes. On a obtenu des figures fort compliquées (*fig.* 6; *2* et *3*), mais le succès de ces appareils n'a pas répondu à la peine qu'on avait prise pour leur construction. On a même abandonné le cerf-volant alvéolaire pour le cerf-volant Malay, forme déjà passablement compliquée et qu'on a encore surchargée par l'addition d'une arête centrale (*fig.* 6; *4* et *5*). Finalement on s'est aperçu que le cerf-volant de M. Hargrave était encore le meilleur et on y est revenu. Les résultats qu'il a permis d'obtenir sont véritablement extraordinaires.

Le compte rendu des travaux exécutés à l'observatoire américain de Blue-Hill, dont nous allons parler tout à l'heure, permettra au lecteur de s'en faire une idée.

ASSOCIATION DES CERFS-VOLANTS EN TANDEM.

On augmente beaucoup la force ascensionnelle du cerf-volant en associant en tandem plusieurs de ces appareils sur un fil unique, chaque cerf-volant se reliant à ce fil par une attache individuelle. On ne peut employer ce dispositif avec les cerfs-volants à queue; car en cas de grand vent les queues s'emmêleraient dans le fil principal, ce qui occasionnerait la chute de l'ensemble.

Au cours d'une expérience faite en 1895 par un savant américain, M. William A. Eddy, avec six cerfs-volants du type Malay attelés en tandem, de largeur comprise entre 1^m,22 et 2^m,75, l'effort exercé sur la corde fut compris entre 14 et 21 kilogrammes. La hauteur atteinte ne dépassa pas 1 200 mètres, chiffre considéré aujourd'hui comme bien faible.

CALCUL DE LA HAUTEUR ATTEINTE PAR UN CERF-VOLANT.

Pour calculer approximativement l'altitude atteinte par un cerf-volant ou par une série de cerfs-volants en tandem (*fig.* 7), il suffit de mesurer l'angle fait par la direction générale du fil d'attache avec la verticale et la distance qui sépare le point où le fil est fixé au sol de celui où tomberait la verticale menée du cerf-volant. La deuxième donnée s'obtient aisément en mesurant au pas; pour la première il suffit d'une sorte de théodolite primitif constitué par un carton portant un fil à plomb et une division en degrés.

APPLICATIONS RÉCRÉATIVES DU CERF-VOLANT.

Comme jouet, le cerf-volant, en dehors de son lancement même et du plaisir qu'on éprouve à le voir flotter et s'élever dans l'air, se prête à une foule de fantaisies.

Nous avons déjà décrit les combats de cerfs-volants, sport pratiqué aux États-Unis.

Colladon, le célèbre physicien de Genève, qui s'est beaucoup occupé du cerf-volant, avait imaginé un petit appareil qui grimpait le long de la ficelle à la façon des postillons et, arrivé à 2 ou 3 mètres du jouet, se détachait de lui-même. Il emportait un panier rempli de fleurs et de fruits qui tombait sur la propriété de parents ou d'amis du voisinage et dont la descente était rendue moins rapide à l'aide d'un petit parachute.

Il fit monter par le même moyen, au grand ébahissement des promeneurs, un mannequin de six kilogrammes ayant l'apparence d'un homme. Ce personnage, assis sur une chaise, tenait entre ses bras un parapluie qui servait de moteur.

Un cerf-volant peut emporter la nuit, pendue à l'extrémité de sa queue, une lanterne allumée ou même un feu d'artifice qui s'enflamme à l'aide d'une mèche dont la longueur est calculée de façon que les pièces ne partent que lorsque l'instrument est parvenu à une certaine hauteur.

Certains cerfs-volants japonais, allongés, à forme de poissons par exemple, constituent d'excellentes *girouettes* par les temps calmes, alors que les girouettes ordinaires restent absolument immobiles.

C'est aussi en Extrême-Orient qu'on emploie les *cerfs-volants musicaux* qui produisent dans les airs des sons bizarres, imprévus, s'entendant de fort loin dans le calme des belles nuits. Leur forme est variable. Les notes sont dues aux vibrations d'une mince lame de bambou tendue ou de trois ou quatre résonateurs en bambou, simples tubes percés de trous disposés d'une certaine façon.

APPLICATIONS SCIENTIFIQUES DU CERF-VOLANT.

Arrivons à des usages plus sérieux. Le cerf-volant est, en effet, susceptible d'applications scientifiques importantes. Il n'a pas de rival pour l'étude de l'électricité atmosphérique, pour la photographie topographique. Il peut être employé pour le sauvetage des navires, pour les signaux lumineux transmis à grande distance par les procédés électriques, pour la télégraphie sans fil, et, à la rigueur, pour faire des ascensions à faible hauteur.

Mais où le cerf-volant est véritablement pratique, c'est pour l'étude de l'atmosphère, pour la météorologie. Il coûte moins

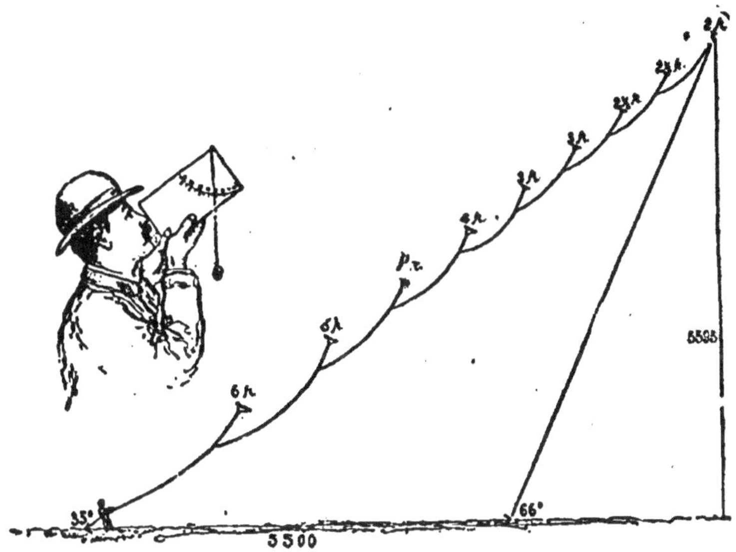

Fig. 7. — Procédé de triangulation pour mesurer les altitudes.

cher que le ballon captif, demeure immobile même dans un vent un peu violent, et solidement construit avec une surface assez grande, porte avec aisance toutes sortes d'appareils enregistreurs.

Passons en revue les applications scientifiques les plus intéressantes.

LE CERF-VOLANT ET L'ÉLECTRICITÉ ATMOSPHÉRIQUE.

En 1752, Franklin, puis de Romas, montrèrent à l'aide de cerfs-volants munis d'une pointe métallique à leur partie antérieure et d'une corde conductrice suivant la ficelle, que l'électricité atmosphérique est identique à l'électricité fournie par les machines. Ces expériences, non sans danger, furent répétées souvent, et variées, par d'autres physiciens.

LE CERF-VOLANT ET L'ÉTUDE DE L'ATMOSPHÈRE.

L'étude de la météorologie est indispensable pour la prévision du temps. Les progrès de cette science, tout au moins en ce qui concerne la haute atmosphère, n'ont été rapides que depuis l'utilisation du cerf-volant.

Depuis 1893, MM. Eddy, Wise, H. Smith, aux États-Unis, M. Hargrave, en Australie, se livrent avec ardeur au *Scientific Kite flying*, c'est-à-dire au « vol scientifique des cerfs-volants ».

L'exploration de l'atmosphère par ces légers appareils se fait d'une manière suivie dans un grand nombre de stations, notamment

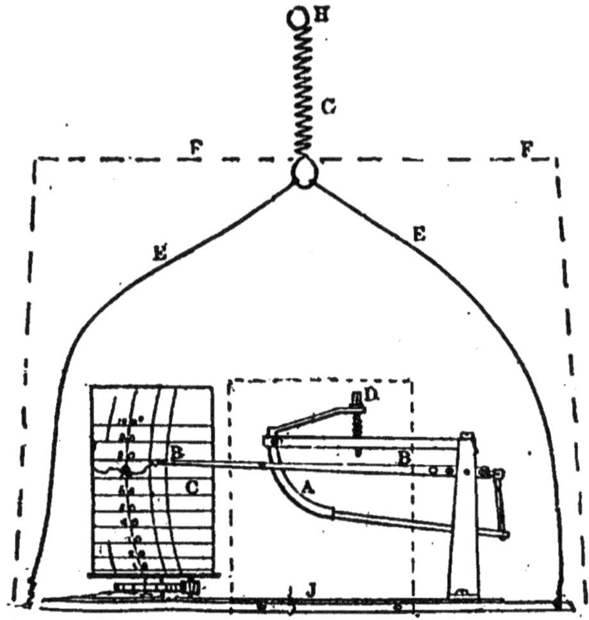

Fig. 8. — Le thermomètre enregistreur. — A. Tube creux actionnant le levier. — B C. Cylindre gradué contenant un mouvement intérieur. — F F. Projection de l'enveloppe extérieure. — G. Ressort compensateur. — H. Point de suspension. — I. Base en caoutchouc.

à Washington, à Blue-Hill, près de Boston, à Trappes (Seine-et-Oise), sous la direction de M. Teisserenc de Bort.

Les cerfs-volants lancés chaque jour emportent des appareils enregistreurs : thermomètre, baromètre, hygromètre, anémomètre, donnant la température, la pression, le degré d'humidité de l'air, la vitesse du vent, autrement dit l'état de l'air à toute heure et à toute hauteur au-dessus de la station.

Le thermomètre enregistreur ou *thermographe aérien* dont notre gravure (*fig.* 8) reproduit l'aspect, ne pèse qu'un kilogramme. L'aluminium entre pour une bonne part dans sa construction. Il a été établi par la maison Jules Richard, de Paris, et modifié par M. Fergusson, de l'observatoire de Blue-Hill.

Ce dernier observatoire, aujourd'hui célèbre, a été fondé en 1885, par M. Rotch. Situé à 190 mètres au-dessus du niveau de la mer, sur le sommet le plus élevé de la côte de l'Atlantique, entre le Maine et la Floride, c'est une dépendance du célèbre *Harvard College* (*fig.* 9). On y emploie surtout le modèle Hargrave fixé à un fil métallique qui peut supporter une tension de 136 kilogrammes. Un treuil mis en mouvement par une petite machine à vapeur sert à l'enrouler et à le dérouler sur un tambour métallique. La bride d'attache est élastique, afin de

Fig. 9. — Observatoire de Blue-Hill.

diminuer les secousses dues aux brusques sautes de vent. On s'efforce d'obtenir des angles absolument droits pour le châssis des appareils, l'expérience ayant montré que cette condition est très importante.

Les cerfs-volants qu'on ne pouvait faire monter, il y a quelques années, qu'à 1 000 mètres de hauteur, atteignent facilement aujourd'hui et même dépassent 2 500 mètres d'une façon courante.

Une statistique rapide des hauteurs maxima d'ascension n'est pas dépourvue d'intérêt. En 1894, M. Rotch et ses collaborateurs ne purent dépasser 631 mètres; deux ans après, ils allèrent à 2843 mètres. En 1898, la plus haute ascension atteignit 3571 mètres; l'année suivante, 3679 mètres; enfin, en 1899, elle fut de 3811 mètres, chiffre énorme pour un cerf-volant.

Il a été cependant dépassé en France, en 1900, par M. Teisserenc de Bort. A l'observatoire météorologique de Trappes (Seine-et-Oise), au mois d'août, un cerf-volant parvint jusqu'à 4300 mètres au-dessus du niveau de la mer.

LES CERFS-VOLANTS ET LA PLUIE ARTIFICIELLE.

On a même songé à modifier l'état de l'atmosphère et à provoquer artificiellement la pluie par le secours des cerfs-volants.

Un cerf-volant de grande dimension enlevé à la hauteur des nuages établit, au moyen de son fil d'attache bon conducteur, un circuit entre ces derniers et le sol, abaissant ainsi la tension électrique des nuages et amenant, par suite, une condensation de la vapeur d'eau, c'est-à-dire la pluie.

Une autre méthode consiste à provoquer la déflagration de substances explosives amenées au niveau des nuages à l'aide de grands cerfs-volants. L'ébranlement de l'air doit provoquer la chute de pluie.

Les résultats n'ont pas répondu à l'imagination des inventeurs et ces essais curieux ont été abandonnés.

Peut-être seront-ils repris quelque jour si l'efficacité des canons paragrêle n'est pas démontrée par les expériences entreprises actuellement.

LES CERFS-VOLANTS ET LA PHOTOGRAPHIE AÉRIENNE.

Nous parlions tout à l'heure de l'importance prise en Amérique par les cerfs-volants scientifiques. Nous devons dire cependant que la France, pays où l'aérostation a pris naissance, est aussi la patrie des premières applications scientifiques du cerf-volant. Non seulement notre compatriote de Romas exécuta en même temps que Franklin les premières recherches sur la nature de la foudre avec un cerf-volant, mais c'est un Français, M. Arthur Batut, qui, le premier, dès 1888, réussit à suspendre à un de ces jouets un baromètre enregistreur et un appareil photographique.

Le dispositif adopté était celui que représente notre gravure (*fig.* 10; 2). Le cerf-volant était muni d'une longue queue lui assurant une parfaite stabilité. La petite chambre noire était fixée à l'arête de bois, et munie d'un obturateur fonctionnant au moyen d'une mèche d'amadou. Cette mèche produisait le déclenchement en brûlant un fil; en même temps une longue bande de papier se déroulait, annonçant à l'observateur la fin de l'expérience.

Fig. 10. — *1*. Cerf-volant porte-amarre. — *2*. Cerf-volant photographique.

Un petit baromètre enregistreur, enlevé en même temps que la chambre noire, indiquait par un ingénieux mécanisme la hauteur à laquelle la plaque avait été impressionnée. L'ensemble des appareils enlevés pesait 1 200 grammes.

Depuis on a fait beaucoup mieux, sans doute, mais M. Arthur Batut a eu le très grand mérite d'ouvrir la voie.

On utilise aujourd'hui pour la photographie, comme pour les autres applications scientifiques, les cerfs-volants alvéolaires.

La chambre noire est disposée sur le cordon principal de l'appareil volant de telle façon que son objectif soit autant que possible dans un plan horizontal (*fig.* 11). Quand la chambre est arrivée à bonne hauteur, on tire une ficelle spéciale qui monte jusqu'au cerf-volant, l'obturateur se déclenche et, au même instant, un cordon assez long se déroule qui porte à son extrémité une boule métalli-

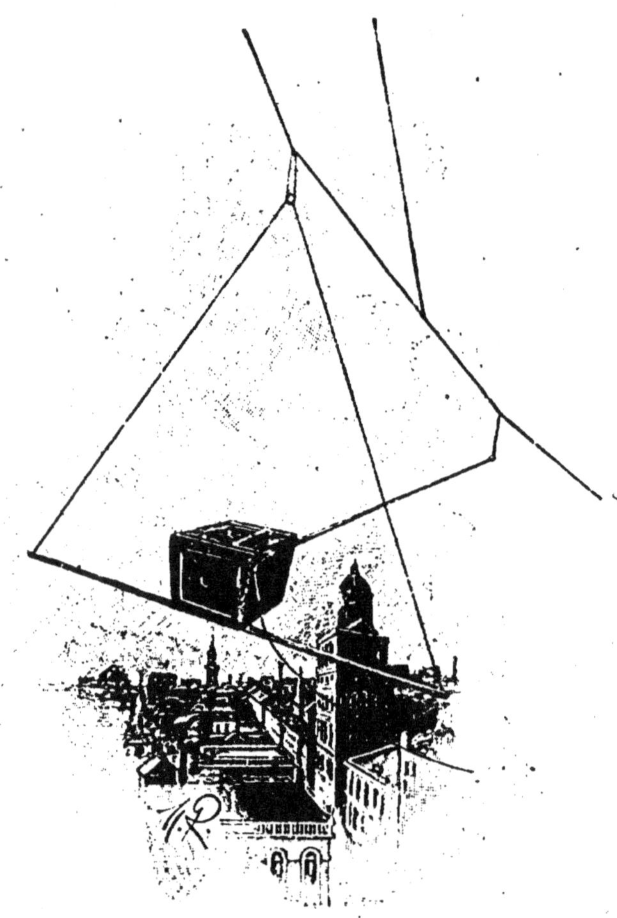

Fig. 11. — Suspension spéciale pour appareil photographique.

que dont la présence annonce le bon fonctionnement du mécanisme.

LE CERF-VOLANT PORTE-AMARRE.

Les Américains ont proposé l'emploi du cerf-volant pour lancer aux navires en perdition une amarre permettant d'établir un va-et-vient ou, mieux, pour la lancer du navire vers la côte.

Comme on n'avait pas de navire en détresse sous la main, les expériences furent faites sur les bords d'une large rivière.

Le cerf-volant employé était en forme d'étoile hexagonale de $2^m,33$ de hauteur. La charpente, formée de baguettes de bois, supportait une toile à voile huilée; la queue était constituée par une série de petites bandelettes de toile fixées en leur milieu par des nœuds d'une cordelette.

Le système d'attache par des séries de cordes se rendant à des bobines séparées (*fig.* 10; *1*) permettait de maintenir l'appareil à un certain angle sous le vent.

Le cerf-volant étant enlevé à une hauteur suffisante et dirigé suivant la route à parcourir, les deux lignes fixées à l'appareil furent reliées à une bouée à laquelle était attaché le câble de sauvetage. La bouée flotta sur l'eau et s'avança dans la direction voulue, remorquée par le cerf-volant.

Théoriquement cette méthode est avantageuse parce qu'elle permet d'envoyer à terre une ligne plus lourde et, par suite, plus solide que celle qui serait lancée par une fusée ou un fusil; de plus, la grande portée du cerf-volant permet d'atteindre une côte que les projectiles ordinaires ne sauraient gagner; elle n'a qu'un défaut, mais il est grave, c'est d'être impraticable dans la plupart des cas, parce que le vent souffle dans une mauvaise direction, parce que du navire on ne peut parvenir à lancer l'appareil, etc., etc.

LE CERF-VOLANT ET LE TÉLÉPHONE.

Il y a longtemps qu'on a utilisé pour la première fois le cerf-volant dans l'art militaire. En l'an 549, les habitants d'une ville chinoise assiégée, désireux de faire connaître au loin leur position critique, construisirent en papier un grand nombre de ces appareils aériens, et les lancèrent pour demander des secours au dehors. Nous avons aujourd'hui les pigeons voyageurs.

Dans ses *Mémoires*, lord Dundonald raconte que lorsqu'il voulait communiquer avec les Espagnols, pendant la guerre péninsulaire, il faisait attacher ses proclamations ou autres avis à la queue des cerfs-volants qui étaient lancés par vent favorable, et qu'on faisait tomber en temps voulu.

Le cerf-volant à cône déjà décrit a pu fonctionner comme messager. Lancé d'un bateau, puis abandonné à lui-même et maintenu par un flotteur, il a traversé un fleuve, transportant une dépêche d'une rive à l'autre.

Un journal américain a proposé récemment de remplacer tous ces procédés vieux jeu par le cerf-volant téléphonique, permettant de mettre en communication une ville assiégée ou une localité inaccessible avec des postes peu éloignés. Il suffit pour cela d'emporter les fils conducteurs dans la corde même de retenue, puis, quand le cerf-volant tombe à terre, on attache à chaque extrémité un appareil téléphonique et on crie : Allo! suivant l'usage. La ligne est posée avec une rapidité inouïe et à peu de frais.

Il n'y a encore à cette méthode qu'un léger inconvénient.

L'ennemi découvrira bien certainement le cerf-volant ou tout au moins les fils téléphoniques qui traîneront à terre, et s'empressera de couper la communication.

ADJONCTION D'UN CERF-VOLANT AUX BALLONS CAPTIFS.

Le ballon captif, très commode pour les observations de toutes sortes, offre l'ennui d'être trop sensible au vent, qui le fait incliner dangereusement pour les passagers de sa nacelle.

Un savant anglais, M. Douglas Archibald, a, en 1888, associé avec avantage un cerf-volant de grandes dimensions à un ballon captif.

Le cerf-volant, attaché au flanc du ballon, lui sert d'écran et l'abrite du vent; il augmente sa stabilité et lui communique une partie de sa force ascensionnelle.

Un dispositif peut permettre de modifier l'inclinaison du cerf-volant suivant les circonstances et d'éviter les remous.

Un ballon de 30 mètres cubes qui, sans cerf-volant, emportait 2 kilogrammes, put enlever, avec l'aide de cet appareil, 330 mètres de fil d'acier et 5 kilogrammes. Un ballon de 700 mètres cubes, associé à un grand cerf-volant, élèverait par un vent de 37 kilomètres à l'heure le même poids qu'un ballon de 1 500 mètres cubes.

LES ASCENSIONS PAR CERFS-VOLANTS.

En 1875, M. d'Esterno a proposé de se servir d'un cerf-volant de grande taille pour enlever, en temps de guerre, un observateur au-dessus du sol, quand on ne peut se procurer de ballon captif.

En 1886, M. Maillot put faire soulever par un cerf-volant gigantesque qu'il avait construit un sac de terre de 70 kilogrammes.

En 1896, M. Hargrave, avec quatre couples de son cerf-volant cellulaire, fit le projet de s'élever dans les airs. Le poids total de son appareil était de 16 kilogrammes et, au début du lancement, par un vent de 30 kilomètres à l'heure, la traction exercée sur le dynamomètre était de 83 kilogrammes. Quelques instants après, le vent ayant grandi, la traction était de 109 kilogrammes. M. Hargrave, qui pesait 75 kilogrammes, disposa sur le cordage des cerfs-volants une perche légère, munie d'une tige

Fig. 12. — Les ascensions par cerfs-volants : LA RÉALITÉ.

perpendiculaire sur laquelle il s'assit; les cerfs-volants l'enlevèrent à un mètre ou deux du sol, pendant que ses aides veillaient à ce qu'il ne montât pas trop haut (*fig.* 12). Le 4 janvier 1897, un officier de l'armée des États-Unis, M. Ulysse Wyse, a été soulevé à 14 mètres au-dessus de la baie de New-York par un train de quatre éléments Hargrave. Il put, assez confortablement assis, inspecter longuement l'horizon avec une jumelle dont il s'était muni.

Nous doutons que ce [mode d'observation de l'ennemi remplace le ballon captif pour les armées en campagne; il présente trop de dangers. De même, une telle ascension, si pittoresque qu'elle soit, ne tentera jamais les amateurs; la question de la descente est trop délicate à résoudre.

Cependant certains inventeurs ont songé à faire du cerf-volant une véritable machine volante. Voici le dispositif proposé par l'un d'eux (*fig.* 13); il n'y manque que la sanction de l'expérience.

Un cerf-volant alvéolaire à deux étages de voilure enlèverait l'aéronaute dans une nacelle. En tirant la corde, le passager se porte en avant, ce qui aurait pour effet d'amener le cerf-

Fig. 13. — Les ascensions par cerfs-volants : LE RÊVE.

volant dans une position plus horizontale à la rencontre du vent et de le faire descendre lentement. Pour s'élever il hisserait la nacelle pour la rapprocher de la base de l'aéroplane.

Voilà le rêve; l'ascension exécutée par M. Hargrave (*fig.* 12) est la réalité. L'avenir, qui nous réserve tant de surprises, nous donnera-t-il la navigation aérienne par cerfs-volants?

CHAPITRE II

LES TOUPIES

La toupie est un jouet fort ancien, très simple, intéressant au point de vue scientifique. Il se compose essentiellement d'un corps solide terminé par une pointe sur laquelle il tourne quand on lui donne une impulsion, soit avec la main, soit avec une corde ou un ressort.

TOTONS ET SABOTS.

La toupie la plus simple est le *toton*, formé d'un axe vertical traversant une masse arrondie que l'on met en rotation en saisissant avec le doigt la partie supérieure de l'axe (*fig.* 14).

Le classique *sabot*, qu'affectionnent tant les bébés, est une toupie conique à pointe courte et sans queue, qui se manœuvre au fouet, après qu'on lui a donné une première impulsion sur le sol à l'aide des deux mains (*fig.* 14).

TOUPIES A FICELLE.

De toutes les toupies, la plus populaire est la *toupie française* ou *à ficelle*, jouet de bois en forme de poire, avec queue et pointe en métal : la simplicité même jointe au bon marché. Que d'heures agréables elle nous a fait passer! La voir tourner, dressée sur sa pointe, avec une rapidité inconcevable, la prendre sur la main et sentir son chatouillement presque doulou- reux, assister aux convulsions de son agonie, entendre ses ronflements qui constituaient pour nous la plus délicieuse des harmonies, autant de joies dont le retour fréquent ne pouvait nous lasser.

La *toupie espagnole* se distingue de la française par l'absence de queue. Pour la ficeler, il faut mouiller l'extrémité de la ficelle et l'appliquer à la base de la pointe.

Fig. 14. — Le clown japonais; le sabot, le gyroscope, la toupie Archimède et le toton.

TOUPIES A CORDE TIRÉE.

Les *toupies à corde tirée* diffèrent des précédentes en ce que le mouvement de rotation est donné par une corde tirée rapidement d'une main, tandis que l'autre maintient le jouet. *Toupies hollandaises, toupies d'Allemagne* font partie de cette catégorie. En bois ou en métal, elles sont creuses et produisent en tournant des sons très intenses.

La *toupie protée*, qui a eu un certain succès il y a quelques années, appartient aussi à ce groupe. Elle consiste en un cône de verre enfermé dans une enveloppe en buis. Quand on est lassé de la voir tourner, on s'en sert comme encrier. Joindre l'utile à l'agréable est, sans doute, la devise de son inventeur.

De toutes les toupies à corde tirée, celle qui a la plus noble origine est le *gyroscope* ou *toupie magique*. Léon Foucault, qui l'inventa, la fit servir à montrer d'une manière irréfutable la rotation de la terre. Elle a passé peu à peu, en se simplifiant, du cabinet des physiciens dans la main des enfants : elle y a trouvé toujours les mêmes triomphes, plus bruyants pourtant dans le second cas.

Le gyroscope est composé d'un disque massif muni d'un axe pouvant tourner sur deux points reliés à un cercle de métal. Tenant en main le cercle, on imprime à l'aide d'une ficelle un mouvement au volant intérieur : la toupie semble alors être affranchie des lois de la pesanteur; elle tourne toujours, qu'on la pose sur une table, sur une corde tendue, sur le bord d'un verre, à l'extrémité du doigt. Inclinée ou même placée horizontalement au sommet d'un étroit support arrondi, elle s'y maintient sans tomber, tant que dure sa rotation (*fig.* 14).

Des considérations assez compliquées de mécanique expliquent cet équilibre, en apparence paradoxal, sur lequel il nous suffit d'avoir, en passant, attiré l'attention.

L'habileté acquise par les écoliers les plus adroits dans le maniement de la toupie lancée est insignifiante si on la compare à la virtuosité de certains équilibristes japonais. Ces artistes en toupies ont des jouets de grande taille, très lourds, larges, renflés au milieu et peu élevés ; la ficelle qui sert à leur communiquer l'impulsion a souvent 10 mètres de longueur. La toupie, lancée avec adresse et reçue dans la main, devient aussi docile qu'un gyroscope. L'opérateur la tient en équilibre sur son nez, ses lèvres, la fait sauter en l'air, jongle avec elle (*fig.* 14), la fait tenir en équilibre sur une corde tendue.

LE DIABLE FRANÇAIS ET LE KOUEN-GEN CHINOIS.

Le *diable* est un jeu qui fut très en faveur en France sous la Restauration. Sa pièce essentielle est une toupie formée de deux cônes creux dont les sommets sont réunis par une tige. Chaque cône, en bois ou en fer-blanc, est percé d'un trou dans lequel s'engage l'air et d'où il sort ensuite quand l'instrument tourne rapidement avec un bourdonnement semblable à celui de la toupie d'Allemagne.

Pour faire tourner le *diable*, on le place en équilibre par sa tige sur une corde dont les deux bouts sont attachés chacun à l'extrémité d'un bâton.

Tenant, dans chaque main, un de ces bâtons par l'extrémité opposée à celle où la corde est attachée, on imprime à la toupie un mouvement de rotation en élevant alternativement les mains, la gauche moins haut que la droite, qui doit aussi fouetter plus vivement.

Quand le jouet est en pleine rotation, on peut montrer son adresse en le faisant sauter tantôt sur une baguette, tantôt sur une autre, ou en l'envoyant à un autre joueur qui le reçoit sur sa corde... à moins qu'il ne le reçoive sur la tête.

Le *diable* français n'est qu'une modification d'un jeu chinois, le *Kouen-gen*, connu depuis des siècles.

Le *Kouen-gen* se compose de deux cylindres de 10 à 12 centimètres de diamètre, reliés entre eux comme un haltère, par une traverse plus mince au centre qu'aux points d'attache, afin de constituer une gorge. Il se manœuvre, comme le diable, sur une ficelle tendue entre deux tiges de bambou.

Certains Chinois sont d'une habileté consommée dans ce sport très goûté qui développe la force, la souplesse et l'agilité.

TOUPIES A RESSORT OU A HÉLICE.

Pour mettre les toupies en rotation, des systèmes plus ou moins ingénieux négligent l'emploi de la ficelle.

Les *toupies à ressort* se remontent avec une clef; il y a même des *toupies à remontoir adhérent* dont la rotation est interminable.

La *toupie Archimède* (*fig.* 14) consiste en un simple disque muni d'une pointe qu'on fait descendre, avec un curseur, le long d'une hélice dont elle s'échappe en tournant.

TOUPIES PNEUMATIQUES.

Les toupies pneumatiques ou *éoliennes*, presque toutes ronflantes, sont d'ordinaire en fer-blanc. Leur corps est creux et percé à sa périphérie d'une série de fentes, incomplètement fermées par un petit auvent oblique, faisant saillie à l'intérieur.

On souffle dans la queue, et le corps de la toupie tourne, l'air sortant par les trous de la surface agit sur les petits auvents comme sur les palettes d'une roue. L'axe, bien entendu, ne participe en rien au mouvement.

Voici comment on peut fabriquer soi-même, à très bon compte, une toupie pneumatique :

Un morceau de fort bristol, qui en formera le corps, est percé de six ouvertures équidistantes plus longues que larges et inclinées de telle façon que leur grand côté soit oblique sur les rayons passant par leurs extrémités (*fig.* 15 ; *3*). Les ouvertures ne doivent pas être découpées entièrement ; le grand côté qui regarde l'intérieur du cercle et les deux petits côtés seront détachés ; le quatrième, demeuré adhérent, sera relevé (*fig.* 15 ; *4*).

Ce disque, qui forme le corps de la toupie, sera traversé par un clou sans tête, assez long ; la pointe doit dépasser d'un demi-centimètre environ. Une goutte de cire fixera à son axe la toupie absolument prête à tourner.

Pour déterminer la rotation on prend une bobine à fil ordinaire ; on enfonce la queue de la toupie dans le trou de la bobine et on souffle (*fig.* 15 ; *1*) en soutenant la pointe de l'axe sur le petit doigt.

Le courant d'air frappe les palettes de carton obliquement et fait tourner le disque ; on peut alors retirer le doigt tout en continuant à souffler ; l'air, s'échappant entre la bobine et le disque, crée un vide partiel, et la pression atmosphérique s'exerçant toujours sur sa face inférieure le maintient en équilibre.

Quand la vitesse acquise est considérable, on laisse tomber le jouet sur une surface bien lisse, on enlève la bobine (*fig. 15; 2*) ; il continue à tourner pendant quelque temps.

TOUPIES COMPOSÉES.

Nous appelons *toupies composées* celles dans lesquelles le mouvement de rotation est employé à produire des illusions

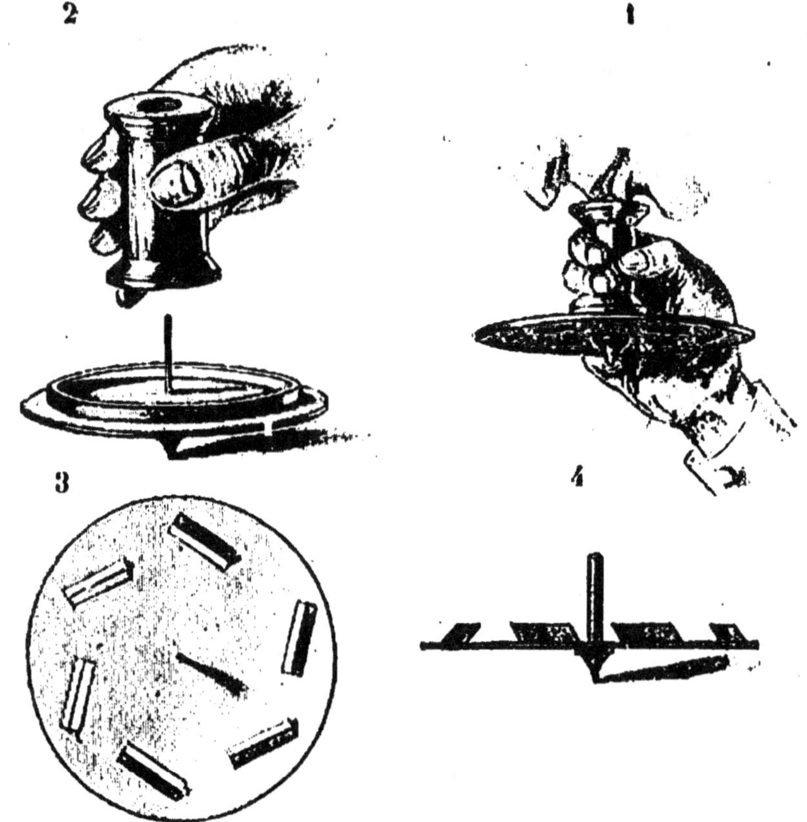

Fig. 15. — Construction d'une toupie pneumatique en carton. — 1. Comment on actionne la toupie. — 2. La rotation continue quand on enlève la bobine. — 3. Les six fentes du disque. — 4. Les ailettes formées par le carton relevé.

d'optique ou des sons musicaux, ou encore certains effets mécaniques.

TOUPIES A EFFETS OPTIQUES.

Les toupies à effets optiques ont des applications scientifiques. La classique expérience du disque de Newton se répète aisément avec un toton ayant pour partie principale un disque de carton sur lequel sont peintes les sept couleurs fondamentales du spectre.

Le *toton chromogène* de Charles Benham, qui a servi long-temps de réclame au fameux savon anglais *Pears soap*, permet, à l'inverse du disque de Newton, de faire naître des couleurs avec du blanc et du noir. C'est un cercle de carton blanc, de 10 centimètres environ de diamètre, dont une moitié est com-plètement noircie, et dont la partie blanche porte 4 groupes d'arcs à l'encre de Chine, chaque trait ayant environ 1 millimètre d'épaisseur : quand ce disque, monté sur un axe et bien éclairé, tourne dans le sens des aiguilles d'une montre, le groupe des lignes 1 paraît rouge vif ; le groupe 2 rose-brun, le troisième vert, le quatrième bleu foncé. Quand le sens de la rotation est renversé, les couleurs apparaissent dans l'ordre inverse, c'est-à-dire que 4 est rouge vif et 1 bleu foncé (*fig.* 16 ; *1*).

Si on colle cette figure sur un disque de zinc monté sur un lourd pivot et qu'on fasse tourner le toton sur une plaque de verre, le mouvement dure deux ou trois minutes et sa lenteur est favorable à l'apparition du phénomène.

La *toupie caméléon*, plus anciennement connue, se manœuvre par un ressort. Elle permet, avec des rondelles coloriées, des découpures en carton fixées sur des aiguilles, des lames de fer-blanc à contours façonnés, etc., d'obtenir des effets curieux dus à la persistance des impressions lumineuses sur la rétine.

TOUPIES A EFFETS ACOUSTIQUES.

Abandonnant l'optique pour l'acoustique, nous constatons que les toupies sont toutes plus ou moins musicales, ainsi que le prouvent les ronflements sonores de la vulgaire toupie en bois que font tourner les écoliers.

Les toupies creuses (toupie hollandaise, toupie d'Allemagne, toupie éolienne, etc.) produisent en tournant des sons très intenses dus à l'action de l'air dans les ouvertures dont elles sont percées, mais certaines, dites *toupies harmoniques*, sont spécia-lement disposées en vue de produire des sons musicaux (*fig.* 16 ; *2*).

Les unes n'ont qu'un seul jeu d'anches et donnent un ton unique, plus ou moins intense suivant la vitesse de rotation ; d'autres, plus complexes, émettent des tons changeants que l'on peut produire à volonté rien qu'en **appuyant** sur l'axe en rotation, grâce à un ingénieux système d'obturateurs.

TOUPIES A EFFETS MAGNÉTIQUES OU ÉLECTRIQUES.

Les toupies à effets magnétiques ne sont pas les moins curieuses. La *toupie d'induction* de M. Manet a pour partie essen-

Fig. 16. — Les toupies composées. — *1.* Toupie de Benham. — *2.* Toupie harmonique. — *3.* Toupie hydraulique. — *4.* Toupie lance-hélice. — *5.* Toupie gyrographe. — *6.* Toupie valseuse.

tielle un disque en tôle de fer qui, au repos, est attiré, bien entendu, par un aimant, mais qui, au contraire, est repoussé par lui dès que sa vitesse est très grande. Quand la rotation est moins rapide, le disque est de nouveau attiré et vient s'appliquer contre l'aimant. On explique cette expérience paradoxale par ce fait que lorsque le disque tourne à grande vitesse tout près de l'aimant, il est le siège de courants induits violents qui contrebalancent l'action magnétique.

La *toupie magnéto-électrique* de M. Truffert, beaucoup plus complexe, dissimule dans son intérieur des aimants et des bobines et produit en tournant un courant induit. Un mécanisme particulier interrompt et rétablit le circuit à chaque instant, ce qui permet à l'opérateur de s'électriser.

TOUPIES A EFFETS DYNAMIQUES.

Il existe aussi une quantité innombrable de toupies à effets dynamiques, à la fabrication desquelles les constructeurs ont apporté une grande variété.

La *toupie hydraulique* de M. Davis tourne sur une assiette pleine d'eau (*fig.* 16; *3*). Elle est creusée d'un canal continu et possède un réservoir dans lequel deux petites ailettes produisent un entraînement de l'air qui crée un vide ; l'eau est aspirée et projetée jusqu'à un mètre de hauteur ; elle retombe dans l'assiette, qu'il faut choisir large, et remonte de nouveau.

La *toupie lance-hélice* (*fig.* 16; *4*) se compose d'un disque en fonte monté sur une douille et que l'on met en rotation à l'aide d'une ficelle. Cette douille est enfilée sur une tige verticale servant d'axe et soudée à un socle. Une pièce en forme de crochet est fixée à la partie inférieure de la douille, tandis qu'à sa partie supérieure, solidaire avec elle, est enroulé en spirale un fil de cuivre.

Tenant à la main un petit manche de bois terminé par une tige de fer qu'on enfonce dans le haut de la douille, on tire vivement la ficelle enroulée au préalable sous le disque de fonte. On enlève le manche et on pose sur le disque une hélice en celluloïd perforée en son centre; elle tourne avec le disque à une vitesse considérable.

Avec le fer du manche qui a servi au lancement, on touche le crochet en saillie dont nous avons parlé, ce qui arrête brusquement la douille sans arrêter la toupie. Le fil spiral demeure immobile et agit dans le trou de l'hélice qui continue son mouvement de rotation comme le ferait une vis fixe dont l'écrou tournerait très vite. L'hélice s'élève en tournant le long de la spirale et se trouve projetée en l'air à une grande hauteur. N'oublions pas la *toupie gyrographe* qui, lourde et haut perchée, prenant difficilement son équilibre, trace sur une feuille de papier, avec le crayon taillé qui forme son axe, des spirales compliquées (*fig.* 16; *5*).

La *toupie locomotive* ne connaît pas d'obstacles. Tournant autour d'un disque circulaire horizontal fixe, elle entraîne un plateau mobile et le train de chemin de fer qu'il porte. Très grosse par rapport aux wagons, elle produit, en tournant, un bruit analogue au sifflement d'une locomotive.

Les *toupies danseuses* sont des plus amusantes. La jupe en plomb de la ballerine sert de volant; une petite roulette placée sous l'un des pieds touche le sol de temps en temps, et produit un déplacement de l'axe imitant tout à fait le mouvement de valse (*fig.* 16; *6*). Ces jouets, variés de mille façons, ont, chaque année, un grand succès au moment du jour de l'an.

L'ESSAI MÉCANIQUE DES COULEURS ET LES TOUPIES.

Si l'on peint en secteurs les sept couleurs spectrales sur un disque qu'on fait tourner rapidement, ces couleurs se combinent, grâce à la persistance des impressions lumineuses sur la rétine, et forment un blanc plus ou moins gris. C'est l'expérience classique du disque de Newton. Nous savons par elle que le blanc est formé de sept couleurs principales.

Étant donnée une autre teinte, par exemple, la teinte *fraise écrasée*, de quelles couleurs est-elle formée et en quelles proportions? L'expérience de Newton permet de le savoir.

Il faut d'abord choisir des couleurs fondamentales faciles à trouver dans le commerce. La section de physique de *Columbia College*, sous la direction de M. William Hallock, a choisi le vermillon anglais, l'orange minéral, le jaune de chrome clair, le vert émeraude et le bleu marin artificiel identifiés une fois pour toutes sur le spectre. Avec ces cinq couleurs fondamentales, plus le blanc et le noir, on peut déterminer exactement la composition d'une teinte quelconque, la teinte *fraise écrasée*, par exemple, ou l'une des teintes désignées sous ce nom, car toutes sont loin d'être identiques.

On emploie sept disques de carton de 0ᵐ,15 de diamètre avec un orifice central et une fente radiale (*fig.* 17 ; 5).

L'un est blanc, l'autre noir, un troisième peint en vermillon, un quatrième en orange minéral, etc. Un huitième disque, un

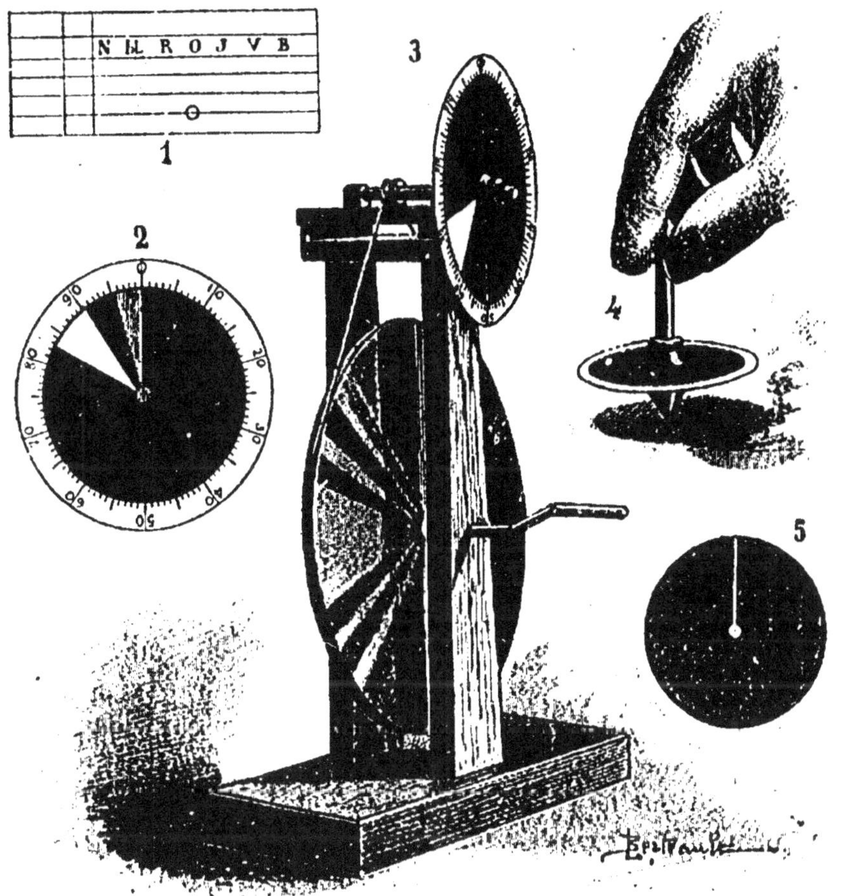

Fig. 17. — L'essai mécanique des couleurs. — 1. Carton pour inscrire les résultats. — 2. Disques colorés superposés. — 3. Appareil monté pour être actionné à la main. — 4. Toton chromogène. — 5. Disque avec fente radiale.

peu plus large, porte sur sa périphérie une échelle divisée en 100 parties.

Les disques colorés sont combinés et imbriqués les uns sur les autres (*fig.* 17 ; 2) de manière à obtenir à peu près la teinte cherchée. Puis ils sont mis en rotation rapide soit avec une manivelle imaginée par J. Clark Maxwell (*fig.* 17 ; 3), soit posés sur un simple toton (*fig.* 17 ; 4) ; ils produisent sur l'œil l'impression d'un seul disque coloré. Par tâtonnements, en découvrant ou en cachant plus ou moins certains disques, on arrive à trouver la teinte correspondant exactement à celle que l'on cherche ; on n'a plus qu'à lire sur l'échelle pour trouver la proportion exacte des couleurs qui la composent.

L'opérateur se trouve bien de l'emploi d'une sorte de masque qui ne lui permet de voir que l'exemple à analyser en même temps que la masse colorée obtenue sur la roue.

On apprend ainsi que la teinte *fraise écrasée* typique, résultant de la moyenne de plusieurs milliers d'échantillons, comprend 32 parties de noir, 24 de rouge, 26 d'orange et 18 de bleu. Cette teinte est ainsi fixée pour toujours.

CHAPITRE III

LES DISTRIBUTEURS AUTOMATIQUES

Les distributeurs automatiques, si répandus aujourd'hui, sont des appareils qui, sans l'intermédiaire coûteux d'employés, échangent les marchandises qu'ils contiennent contre une somme d'argent déterminée.

Avec deux grands avantages : être à tout instant à la disposition du client ; mettre ce dernier en relation directe avec le producteur, ils présentent aussi quelques défauts. Qui n'en a pas ? Le plus grave, pour l'acheteur, est que s'ils absorbent régulièrement l'argent, ils ne donnent pas toujours la marchandise désirée ; pour le vendeur, c'est qu'ils montrent souvent une grande complaisance pour les rondelles métalliques sans valeur que leur offrent, en guise de monnaie, les clients peu scrupuleux.

Ces imperfections sont bien atténuées aujourd'hui et la plupart des appareils refusent l'argent quand ils ne peuvent livrer la marchandise ; mais comme il est difficile d'éviter complètement la fraude, les distributeurs automatiques n'ont servi jusqu'ici qu'à la vente d'objets à bon marché : journaux, timbres, parfums, liqueurs, bonbons, aiguilles, allumettes, cigares, eau chaude, vues photographiques, etc.

Certains distributeurs ne donnent pas, ils prêtent seulement ; tels sont ceux qui, dans les théâtres, vous louent, moyennant cinquante centimes, des jumelles pour toute la soirée ou encore la chaise *penny-box* des jardins publics anglais, au siège maintenu relevé par un cadenas dont la clef est un penny. Dès que son possesseur momentané se lève, le siège bascule et se verrouille à nouveau, à moins qu'une pression de la main ne l'oblige à rester en place.

D'autres ne délivrent pas d'objets proprement dits, mais ils laissent passer une certaine quantité de gaz d'éclairage ou d'énergie électrique ; d'autres enfin ne fournissent rien de matériel en échange de la monnaie, ils donnent une pure indication ou un plaisir momentané ; ils vous indiquent votre poids, vous montrent des vues stéréoscopiques, le squelette de votre main par les rayons X ou, tout simplement, vous amusent, comme l'horoscope Vertemer qui prédit l'avenir moyennant dix centimes.

On en a même créé qui permettent de s'électriser, qui donnent la taille, mesurent le volume des poumons, la force musculaire. Un inventeur ingénieux avait même perfectionné ce dernier appareil dynamométrique par cette promesse alléchante : *une force modérée active une sonnerie ; une grande force rend l'argent* ; aussi les poings s'escrimaient, mais ils n'étaient jamais assez forts au gré de l'appareil, qui ne rendait rien.

LE DOYEN DES DISTRIBUTEURS AUTOMATIQUES.

Le principe des distributeurs automatiques était connu dans l'antiquité. En Égypte, il y a plus de deux mille ans, des vases, dont Héron a décrit le mécanisme, délivraient à la porte des temples une goutte d'eau lustrale contre une pièce de monnaie.

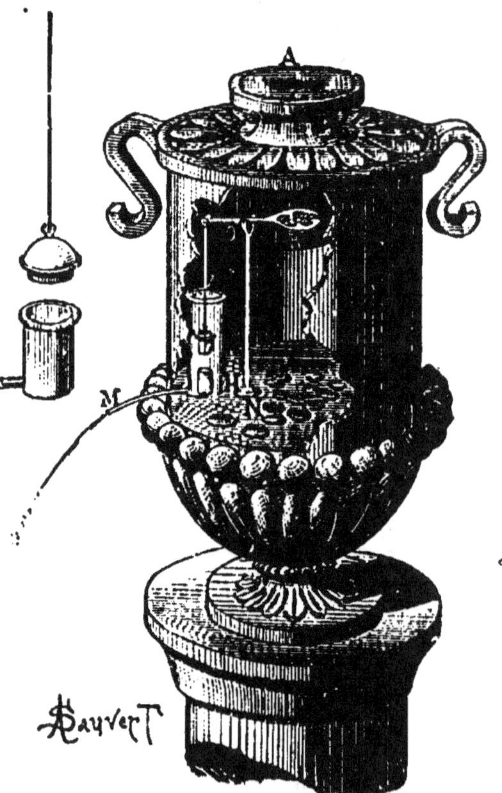

Fig. 18. — Vase lustral décrit par Héron, environ 100 ans avant J.-C.

Les pièces, en tombant par la fente A, étaient reçues sur une palette R. Leur poids faisait basculer un levier O, pivotant sur une tige verticale N et relié à la soupape d'un réservoir H qu'il ouvrait. L'eau s'écoulait par le conduit M. Mais aussitôt que les pièces tombaient au fond du vase par suite de l'inclinaison de la palette, la soupape se refermait (*fig.* 18). Seule, une nouvelle charge de monnaie la décidait à s'ouvrir.

A gauche de la gravure (*fig.* 18) est une vue agrandie de la soupape.

CLASSIFICATION DES DISTRIBUTEURS.

Malgré cette antique origine, ce n'est guère que depuis 1880 que les distributeurs ont fait leur apparition en Amérique et en Angleterre, — toujours la supériorité des Anglo-Saxons ! — puis en France ; ils vont se multipliant et se variant de plus en plus. Pour les étudier plus commodément nous les diviserons en trois classes : *1° ceux qui fonctionnent par la seule chute de la pièce de monnaie; 2° ceux qui exigent de plus l'intervention du client tirant une poignée, par exemple ; 3° ceux dans lesquels la chute de la pièce met en action une force intérieure : poids, ressort, électricité, etc.*

1° *Distributeurs automatiques à déclenchement simple.*

Dans cette catégorie très nombreuse, nous décrirons quelques distributeurs de liquides, les bascules automatiques, les horoscopes.

DISTRIBUTEUR DE PARFUMS LEWIS NOBLE.

Cet appareil, dont l'inventeur est de Boston, a la forme d'un vase ordinaire muni de deux anses, monté sur pied et dont le couvercle est percé d'une fente rectiligne par laquelle le client introduit la pièce (*fig.* 19).

Celle-ci tombe dans la cuiller R, ce qui produit deux mouvements.

Le poids de la pièce abaisse le bras de levier O qui a pour résultat d'élever l'autre bras et d'entraîner une soupape. L'orifice du tube recourbé qui fait communiquer le réservoir avec l'extérieur se trouve ouvert et le parfum coule.

Il s'agit de ne pas le laisser couler trop longtemps. A cet effet, pendant que se produit le premier mouvement que nous venons de décrire, un deuxième a lieu qui va régler la durée du débit. Le poids de la pièce de monnaie qui tombe au R est contre-balancé par le poids E, si bien que la cuiller s'abaisse doucement pour venir déverser dans le fond du vase la pièce qu'elle a reçue. Une lame métallique placée devant la cuiller empêche la pièce de tomber pendant un laps de temps déterminé à l'avance. Tant qu'elle reste dans la cuiller le parfum s'écoule ; aussitôt qu'elle est tombée, la soupape s'abaisse et ferme l'orifice du réservoir.

Que le lecteur veuille prendre la peine de comparer le vase lustral de Héron et le distributeur de M. Lewis Noble, il verra que, depuis deux mille ans, aucun progrès n'a été

Fig. 19. — Distributeur de parfums Lewis Noble.

réalisé dans l'art de distribuer automatiquement des liquides.

LES BASCULES AUTOMATIQUES.

L'une des plus répandues est la *bascule Everitt* que l'on voit partout dans les gares, en compagnie des *bascules Léoni* et de tant d'autres. En montant sur la plate-forme, on la fait fonctionner (*fig.* 20 ; *1*) ; mais le poids n'est indiqué par l'aiguille que lorsque la pièce de monnaie introduite vient agir sur un levier. Quand le client descend, le levier revient à son point de départ et fait tomber la pièce, qui est reçue dans une caisse.

Un dispositif spécial permet d'écarter la fausse monnaie ; si la pièce est trop grande, elle n'entre pas par la fente : trop légère, elle ne produit pas le déclenchement ; trop lourde, elle fait basculer un fond mobile qui la laisse tomber avant qu'elle puisse agir sur le levier ; trop petite, elle passe à travers une ouverture creusée dans le couloir conduisant au levier.

L'HOROSCOPE VERTEMER.

L'horoscope Vertemer, dont il existe plusieurs modèles, est un simple jouet. Un cadran tout couvert de devises porte une

Fig. 20. — Distributeurs à déclenchement simple. — *1*. Bascule automatique. — *2*. Horoscope Vertemer.

aiguille, qu'une roue, sur laquelle vient agir la pièce de monnaie, met en mouvement. Elle s'arrête au hasard sur l'une des devises du cadran (*fig*. 20; *2*).

DISTRIBUTEUR AUTOMATIQUE DE FLEURS.

Destiné à porter un coup redoutable au commerce des bouquetières, cet appareil, qui fonctionne en Allemagne depuis quelques années, est disposé de telle sorte que le client aperçoit

Fig. 21. — Buvette automatique pour dînette.

les fleurs qu'il contient. Chacune d'elles est placée dans un compartiment muni d'un tube soudé sur un petit réservoir plein d'eau, qui lui assure de la fraîcheur pour un jour ou deux. Toutes ces cases sont fixées sur une bande spiralée de métal dont la rotation amène successivement chaque fleur devant une ouverture assez large pour que la main puisse la saisir après avoir, bien entendu, provoqué le mouvement par l'introduction d'une pièce de monnaie.

DISTRIBUTEURS DIVERS.

Dans d'autres distributeurs, la chute de la pièce déclenche un levier qui permet d'utiliser le poids de la marchandise à livrer. Là encore il n'y a pas intervention du client.

Tels sont, par exemple, le *distributeur d'objets cylindriques*, de Vertemer, et beaucoup de *distributeurs de liquides*.

Dans ces derniers la chute de la pièce provoque l'ouverture d'un robinet ou d'un clapet. Aussitôt le liquide s'écoule dans un auget équilibré par un contrepoids. Quand sa pesanteur est augmentée dans une proportion arrêtée d'avance, il se renverse et dépose son contenu dans un récipient qui aboutit au tube de sortie.

L'un des plus charmants appareils de ce type est la *buvette automatique pour dînettes*, de M. Léoni (*fig.* 21).

Les distributeurs de liquides Schloesing, que l'on peut voir dans certains bars automatiques, ont l'avantage d'assurer un prompt service et de délivrer le client de l'odieux pourboire.

2° *Distributeurs automatiques avec intervention du client.*

Ce sont de beaucoup les plus nombreux, aussi ne faut-il pas songer à les décrire tous. Quelques types suffiront à faire comprendre leur mécanisme.

DISTRIBUTEURS DE TIMBRES ET CARTES POSTALES.

Le distributeur Sandeman et Everitt pour cartes postales et enveloppes timbrées est employé à Londres depuis 1885. Il consiste en une boîte en fonte dont la surface supérieure forme pupitre. La boîte est divisée en deux compartiments, l'un pour les cartes, l'autre pour les enveloppes ; au-dessous de chacun d'eux est un tiroir que l'on ne peut tirer qu'après avoir mis la pièce dans

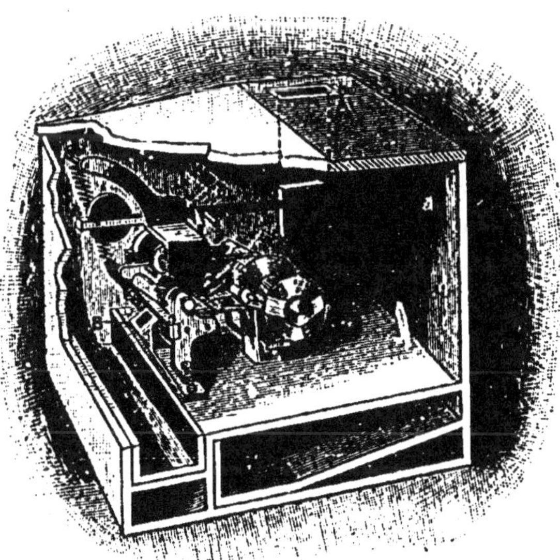

Fig. 22. — Distributeur de timbres-poste.

un orifice. Après avoir pris l'objet désiré, on repousse le tiroir qui s'enclenche à nouveau. L'appareil est d'une honnêteté scrupuleuse ; lorsque le stock est épuisé il refuse l'argent, un volet fermant la fente.

Des distributeurs de journaux, de timbres-poste, sont agencés d'une façon analogue.

Celui que reproduit notre gravure (*fig.* 22) consiste en une boîte rectangulaire dont le couvercle est percé d'une fente A, par laquelle on laisse tomber la pièce de monnaie, prix du timbre-poste. Un système de leviers très délicats est mis en branle et, par un mécanisme assez simple, un timbre-poste B tombe dans un tiroir situé à la partie inférieure de l'appareil.

LES TIRELIRES AUTOMATIQUES.

Il faut ranger dans la même catégorie les distributeurs jouets ou *tirelires automatiques* qui livrent, pour un sou, à leur jeune propriétaire, un bonbon ou une tablette de chocolat. Ils pourraient prendre pour devise : l'économie enseignée aux enfants par la gourmandise.

Quand la tirelire, vide de friandises, est pleine des sous gagnés par une sagesse constante, le papa l'ouvre avec la clef qu'il a eu la prudence de garder en sa possession et fait renouveler la provision de bonbons.

LA POULE PONDEUSE.

La *poule pondeuse*, de M. Léoni, pond, comme de juste, des objets à forme d'œuf. Un disque percé de trous, dont chacun contient un œuf, tourne autour d'un axe vertical sous l'action d'une tirette extérieure qui ne fonctionne qu'après l'introduction préalable de la pièce de monnaie ; pas d'argent, pas d'œufs.

La traction sur la tirette a pour résultat d'amener l'un des trous du disque en face d'une ouverture par laquelle s'échappe son contenu (*fig.* 23).

DISTRIBUTEUR DE PARFUMS DE M. LÉONI.

Le gracieux *distributeur de parfums* du même inventeur est aussi très employé depuis 1893. Il consiste en un flacon métallique, soigneusement orné et de couleurs vives, qui laisse écouler quelques gouttes d'un liquide parfumé dès qu'on a mis une pièce de dix centimes dans un orifice spécial et pressé sur un bouton.

La pièce introduite tombe entre une sorte de piston creux et le poussoir. En appuyant sur ce dernier, on amène l'ouverture du piston, par l'intermédiaire de la pièce, en face d'une autre ouverture pratiquée au fond du réservoir du liquide. Le piston se remplit. Quand on cesse d'appuyer sur le bouton, le liquide s'écoule dans l'entonnoir et arrive à l'extérieur tandis que la pièce tombe au fond du flacon.

L'appareil peut être réglé pour fonctionner gratuitement, par exemple dans les grands magasins ou à la devanture des parfumeurs à titre de réclame.

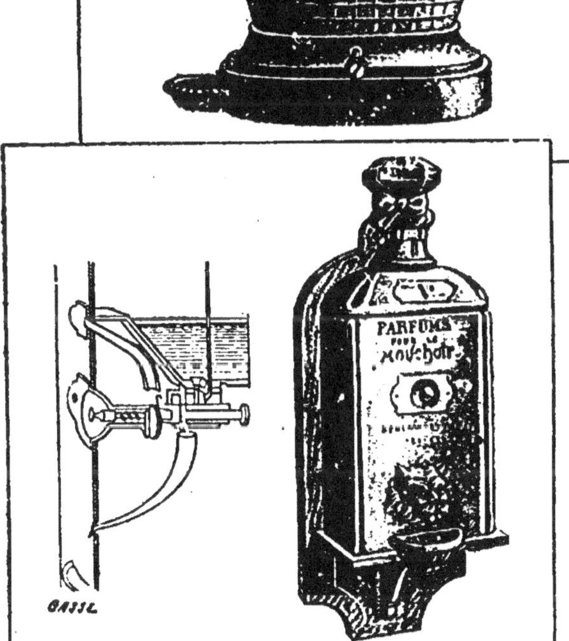

Fig. 23. — Distributeurs avec intervention du client. — 1, Poule pondeuse. — 2. Distributeur de parfums.

On avait songé aussi à l'utiliser pour la distribution d'antiseptiques et de désinfectants ; nous ignorons les causes qui ont empêché de donner suite à cette idée.

En temps d'épidémie la distribution gratuite de ces substances, par les soins des pouvoirs publics, offrirait de grands avantages.

LES FONTAINES AUTOMATIQUES A EAU CHAUDE.

En 1893, une société s'était formée à Paris pour exploiter les *fontaines automatiques à eau chaude* de M. Robin. Moyennant un sou, on obtenait, après avoir manœuvré un bouton, huit litres d'eau à la température de 75°.

Bien que cette tentative n'ait pas été suivie de succès, le curieux mécanisme de ces fontaines vaut la peine d'être décrit. Qui prouve d'ailleurs que nous ne les verrons pas reparaître quelque jour?

La gravure schématique que nous reproduisons (*fig.* 24) permettra de suivre la description :

L'appareil était enfermé dans un petit kiosque semblable à ceux qui portent les affiches de théâtre. La ménagère arrivait, plaçait son seau à la base, mettait cinq centimes dans la glissière a, appuyait sur un bouton b; l'eau coulait dans son seau. L'écoulement s'arrêtait de lui-même au bout de huit litres.

La pièce, en tombant, parvient dans l'espace séparant les tiges b et c, les met en connexion et transmet la poussée reçue par le bouton de la main du client; la tige c bute alors sur le siphon d qu'elle fait osciller et qui, par suite, s'amorce.

Le sou, chassé par la tige b, arrive au-dessus de la tirelire, dans laquelle le butoir à ressort t le fait tomber.

Le siphon amorcé, le contenu de la chambre s'écoule dans le godet e qu'il emplit, jusqu'au moment où, le poids calculé étant atteint, ce godet tombe et entraîne le balancier A. Celui-ci, actionnant la tige g, ouvre le robinet h, qui livre passage à l'eau. Cette eau provient des conduites ordinaires de distribution; sa pression l'amène en B. Là elle rencontre la soupape i qu'elle refoule, toujours par l'effet de cette pression. Mais la soupape h est solidaire de la soupape i, et livre passage au gaz d'éclairage, qui s'enflamme, au contact des becs veilleuses V et V', tandis que l'eau monte dans le récipient double où elle subira l'action de la chaleur.

Ce double récipient en m et m' est constitué par des tubes de cuivre enroulés en serpentin sur cinq rangs d'épaisseur, de façon à absorber toute la chaleur développée par les brûleurs l et l' en tubes de cuivre perforé. Un tuyau amène l'air nécessaire à la combustion. L'eau s'échauffe presque instantanément, s'écoule aussitôt et tombe dans le seau.

Quant à la quantité d'eau qui s'écoule, elle est réglée par le volume de débit du godet *c*.

L'eau du siphon qui emplit le godet en question s'écoule par le robinet placé à sa base. Quand il est vide, il remonte, appelé par le contrepoids auquel il est relié par la tige **A**, oscillant sur le pivot *f*. La durée du débit correspond au temps que met le godet à se vider; il suffit d'ouvrir ou de fermer plus ou moins ce robinet pour augmenter ou diminuer la quantité d'eau chaude distribuée.

Le godet, en remontant, referme par la tige *g* le robinet *h*, interrompant ainsi l'arrivée de l'eau froide. Quand la pression de l'eau des conduites n'agit plus sur la soupape, un ressort la ferme aussitôt. Or la soupape du gaz est dépendante de celle de l'eau. Cette dernière, fermée, entraîne la fermeture de l'autre qu'un second ressort ramène à sa position primitive.

Le gaz cesse d'alimenter les brûleurs, ceux-ci s'éteignent, sauf les deux veilleuses, qu'une canalisation spéciale entretient.

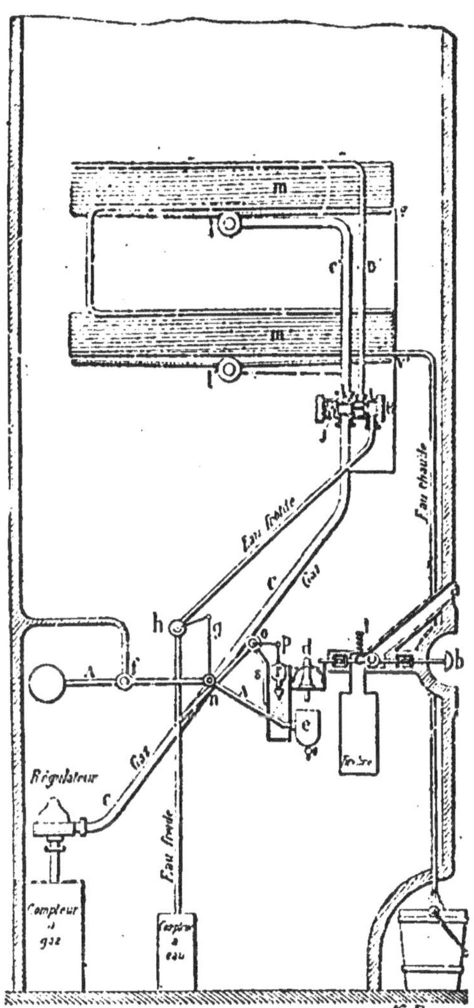

Fig. 24. — Coupe schématique de la fontaine à eau chaude.

Par l'amorçage du siphon *d*, la chambre du siphon se vide, comme nous l'avons dit plus haut. Or elle est en communication, sur toute sa hauteur, avec le cylindre dans lequel plonge le flotteur *r*. Quand le niveau de l'eau s'abaisse dans le cylindre, le flotteur descend d'autant, jusqu'à ce qu'il ouvre le robinet *o*, qui, au moyen du tuyau *s*, emplit de nouveau le cylindre et la chambre du siphon. Le cylindre remonte, referme le robinet *o*, et le système est prêt à un nouveau fonctionnement.

Ajoutons que pour protéger l'appareil contre la gelée, une conduite de 20 centimètres de diamètre amenait l'air de l'égout qui demeure toute l'année à une température supérieure à zéro degré. De plus, une double cloison de verre protégeait l'ensemble contre les variations de l'atmosphère.

Tout avait été prévu, comme on voit, sauf le déficit qui est venu interrompre cette entreprise.

COMPTEUR A GAZ A PAIEMENT PRÉALABLE.

Cet appareil, véritable distributeur automatique, a pris aujourd'hui droit de cité. C'est par dizaines de mille que l'on compte ceux qui sont en service en province.

C'est un compteur ordinaire qui, après encaissement d'une pièce de 10 centimes, permet au consommateur d'ouvrir un obturateur au moyen d'une clef. L'arrivée du gaz détermine automatiquement une nouvelle obturation. On ne peut verser plus de 10 pièces d'avance; une fois la dixième introduite, la fente se trouve obturée et ne se rouvre que quand on a consommé la quantité équivalente à la valeur d'une pièce.

DISTRIBUTEUR AUTOMATIQUE DE LUMIÈRE ÉLECTRIQUE.

Ce système a été étendu en Angleterre à l'éclairage électrique. Dans ce cas, après l'introduction obligatoire de la pièce, on presse sur un bouton et l'on obtient un courant d'une intensité suffisante pour alimenter une lampe de huit bougies.

Pour un penny, l'éclairage dure six heures et, cinq minutes avant la fin, une sonnerie avertit le client que l'obscurité va l'environner s'il ne renouvelle pas la monnaie.

DISTRIBUTEUR AUTOMATIQUE DE CONVERSATION TÉLÉPHONIQUE.

Dans le téléphone à paiement préalable de M. Lamprecht, les pièces de monnaie versées dans la fente traditionnelle actionnent un levier qui établit la communication avec le bureau central. On demande le numéro de l'abonné avec lequel on désire causer.

En donnant la communication l'employé lance un courant qui déclenche un mouvement d'horlogerie que l'intéressé a sous les yeux et qui décrit sa révolution en trois minutes. Au bout de ce temps la roue qui commande l'aiguille produit un contact qui ramène tout en l'état initial.

LES DYNAMOMÈTRES ENREGISTREURS.

L'intervention du client n'est jamais plus nécessaire que dans les *dynamomètres enregistreurs*, puisque c'est lui-même qui doit comprimer ou tirer un ressort dont le raccourcissement ou l'allongement mesure sa force musculaire. Des formes très variées leur ont été données; aucune n'est plus originale que le porc successivement grognant et harmonieux qui fit, il y a quelques années, la joie des Yankees.

Ce cochon distributeur, création de M. John Milo, de New-York, est presque aussi compliqué que le fameux canard automate de Vaucanson ; il ne digère pas cependant les pièces de monnaie qui lui sont confiées et les restitue fidèlement à son propriétaire et inventeur.

Après avoir déposé son offrande, l'amateur saisit la queue du compagnon de saint Antoine et la tire violemment à lui ; aussitôt un objet jaillit de la poitrine de l'animal, une aiguille enregistre sur un cadran la force musculaire déployée par l'acheteur, le cochon grogne, puis un petit air de musique part du piédestal. Que de choses pour une pièce de peu de valeur ! Que ce cochon est donc sympathique !

Si l'amateur veut ensuite essayer sa force de pression, il introduit une nouvelle pièce, et appuie sur la tige visible sur le dos de l'animal. Il reçoit un second objet, un second grognement et un nouvel air de musique, tandis que l'aiguille marque l'énergie déployée sur un cadran spécial (*fig.* 25 ; *1*). La coupe au trait (*fig.* 25 ; *2*) permet au lecteur de comprendre le mécanisme.

La queue du cochon forme poignée permettant de tirer sur une barre horizontale ; celle-ci démasque un tuyau incliné contenant les objets à distribuer ; l'un d'eux tombe sur le piédestal.

La pièce de monnaie, introduite dans la fente, passe dans un tube coudé monté sur un pivot et équilibré de telle sorte que le poids de la pièce le fait basculer en délivrant un cliquet d'arrêt qui empêche la barre d'être tirée de nouveau, à moins du dépôt d'une autre pièce.

Tout près de la queue, la barre est découpée en crémaillère dont les dents s'engrènent sur un pignon. Celui-ci actionne une autre crémaillère verticale qui se termine par une tige, laquelle actionne une aiguille, mobile autour du premier cadran gradué.

La barre est armée de deux cames, l'une en dessus, qui presse un petit soufflet dont l'air comprimé produit le cri de l'animal ; l'autre, en dessous, provoque le mouvement d'une tige qui libère, pour un certain nombre de tours, un ressort qui tourne

Fig. 25. — Cochon distributeur et dynamomètre enregistreur. — 1. Ensemble de l'appareil. — 2. Coupe longitudinale.

le cylindre d'une boîte à musique, dissimulée dans le piédestal. La pression sur la tige qui dépasse l'épaule du porc détermine une série de mouvements analogues dont la description serait fastidieuse.

L'OPTICIEN AUTOMATIQUE.

Cet appareil automatique à essayer la vue n'aspire à rien moins qu'à remplacer l'opticien et à vous dire l'espèce et le numéro des verres dont vos yeux ont besoin. A quand le médecin automatique ?

Le client désireux de se renseigner sur l'état de ses yeux introduit son obole, puis regarde à travers deux ouvertures. Il aperçoit, distinctement ou non suivant sa vue, des caractères extrêmement fins placés à environ 35 centimètres des yeux.

Entre ceux-ci et le carton qui porte les lettres sont deux disques qu'il fait tourner à l'aide d'un bouton et qui portent chacun une série de vingt-six verres correspondant aux défauts habituels d'accommodation : l'un des disques est pour les myopes, l'autre pour les presbytes.

Au moment où les caractères sont le plus nettement lus, le client s'arrête, lit le numéro correspondant du verre et n'a qu'à envoyer sa commande à un fabricant de verres d'optique auquel ce distributeur sert de réclame. Le numérotage des verres est, en effet, particulier et correspond à des courbures connues seulement de la maison.

Ces utiles appareils se trouvent en Angleterre dans les gares de chemins de fer comme, chez nous, les bascules automatiques.

LE MUTOSCOPE.

Nous terminerons cette série par le *mutoscope* dont le succès actuel est incontestable. C'est un appareil genre cinématographe, qui donne à l'observateur l'illusion du mouvement par une série de photographies. L'introduction de la pièce de monnaie permet, comme dans tous les appareils similaires, de tourner une manivelle qui amène successivement toutes les photographies devant les yeux (*fig*. 26).

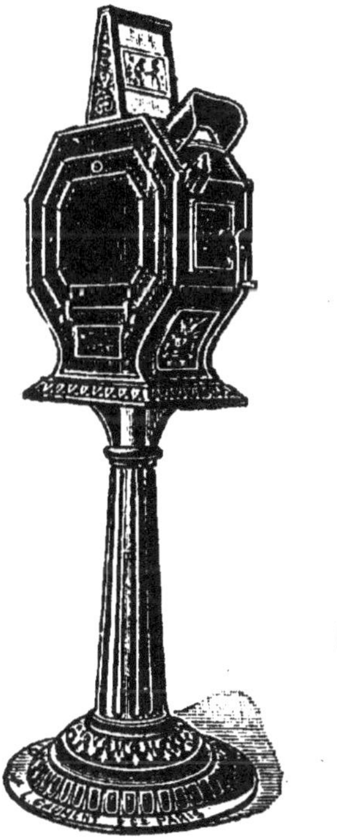

Les images sont toutes tirées sur papier séparément une à une et non sur une bande pelliculaire. Elles sont réunies par la base au nombre de mille environ (*fig*. 27) sur un axe monté dans une boîte métallique, axe que fait tourner une manivelle extérieure.

Fig. 26. — Le mutoscope prêt au fonctionnement.

Fig. 27. — Montage des images à l'intérieur du mutoscope.

Chaque image passe devant un oculaire à travers lequel regarde le spectateur ; si la succession des images est assez rapide, et cela dépend de la vitesse avec laquelle on fait tourner la manivelle, on a l'illusion du mouvement.

Une petite lampe à incandescence, alimentée par des piles que contient l'appareil, s'allume au moment où la rotation commence, s'éteint quand elle finit.

Le mutoscope est une création de la maison Gaumont.

3° *Distributeurs automatiques à force intérieure.*

La force intérieure que met en action la chute de la pièce de monnaie ou le tirage d'un bouton par l'acheteur est ordinairement l'électricité, d'une production facile et peu encombrante à l'aide de piles ou d'accumulateurs.

Comme pour les deux catégories précédentes, il nous suffira de décrire un certain nombre de types.

DISTRIBUTEUR DE JOURNAUX.

Les appareils Brunet distribuent des journaux placés dans une roue à augets, à axe horizontal qui tend à tourner sous l'action d'un poids. Quand on introduit la pièce on établit un contact électrique qui actionne un électro-aimant; ce dernier agissant sur un échappement permet à la roue de tourner seulement d'un auget à chaque passage du courant. C'est pendant cette rotation que le journal, placé dans l'un des augets inférieurs, arrive en face d'une ouverture et tombe.

Les augets vides sont alimentés au fur et à mesure de leur passage par une provision de journaux placée au-dessus de la roue. Ce système a été appliqué à la distribution d'une foule d'autres objets.

DISTRIBUTEUR-ENREGISTREUR DE TICKETS.

Ce distributeur, alimenté par une bande continue, enroulée à la façon de la bande du télégraphe Morse (*fig.* 28; *2*), n'est utilisable que pour la délivrance de tickets d'un prix uniforme. Une détente à ressort fait avancer la bande continue de tickets au moyen d'un levier. Le ticket avance dans toute sa longueur et peut être saisi par le client tandis qu'une lame perforante s'abat et le détache.

Cet appareil peut aussi fonctionner par l'intermédiaire d'un employé qui touche l'argent et remet aux acheteurs un ticket.

Dans ce cas, pour la sécurité du patron, une série de roues apparentes (*fig.* 28; *1*) enregistre le chiffre total.

DISTRIBUTEURS DE MUSIQUE.

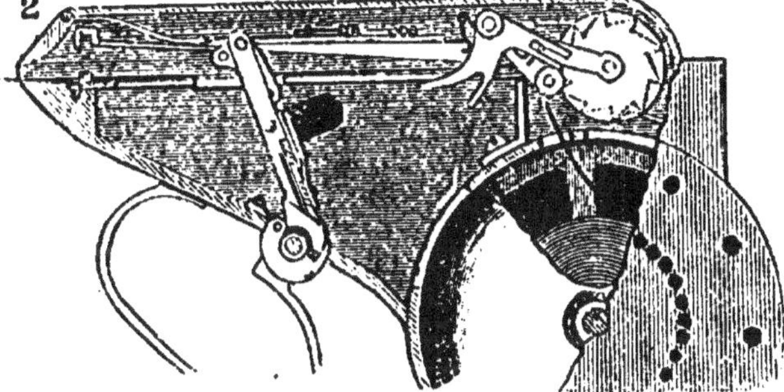

Fig. 28. — Distributeur-enregistreur de tickets. — *1*. Ensemble. — *2*. Coupe.

Les *distributeurs Stransky frères* sont très variés de formes. Les uns, s'adressant à la fois au palais et à l'oreille, donnent pour deux sous une friandise et un air de musique; d'autres ne délivrent rien de matériel et sont de purs distributeurs d'harmonie.

Dans les premiers, l'instrument, à forme de petit meuble, est divisé en deux compartiments; celui du bas est réservé au mécanisme distributeur d'objets; celui du haut au mécanisme à musique. La pièce, en tombant, déclenche le mouvement actionnant ce dernier qui fonctionne aussitôt pendant quelques minutes. L'air achevé, la pièce continue sa descente et arrive à l'extrémité d'un levier qu'elle fait pivoter, produisant un déclenchement d'une roue à augets qui avance d'une case; la pièce ayant accompli sa tâche tombe dans un tiroir-caisse. La roue contient 50 à 100 cases; à chaque déclenchement une d'elles se vide par une ouverture conduisant à l'extérieur.

Quant au mécanisme à musique, au lieu d'être formé par des cylindres analogues à ceux des boîtes suisses, il comprend un disque en métal perforé que l'on change facilement (*fig.* 29; *1*).

Son déplacement est obtenu par un mouvement d'horlogerie que l'on remonte à l'aide d'une manivelle extérieure. Les modèles les plus nouveaux sont munis d'un petit moteur électrique qui actionne la pièce.

Beaucoup de distributeurs automatiques Stransky sont ornés d'automates joueurs de flûte, de violon, d'orgue ou de danseurs et danseuses dont les mouvements font la joie des enfants.

DISTRIBUTEURS DE RAYONS X.

Les *distributeurs de rayons X*, plus récents, ont une nombreuse clientèle. Dans le type construit par M. Vidal, l'introduction de la pièce a pour résultat de lancer le courant électrique dans une bobine qui alimente une ampoule en face de laquelle est un écran fluorescent. Le client peut, pendant quelques instants, regarder le squelette de sa main, le contenu d'un porte-monnaie, d'une boîte close, etc.

Le distributeur Vertemer de rayons X permet au client de voir entièrement son squelette, triste image de son état futur. L'écran et l'ampoule se déplacent verticalement de chaque côté de l'observateur qui regarde dans un miroir placé au delà de l'écran.

LES APPAREILS DE PHOTOGRAPHIE AUTOMATIQUE.

De tous les distributeurs, les plus compliqués sont les *appareils à photographie automatique* qui sensibilisent une plaque métallique, y prennent le portrait du client, développent, fixent, lavent et sèchent l'épreuve ; enfin, la livrent finie avec un cadre. Il n'y manque plus qu'une dédicace (*fig.* 29 ; 2).

Malheureusement tous ces appareils ont de fréquents ratés, les images fournies n'ont rien d'artistique ; aussi ne sont-ils pas encore prêts à mettre sur la paille les photographes de chair et d'os « qui opèrent eux-mêmes ».

Pour donner une idée de la complication de ces distributeurs, nous décrirons sommairement l'un d'eux, l'*automate Enjalbert*, dont nous reproduisons en même temps le mécanisme intérieur (*fig.* 30), à titre de curiosité.

La personne désireuse d'obtenir son portrait se place devant l'appareil en un point indiqué et met une pièce de cinquante centimes dans la fente. Cette pièce, en tombant, ferme un courant fourni par des accumulateurs logés dans la base de l'appareil.

Trois cases sont disposées à l'intérieur. Dans la première à gauche de notre figure se fait le collodionnage ; dans la seconde, la sensibilisation et la pose ; dans la troisième, le fixage, le lavage et l'expulsion du portrait achevé.

Fig. 29. — Distributeurs à force intérieure. — *1*. Distributeur de musique. — *2*. Appareil de photographie automatique.

C'est véritablement une merveille de construction (1).

Le *phototaugraphe Ferrer* est plus simple, mais donne de moins bons résultats. Il comprend un magasin de plaques au-dessous duquel est la chambre noire avec objectif et obturateur automatique. Au milieu est le chariot porte-plaques avec ses bains de développement, de lavage et de fixage. Tout cet ensemble est mis

(1) Pour les curiosités photographiques, voir les ouvrages publiés par M. F. Dillaye, à la librairie Montgredien et Cie.

en mouvement par le déclenchement d'un système d'horlogerie. Une plaque sensible est impressionnée, développée, fixée et

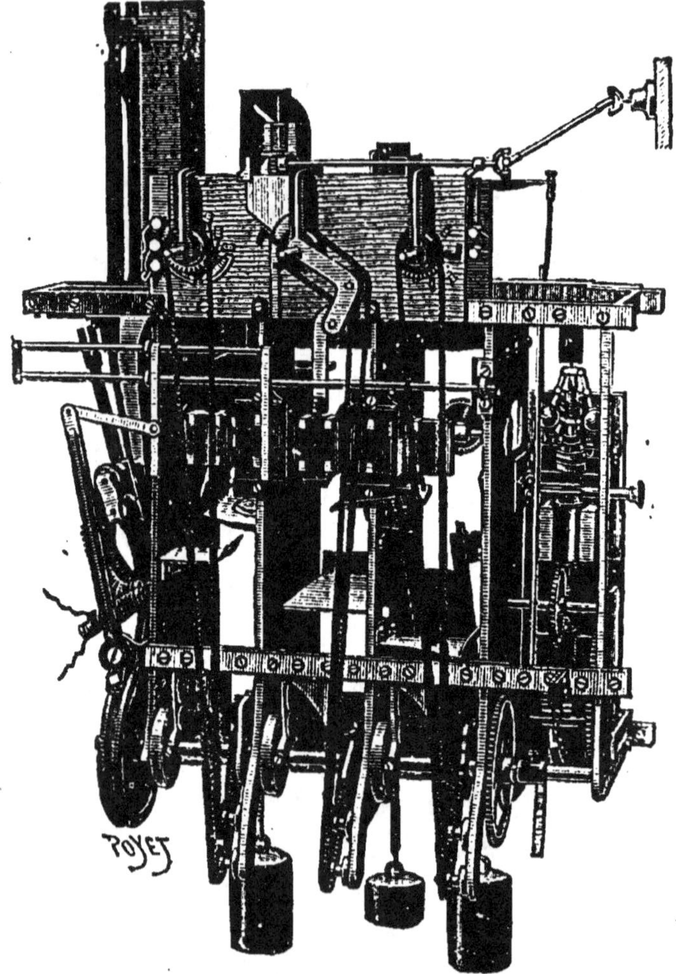

Fig. 30. — Mécanisme intérieur de l'automate Enjalbert.

lavée en trente-cinq secondes. Pour vingt centimes on a son portrait. C'est le comble de la rapidité et du bon marché.

LE CIREUR AUTOMATIQUE.

Ce cireur automatique ou autocireur, construit par M. Martin, de Paris, porte trois paires de brosses circulaires montées sur un même axe, mis en rotation rapide par un petit moteur électrique qui emprunte son énergie à un secteur d'électricité. C'est la chute de la pièce de dix centimes suivie de la rotation d'un bouton par le client que ferme le circuit.

Des trois paires de brosses, la première décrotte, la seconde applique le cirage, la troisième fait reluire. Le pantalon étant relevé très haut, le pied droit est introduit sous la brosse n° 1,

Fig. 31. — Cireur automatique de M. Martin.

puis au-dessus, de manière à atteindre toutes les parties de la chaussure.

On répète ensuite l'opération pour les deux autres brosses et on passe à l'autre pied.

L'ensemble ne demande pas plus d'une minute et demie.

Pour éviter toute surprise, l'aiguille très visible d'un cadran indique par sa marche combien il reste encore de temps pour terminer l'opération. Il ne faut pas compter, en effet, cirer toute sa famille pour une pièce de dix centimes ; l'appareil ne le souffrirait pas.

CHAPITRE IV

LE MACHINISME

Le machinisme, depuis cent ans, a fait des progrès extraordinaires ; non seulement les machines deviennent de plus en plus rapides, mais leurs usages sont plus variés. Scrutant l'avenir d'un œil pénétrant, certains humoristes ont cru prédire la suppression prochaine des domestiques ; des machines perfectionnées se chargeraient de vous vêtir, de cirer vos chaussures, de brosser vos vêtements, etc. Nous n'en sommes pas encore là, heureusement. Avant que ne commence ce règne de la machine à outrance, jetons un coup d'œil sur le machinisme d'aujourd'hui.

A côté de la *machine à coudre*, l'une des doyennes de la corporation, sont venues se placer les *machines à écrire*, les *machines à calculer*, les *avertisseurs*, les *compteurs*, les *contrôleurs automatiques* qui rendent de grands services.

Plus compliquées encore sont les *machines pour le tirage des valeurs financières*, celles à *recenser*, à *voter*, à *faire les statistiques*. Les *machines à composer* employées dans nombre d'imprimeries permettent une notable économie sur la main-d'œuvre. Les *distributeurs automatiques* ne sont, en somme, que des machines supprimant les employés pour la vente de produits de peu de valeur.

MACHINES A ÉCRIRE.

Si elles ne sont pas encore aussi employées que les machines à coudre, elles commencent cependant à être assez répandues, même en Europe.

La machine à écrire est née aux États-Unis. Elle se compose d'un clavier portant lettres, chiffres et ponctuation et d'un chariot imprimeur portant le papier. La lettre, en relief, s'imprime sur le papier quand on frappe du doigt la touche correspondante.

Nous donnons l'aspect d'un de ces appareils (*fig.* 32) aujour-
d'hui bien connus. C'est une machine à trente-quatre touches

Fig. 32. — La machine à écrire Maskelyne.

fonctionnant presque sans bruit. Les caractères d'imprimerie
sont encrés par un tampon sur lequel ils reposent.

MACHINES A COMPOSER.

Les machines à composer ont comme grands avantages la
rapidité et la perfection de leur travail, comme inconvénients
la difficulté de la correction et des remaniements; leur emploi
restera forcément restreint tant que les inventeurs n'auront pas
trouvé le moyen de supprimer ces graves défauts.

Le compositeur (*fig.* 33), assis confortablement devant la *copie*
à imprimer, presse les touches du clavier qui correspondent à
des lettres. Une série de matrices sont alors tirées de leurs cases
et viennent se ranger, formant des mots et une ligne, à la gauche
de l'opérateur. La ligne une fois formée, le compositeur, en
pressant une touche spéciale, l'envoie vers un moule qui contient le métal fondu. Celui-ci se trouve versé automatiquement
dans les lettres matrices. Au bout de quelques instants, le métal
est solidifié et forme une barre portant en relief les caractères
de la matrice. Cette barre est portée sur une table où elle est
immédiatement mise en position pour l'impression. Les matrices
sont distribuées à nouveau.

La même ligne peut être ainsi fondue un nombre de fois indé-

Fig. 33. — Une machine à composer.

fini; les matrices ne recevant que du métal fondu peuvent durer très longtemps.

EMPAQUETEUSE AUTO-MESUREUSE.

Dans les manufactures de l'État des machines font les paquets de tabac, les pèsent, séparent l'ivraie du bon grain en rejetant ceux qui pèsent trop ou pas assez.

Les empaqueteuses auto-mesureuses sont des appareils analogues. Notre gravure reproduit le modèle imaginé par M. Dulieux (*fig.* 34).

Cette machine n'exige que le concours de deux personnes : l'une fait les sacs; l'autre y comprime la matière à ensacher sans attendre qu'ils soient secs.

Cet appareil se compose essentiellement d'une table tournante à supports en saillie et d'un mécanisme de compression. La table peut s'abaisser à volonté.

Le compresseur comporte deux tiges parallèles commandées par un levier à contrepoids. L'une se termine pas un fouloir qui presse la matière à ensacher; l'autre vient buter sur une troisième tige fixée à la table sur laquelle repose le sac.

A ce moment le verrou qui retenait la table se déclenche automatiquement et, pour dégager le paquet du moule, il n'y a qu'à continuer à abaisser le levier de compression jusqu'à fin de course.

L'opérateur lâche alors le levier de compression que le contrepoids ramène à sa position première et il finit de fermer le paquet.

La machine empaqueteuse est complétée par une mesureuse dont on aperçoit la trémie.

La mesureuse est actionnée par le mouvement du levier pressant la matière à ensacher ; on a vu que ce levier abaissé est relevé par son contrepoids. Il s'ensuit un mouvement de va-et-vient qui agit sur un barillet, lequel porte deux gorges creusées en sens inverse ; par l'intermédiaire de deux petits leviers, une des trappes de la mesureuse se ferme, tandis que l'autre s'ouvre, et laisse tomber dans le sac la quantité nécessaire de la matière à empaqueter.

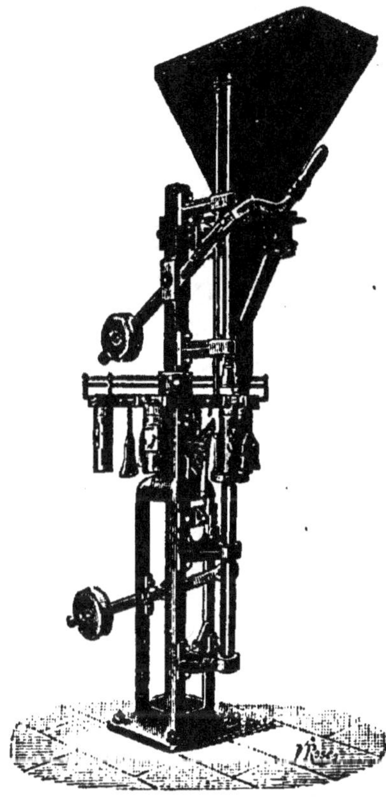

Fig. 34. — Empaqueteuse auto-mesureuse.

La forme des paquets et leurs dimensions dépendent nécessairement de la forme des moules et des têtes de fouloir ; il n'y a qu'à changer ces organes et la machine se prête à toutes les variétés possibles d'empaquetage.

MACHINE A OBLITÉRER LES TIMBRES-POSTE.

Les facteurs des postes, dit-on souvent, gagnent leur vie avec les pieds ; ils la gagnent aussi avec les mains, car une partie de leur travail consiste à oblitérer les timbres-poste sur les enveloppes de lettres.

Quelle que soit la rapidité avec laquelle ils exécutent ce travail, ils ne peuvent rivaliser avec la machine que reproduit notre gravure (*fig.* 35). Employée au bureau central de New-

York, elle timbre fort nettement, marque, enregistre et envoie sur la table de réception ses 180 000 lettres et ses 45 000 cartes postales par jour.

Elle est commandée par un petit moteur électrique d'un quart de cheval, mais en cas d'interruption du courant, peut fonc-

Fig. 35. — Machine à oblitérer les timbres.

tionner à l'aide d'une pédale. L'unique employé qui lui fournit le travail n'a à exercer de surveillance que pour les lettres qui seraient mal placées sur la tranche dans le récipient horizontal à bande sans fin que l'on aperçoit sur la gravure, et qui pourraient recevoir l'impression en dehors du timbre. Il doit aussi surveiller celles qui portent plusieurs timbres et qu'il faut faire repasser.

Chaque lettre passe d'abord entre deux rouleaux commandés par deux poulies motrices inégales E et F, tournant en sens contraire avec une vitesse différente. Elle passe ensuite entre deux rouleaux D D plus rapprochés, puis entre une troisième paire B dont l'un la presse contre un coin qui oblitère son timbre et imprime la date. Un réservoir d'encre est en A et les encreurs en C C.

Une machine analogue fonctionne à l'Hôtel des Postes de Paris et imprime sur chaque timbre un drapeau formé de raies ondulées et une date.

MACHINE A FUMER.

Passons à un ordre d'idées et à un genre d'appareil fort différent.

Tout le monde connaît la *machine à faire les cigarettes*, mais une machine pour les fumer, voilà qui n'est pas banal ! D'ordinaire, l'amateur préfère opérer lui-même. Elle est cependant employée, mais uniquement dans les manufactures pour déterminer la combustibilité des différentes qualités de tabac. C'est un aspirateur compliqué qui, par l'écoulement de l'eau, reproduit exactement les mouvements d'un fumeur qui « tire » à intervalles réguliers.

MACHINE A LAVER LES ASSIETTES.

Les machines se chargent de toutes sortes de travaux, depuis les plus grossiers jusqu'aux plus relevés. Il en est qui sculptent automatiquement une statue semblable à un modèle, d'autres qui tirent les clichés photographiques, certaines font des caisses d'emballage, des sacs en papier, des pots à fleurs, fabriquent des boîtes en carton d'un seul coup, collent du papier de tenture.

D'autres, plus modestes encore, mais non moins utiles, écossent les pois, rincent les bouteilles, polissent l'argenterie, lavent le linge ou la vaisselle.

L'*Archimédienne* — excusez du peu! — construite par MM. Delaroche et Neveux, est destinée à laver les assiettes et s'en acquitte fort bien, puisqu'elle en lave 2 000 à l'heure dans des conditions de propreté bien supérieures à celles du travail à la main.

Elle se compose surtout d'une brosse énorme dont les touffes de crin sont montées sur les spires d'une hélice, laquelle est tracée sur le corps d'un cylindre que fait tourner une manivelle (*fig*. 36).

La brosse est dans une auge où circule un continuel courant
d'eau chaude.

Le « plongeur » s'installe à la manivelle du volant qu'il tourne
d'une main, pendant que, de l'autre, il saisit une assiette sale
et la met entre la paroi de l'auge et la brosse. L'assiette suit le

Fig. 36. — L'Archimédienne, machine à laver les assiettes.

mouvement de la brosse et se nettoie de façon parfaite ; arrivée
au bout elle tombe dans un deuxième compartiment de l'auge
traversé par un courant d'eau froide.

Conduite par des guides, elle vient se placer contre un butoir,
bientôt une deuxième la suit, puis une troisième, etc. Un aide
vient enlever la pile et la porte s'égoutter à l'air libre puis
sécher dans un courant d'air chaud. Les seuls soins à donner
à la machine consistent en des nettoyages journaliers du balai en
spirale.

MACHINE A COUDRE... LA PEAU.

Pas très compliquée cette machine, mais capable de rendre de grands services aux médecins et chirurgiens.

Inventée par le D\u1d63 Paul Michel, elle utilise de petites agrafes en nickel de forme spéciale qu'elle présente à l'endroit exact où un point de suture est nécessaire, et qu'elle plie de façon à faire pénétrer les petites pointes dans la peau, assez profondément pour que les deux lèvres de la plaie soient rapprochées et collées l'une contre l'autre.

L'appareil, très bien construit et très maniable, se compose d'une sorte de pince et d'un magasin contenant 30 à 40 agrafes qui peut venir coulisser le long des bras de la pince.

En trente secondes on peut poser 15 agrafes, c'est-à-dire qu'on peut recoudre une entaille de 30 centimètres de long, sinon à la plus grande joie, du moins pour le plus grand bien du patient.

LE CAISSIER AUTOMATIQUE.

Aussi compliqué de mécanisme qu'il est simple de manœuvre, le *caissier* automatique, que l'on rencontre dans beaucoup de magasins, est d'origine américaine.

Nous ne ferons pas sa description qui nous entraînerait trop loin. Nous dirons seulement que, par le tirage de poignées placées en face de différents chiffres et la rotation d'une manivelle, il imprime, sur un ticket, un numéro d'ordre, la date de l'achat, l'adresse du marchand et la somme dépensée. Chaque tour de manivelle amenant le ticket est annoncé par une sonnerie qui prévient le patron (*fig.* 37; *1*).

MACHINE A TRAIRE LES VACHES.

Nous ne parlerons pas des appareils de destruction. La *machine à foudroyer les taupes* eut quelque succès il y a une quarantaine d'années; on l'a abandonnée depuis. Quand en sera-t-il ainsi des fusils, canons, torpilles, et autres machines à foudroyer les hommes?

Les travaux de la ferme utilisent dans une large mesure les

progrès du machinisme; les faucheuses, les moissonneuses, les
batteuses font en un seul jour la besogne qui exigeait autrefois
des semaines. Les semoirs mécaniques ont un geste moins
« auguste » que celui du semeur, mais plus rapide et plus régu-

Fig. 37. — 1. Le caissier automatique. — 2. Machine à traire les vaches.

lier. Le beurre lui-même se fabrique aujourd'hui presque partout à la machine dans des beurreries coopératives qui traitent,
en une matinée, le lait de plusieurs communes.

Des charretiers l'y amènent encore, mais tout nous fait croire
que, dans quelques années, le lait des vaches de la région s'y

rendra de lui-même par une canalisation. On emploie, dans beaucoup de fermes allemandes et américaines, une *machine à traire les vaches* qui consiste en une pompe aspirant l'air d'un réservoir élevé, lequel communique d'une part avec une cuve à eau dont l'eau, en s'élevant, régularise la pression dans la canalisation, et, d'autre part, avec des tuyaux de fer qui font le tour de l'étable (*fig.* 37; 2).

En face de chaque animal part un branchement souple qui aboutit à un récipient à lait fermé par un couvercle en verre. Le récipient est relié aux quatre tétines de la vache à traire.

Un enfant, à l'aide de cette pompe, peut traire six vaches à la fois. Beau sujet de tableau pour les peintres de l'avenir! Si le pittoresque y perd, l'hygiène y gagne, car tout cet ensemble peut être aisément lavé à l'eau chaude et désinfecté.

MACHINE A APPLAUDISSEMENTS AUTOMATIQUES.

Mais, foin de machines toujours occupées de travaux grossiers! La machine à applaudissements automatiques est d'un ordre autrement relevé; elle distribue le blâme et l'éloge; son silence fait pâlir les acteurs; ses claquements formidables les font s'épanouir.

L'appareil qui, paraît-il, donne les meilleurs résultats dans les théâtres de Vienne se compose de deux sacs de cuir, de la dimension des gants de boxe, qu'on dispose sous le parterre. Reliés par des fils électriques à la loge du régisseur, celui-ci n'a qu'à presser un bouton pour faire frapper l'un contre l'autre les deux sacs qui font un bruit absolument semblable aux applaudissements d'une salle en délire. *Se non è vero...*

LA RAPIDITÉ DE FABRICATION ET LE MACHINISME.

Nous voudrions, en terminant, montrer, par quelques exemples, la rapidité avec laquelle les machines modernes s'acquittent de leur travail.

Il y a un siècle et demi, quatre cents hommes n'auraient pas filé plus de coton qu'en file un seul homme aujourd'hui dans le même temps. Pour moudre une même quantité de grain il aurait fallu cent cinquante fois plus de bras, et cent fois pour faire la même quantité de dentelle. Pour raffiner le sucre il faut actuellement autant de jours qu'il fallait de mois il y a quatre-vingts ans.

A l'Exposition internationale des cuirs et chaussures, à Islington (Angleterre), en 1895, on admirait une machine à chaussures cent quarante fois plus expéditive qu'un cordonnier émérite. Le cuir entrait brut à un bout de la machine, et dix minutes après il sortait à l'autre bout sous forme de souliers achevés, parfaitement cirés, prêts à mettre aux pieds ou à l'étalage.

D'autre part, dans une expérience faite, à Elsenthal, dans la fabrique de papier de MM. Menzel et Cie, il n'a fallu que deux heures vingt-cinq pour convertir le bois d'un arbre vivant en un journal prêt à être lu.

Le 17 avril 1896, deux des propriétaires de l'usine — accompagnés d'un notaire, s'il vous plaît, — se rendirent dans une forêt voisine d'Elsenthal et, à sept heures trente-cinq du matin, trois arbres furent abattus en leur présence. Ils furent portés à l'usine, coupés en morceaux de 0^m,30 de longueur, décortiqués et convertis en pulpe, puis en pâte à papier. La première feuille sortait de la machine à neuf heures trente-quatre.

Quelques feuilles furent portées en hâte à une imprimerie située à 4 kilomètres de l'usine et à dix heures précises — le tabellion certifiant toujours la régularité des épreuves — un journal était imprimé.

Comme on le voit, la réalité se rapproche beaucoup de la légende, que l'on peut représenter par la fameuse machine à saucisses qui fonctionne, dit-on, à Chicago.

Vous lui confiez un cochon vivant à l'une de ses extrémités; en quelques minutes, elle le tue, le grille, le râcle, le vide, et c'est sous forme de boudins, de pâté, de saucisses que l'animal sort à l'autre bout.

Un Marseillais qui la vit fonctionner répandit même le bruit que lorsque le charcutier-mécanicien n'est pas content de la qualité des produits, il fait machine en arrière et le cochon reparaît... vivant.

N'insistons pas, car nous serions forcés de douter de la véracité des Marseillais.

CHAPITRE V

LES AVERTISSEURS

Les avertisseurs sont des appareils destinés à transmettre des avis, des signaux conventionnels, à prévenir d'un danger, de la fin d'une opération, etc. Avec les progrès de la science ils se multiplient chaque jour; nous vivons au milieu des avertisseurs.

Les sonneries des horloges nous avertissent que le temps passe, trop vite, hélas ! Dans l'industrie, dans les chemins de fer, dans les bureaux télégraphiques, les avertisseurs fonctionnent sans arrêt; sifflets d'alarme, avertisseurs de niveau d'eau, cloches allemandes, sonneries de toutes natures se répandent et leur accord, qui n'a rien de musical, nous brise le tympan sans pitié. Ils deviennent si nombreux qu'on ne fait plus guère attention à leur avis et que les accidents se produisent quand même.

La plupart des avertisseurs sont acoustiques. Le plus ancien de tous, le domestique qui éveille son maître, se borne, en effet, à lui parler; il ne se permet pas de le secouer.

Fig. 38. — Une montre-réveil.

LA MONTRE-RÉVEIL.

Le *réveil-matin* a été inventé pour les pauvres diables qui ne peuvent se payer le luxe d'un serviteur. La sonnerie brutale les arrache à leurs rêves dorés et les ramène à la réalité : départ pour l'atelier ou pour le bureau.

La montre-réveil, moins encombrante (*fig.* 38), se différencie des montres ordinaires par l'existence de deux poupées métalliques et d'un bouton de platine que l'on peut placer en face d'une heure quelconque.

Quand la petite aiguille arrive en contact avec ce bouton, un circuit s'établit dont font partie la montre, une pile et une sonnerie électrique. Cette dernière retentit et incite au réveil.

TIMBRE ÉLECTRIQUE CHANTANT.

Le père de Montaigne faisait éveiller chaque jour son fils aux sons d'une douce musique. M. Guerre, électricien à Paris, voulant faire de nous tous de petits Montaigne, a imaginé le *timbre*

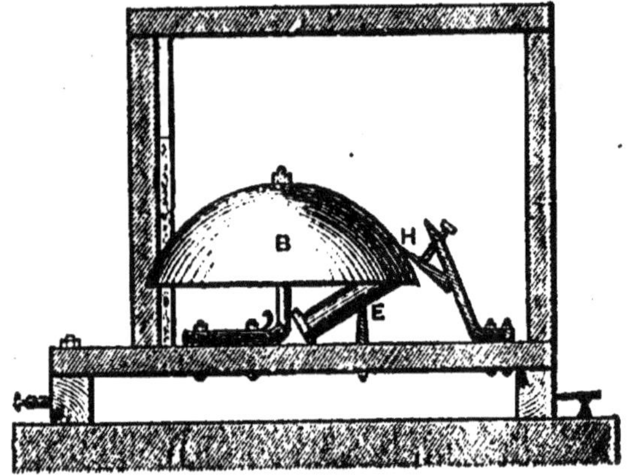

Fig. 39. — Timbre électrique chantant.

électrique chantant qui, au lieu d'un bruit strident et inattendu, donne un son continu et musical, analogue à celui que l'on obtient en frottant le bord d'un verre de cristal. Tout le secret de l'instrument consiste dans la suppression de l'interrupteur à ressort des sonneries électriques. Le timbre en acier B (*fig.* 39) est lui-même son propre interrupteur, de sorte que ses vibrations, d'abord très lentes, augmentent peu à peu de vitesse. E est l'électro-aimant qui actionne le marteau vibrant H.

On a imaginé aussi des *montres* et des *horloges à répétition phonographique* qui crient l'heure au lieu de la sonner.

Tous ces appareils ont un grave inconvénient, du moins pour les paresseux : ils exercent une tyrannie sur eux et les obligent à quitter le lit.

NIVEAU D'EAU A AVERTISSEUR ÉLECTRIQUE.

Les avertisseurs énumérés jusqu'ici sont de simples réveils. Nous allons nous occuper de quelques avertisseurs autrement importants, car ils sont destinés à prévenir d'un danger.

Le niveau d'eau à avertisseur électrique imaginé par M. Matthews, de Montréal, donne l'alarme quand, dans une machine à vapeur, l'eau baisse de façon exagérée. Il consiste en un tube communiquant avec l'eau de la chaudière. Dans ce tube se trouve un flotteur B (*fig.* 40) qui monte ou descend suivant le niveau de l'eau. Lorsque celle-ci baisse trop, la balle vient appuyer sur un ressort C dont le contact avec une borne placée à la partie inférieure ferme un circuit électrique relié par les fils W, W avec une sonnerie dont le tintement appelle l'attention.

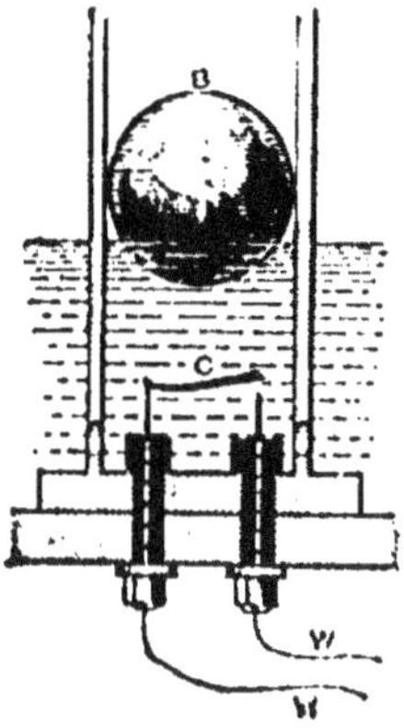

LE FORMÉNOPHONE.

Pour mesurer la quantité de grisou contenue dans l'air, existent des *grisoumètres*, notamment celui de M. Gréhant, professeur au Muséum d'Histoire naturelle; mais ce sont des appareils trop délicats pour pouvoir sortir du laboratoire.

Le *forménophone*, imaginé par M. Hardy, en 1893, est, au contraire, un avertisseur destiné à fonctionner dans les mines pour prévenir de la présence du grisou, gaz composé essentiellement de formène ou gaz des marais et qui forme avec l'air un mélange explosif d'une puissance formidable.

Fig. 40. — Niveau d'eau à avertisseur électrique.

Voici le principe de cet appareil :

Deux tuyaux d'orgue donnant le même ton quand ils sont alimentés d'air pur par deux souffleries distinctes, donnent deux sons différents si l'un reçoit de l'air pur et l'autre de l'air mélangé de grisou. Le nombre des battements augmente avec la proportion du gaz étranger, qu'avec l'habitude on évalue aisément au son.

Les tuyaux d'orgue donnant l'*ut* dans l'air pur, avec 1 p. 100 de formène dans l'air on a environ un battement par trois secondes ; 2 p. 100 de formène donnent environ trois battements par deux secondes, 4 p. 100 donnent trois battements par seconde, etc., les battements devenant plus fréquents à mesure que le mélange gazeux est plus riche en formène.

Sur ce principe, M. Hardy a établi deux types d'appareils :

1° Le *forménophone portatif*, destiné à vérifier en quelques secondes l'état du grisou dans une galerie et qui comprend deux soufflets et deux tuyaux d'orgue. L'un des soufflets et son tuyau sont contenus dans une enveloppe métallique étanche renfermant de l'air pur. L'autre soufflet puise à l'aide d'un tube

mobile le mélange d'air et de grisou au point le plus convenable. On fait fonctionner ensemble les deux soufflets et l'on
obtient des battements s'il y a du grisou dans la galerie.

2° L'*appareil fixe à indications continues*, à soufflets mus par

Fig. 41. — Forménophone à marche continue et microphone.

un moteur quelconque, peut faire entendre ses battements non
seulement dans la galerie où il est installé, mais même jusque
dans le bureau de l'ingénieur (*fig.* 41), grâce au microphone
installé sur chacun des tuyaux d'orgue.

Le courant d'une pile les traverse et passe ensuite par un

récepteur téléphonique ordinaire ou par un amplificateur microphonique placé dans le bureau de l'ingénieur.

Pour avoir avec le forménophone des résultats d'une grande précision on fait inscrire ses battements sur le cylindre tournant d'un enregistreur ; on peut alors les compter à loisir et connaître très exactement la quantité de gaz étranger mélangé à l'air.

AVERTISSEUR ÉLECTRIQUE D'INSUFFISANCE DE TIRAGE.

Un gaz qui cause peut-être encore plus de victimes que le grisou et le gaz d'éclairage est l'oxyde de carbone produit par la combustion lente et incomplète du charbon. Quand le tirage est insuffisant dans un poêle mobile, quand il y a des refoulements, le gaz toxique est lancé dans la pièce au grand détriment de la santé des habitants.

MM. Richard-Paraire ont combiné un avertisseur électrique permettant de reconnaître de faibles variations de pression d'un courant gazeux. Dans une boîte métallique en relation avec le poêle par un tube (*fig.* 42) est, en face de ce dernier, un clapet. Équilibré de façon à demeurer écarté du tube quand le fonctionnement est normal, il est attiré si une dépression se produit et ferme l'orifice, actionnant une sonnerie électrique.

AVERTISSEURS DE LA RENCONTRE DES NAVIRES.

S'il est un lieu où les avertisseurs sont nécessaires, c'est, sans conteste, à bord des navires. Là, le danger est partout. Les systèmes d'avertisseurs de la rencontre des navires ne manquent pas, mais les collisions non plus, ce qui laisse croire que ces appareils sont peu employés ou fonctionnent mal.

Dans les parages de l'Amérique du Nord, les rencontres d'icebergs sont fréquentes. L'avertisseur Michel est fondé sur ce fait que l'approche d'un iceberg fait baisser de plusieurs degrés et dans un rayon fort étendu la température de l'eau de mer. Un thermomètre à hélice bimétallique, suspendu aux flancs du navire, porte une tige qui, lorsque la température s'abaisse, vient buter contre une borne; d'où sonnerie.

CEINTURE-AVERTISSEUR POUR PROTECTION DES NAVIRES.

Pour protéger de nuit les navires de guerre contre les torpil-
leurs, on emploie une *ceinture-avertisseur* composée de plusieurs

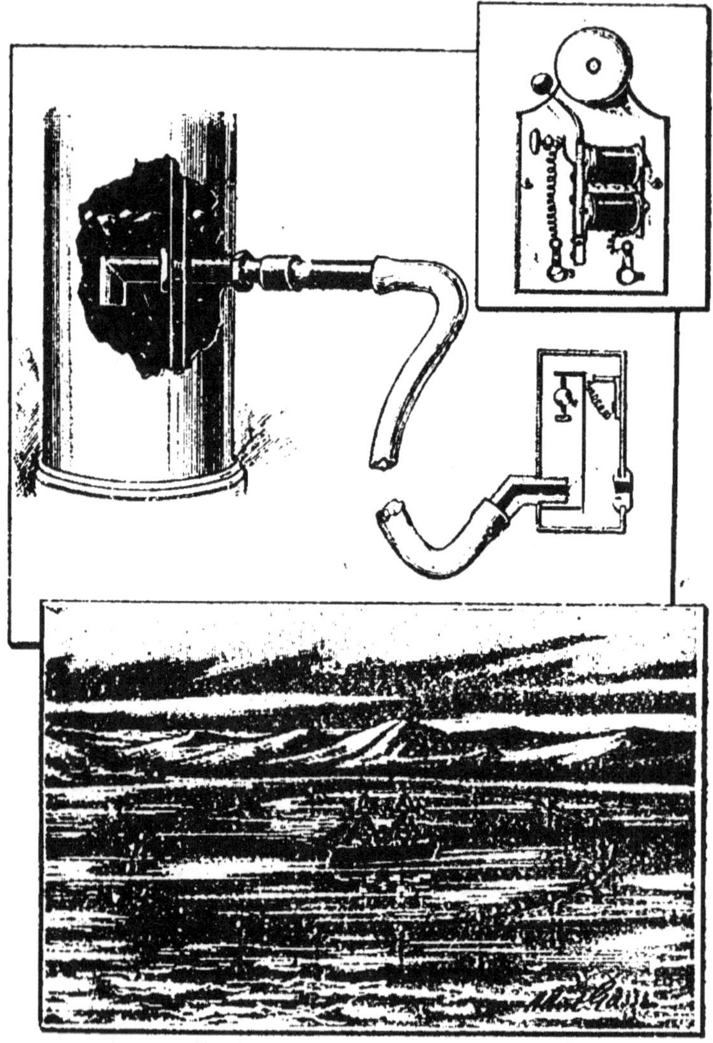

Fig. 42. — Avertisseurs divers. — *1.* Une sonnerie électrique. — *2.* Avertisseur
électrique d'insuffisance de tirage. — *3.* Ceinture-avertisseur pour protection
des navires.

brins de corde métallique reliés entre eux. A cette corde sont
attachés des flotteurs qui la font plonger un peu. Des bouées
mouillées au fond maintiennent la forme du circuit, elles contiennent des flotteurs à phosphure de calcium pouvant s'en
détacher quand un torpilleur tire la corde métallique (*fig.* 42; *3*).

Au contact de l'eau, le phosphure de calcium donne du phosphure d'hydrogène qui brûle spontanément à l'air et indique le point où a lieu l'attaque. Il s'agit donc ici d'un avertisseur optique.

HYDROMÈTRE AVERTISSEUR OU AVERTISSEUR D'INONDATIONS.

Mais revenons sur le plancher des vaches. D'autres dangers desquels il est bon d'être prévenu y menacent l'homme. Au premier rang sont l'eau et le feu, les inondations et les incendies.

L'hydromètre avertisseur de M. Marius Otto consiste en un poteau en fer creux placé verticalement dans le lit du fleuve à 20 kilomètres en amont de la commune à protéger. Du sommet part le fil de ligne qui correspond à la seconde partie de l'appareil placée à la mairie de la commune ou dans la salle d'école. Elle se compose d'un galvanomètre spécial, d'une pile et d'une sonnerie.

De 10 en 10 centimètres, le poteau immergé porte des lames métalliques horizontales convenablement isolées, réunies entre elles au moyen de bobines de résistance. Chaque fois que l'eau monte de 10 centimètres, la résistance diminue et l'intensité du courant augmente, l'aiguille du galvanomètre avance d'une division et, à la hauteur dangereuse, la sonnerie fonctionne.

AVERTISSEURS ÉLECTRIQUES DU FEU.

Les avertisseurs électriques du feu consistent, en général, en un corps fusible placé dans un circuit électrique. Quand ce corps atteint la température pour laquelle il a été établi, il fond et interrompt le courant qui met en branle une sonnerie.

Notre gravure (*fig.* 43) reproduit un système très simple. Une membrane métallique M est fixée à ses deux extrémités. S'il survient une forte élévation de température, la plaque tend à se dilater. Ne pouvant s'allonger, elle se gondole en son milieu et vient toucher un

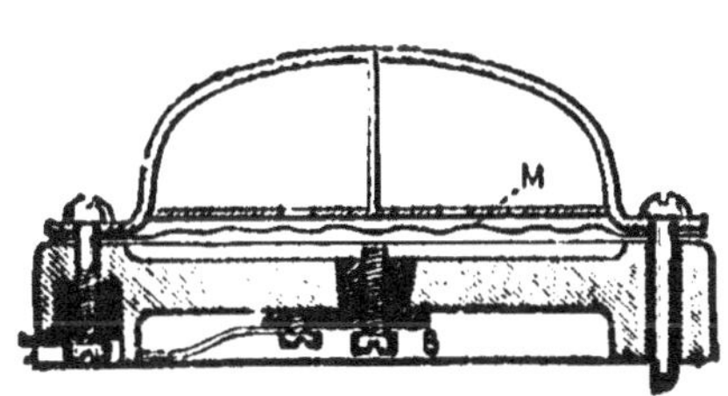

Fig. 43. — Avertisseur électrique du feu.

écrou S. Le circuit électrique se trouve fermé et la sonnette d'alarme retentit à un endroit déterminé. Les fils qui constituent le circuit électrique sont reliés, l'un avec la plaque par une des vis qui la retiennent, l'autre avec l'écrou.

AVERTISSEURS CONTRE LES VOLEURS.

Les voleurs sont moins dangereux que le feu ; mais on aime cependant à être prévenu de leur visite pour les recevoir comme il convient. Les *avertisseurs de coffres-forts*, très répandus, consistent en sonneries électriques qui sont actionnées quand, par suite de l'ouverture de la caisse, certains contacts sont établis ou rompus. On connaît aussi des chaînes de sûreté à détonation pour fenêtres ou portes et même des serrures à détonation, sonnerie et lumière électrique, donnant l'alarme à près d'un kilomètre.

Un avertisseur très simple consiste en une cornemuse qui fait entendre un son strident aussitôt qu'on ouvre une porte ou une fenêtre (*fig.* 44).

Une forte tige DE est enfoncée dans le parquet par son pied E, tout contre la porte de la chambre G, ou contre la fenêtre. Aussitôt que la porte s'ouvre elle presse le levier recourbé F qui abandonne le levier L. Ce levier presse sur la soupape à ressort C et livre ainsi passage à l'air contenu dans la cornemuse A.

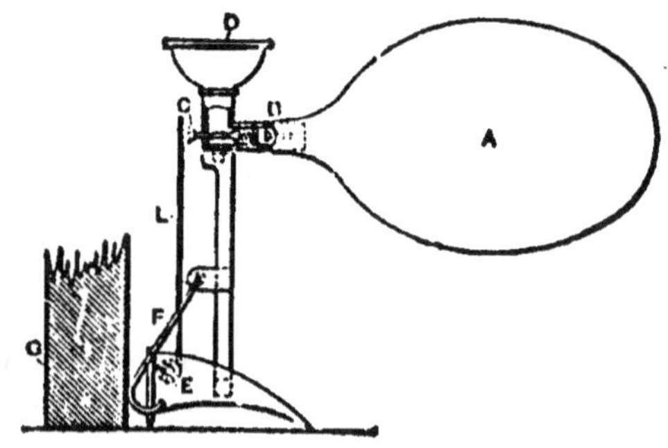

Fig. 44. — Un avertisseur d'ouverture de porte.

Celui-ci en s'échappant fait entendre une note stridente qui donne l'alarme. L'embouchure D sert à gonfler la poche A. Il est bien entendu que l'appareil est enfoncé dans le parquet très fortement et assez près de la porte pour qu'on ne puisse l'ouvrir d'un centimètre sans donner l'alarme. L'appareil est petit et peut facilement se transporter dans une boîte, ce qui le rend précieux pour les voyageurs qui sont obligés de coucher dans les chambres d'hôtel mal fermées. On peut aussi employer l'électricité ; le courant s'établit en poussant la porte et un électro-aimant attire la soupape et livre passage à l'air.

AVERTISSEUR DU DEGRÉ D'ACIDITÉ DES MOUTS.

Abandonnons les accidents et les crimes contre la propriété pour les applications des avertisseurs à l'industrie. Nous en signalerons tout au moins une : *l'avertisseur du degré d'acidité des mouts*, de M. Collette, qui montre combien est grande la plasticité du procédé.

Dans les liquides en fermentation, dans les vins qui sont toujours en modification, l'acidité est un caractère important à connaître. On plonge dans le liquide deux électrodes métalliques d'une innocuité parfaite pour la santé, et choisies de telle sorte que l'une est attaquée par les acides, l'autre pas. Il y a courant électrique d'autant plus intense que l'acidité est plus grande.

Un galvanomètre muni de deux bornes métalliques à distance variable, suivant les limites entre lesquelles on veut enfermer les variations de l'acidité, est relié aux électrodes et à une sonnerie. Quand la limite est atteinte, le timbre fonctionne.

Grâce à un tableau indicateur, le négociant, dans son bureau, saura que le fût n° 17, par exemple, est en train de s'aigrir et qu'il est grand temps de le traiter.

AVERTISSEUR DE TEMPÉRATURE POUR MALADES.

Ce petit appareil comprend une ampoule métallique à demi pleine d'éther et fermée par un couvercle plissé. On la place sous l'aisselle du malade. Quand la température s'élève, l'éther se dilate, déplisse le couvercle qui vient se mettre en contact avec une borne et ferme un circuit électrique actionnant l'obligatoire sonnerie.

On pourrait ainsi, dans un hôpital, relier tous les malades par un réseau de fils à un tableau indicateur placé dans la salle de garde. L'interne de service saurait ainsi que la température de l'habitant de tel lit s'élève de façon inquiétante et pourrait se préoccuper d'y porter remède.

Cet avertisseur pourrait aussi être utile pour indiquer l'échauffement qui se produit au milieu de matières fermentescibles, pour prévenir, par exemple, les combustions spontanées.

CHAPITRE VI

L'ACOUSTIQUE

Le chapitre consacré aux avertisseurs est, pour ainsi dire, la préface de celui-ci, tant sont nombreuses les sonneries qu'on y entend résonner.

Le son, c'est-à-dire l'impression que perçoit l'oreille, est dû à une rapide série de mouvements des corps, mouvements qui peuvent être transmis par les solides, les liquides et les gaz.

Ces vibrations sont trop rapides et trop faibles pour être vues et surtout comptées directement. On peut cependant les compter à l'aide d'ingénieuses méthodes graphiques.

APPAREIL ENREGISTREUR DES VIBRATIONS SONORES.

Sur un cylindre de bois creux dont une extrémité forme embouchure, on tend fortement, après l'avoir mouillée, une feuille de parchemin que l'on colle sur son pourtour et qui formera la membrane vibrante. Au milieu de ce diaphragme on fixe, avec une goutte de cire à cacheter, une aiguille dont on recourbe la pointe ; ce sera le stylet traçant.

L'embouchure est reliée solidement au support formé par deux planches en croix. Sur la planche supérieure on place une plaque de verre couverte de noir de fumée par passage au-dessus de la flamme d'une lampe à pétrole ou d'une bougie. Une réglette maintenue par deux clous la guidera dans le mouvement que nous allons tout à l'heure lui faire accomplir (*fig.* 45).

Pour renforcer le stylet, on enfonce dans le support une forte aiguille qui l'empêchera de se déplacer latéralement et on le tend à l'aide d'un fil de caoutchouc fixé d'autre part au support, de façon que sa pointe s'appuie légèrement mais bien régulièrement sur la plaque enduite de noir de fumée. Une goutte de cire sur le stylet empêchera le caoutchouc de glisser.

Tout étant ainsi préparé, on approche la bouche du tuyau de

bois, on prononce à haute voix une voyelle et, en même temps,
on penche l'appareil à droite ou à gauche suivant l'endroit où

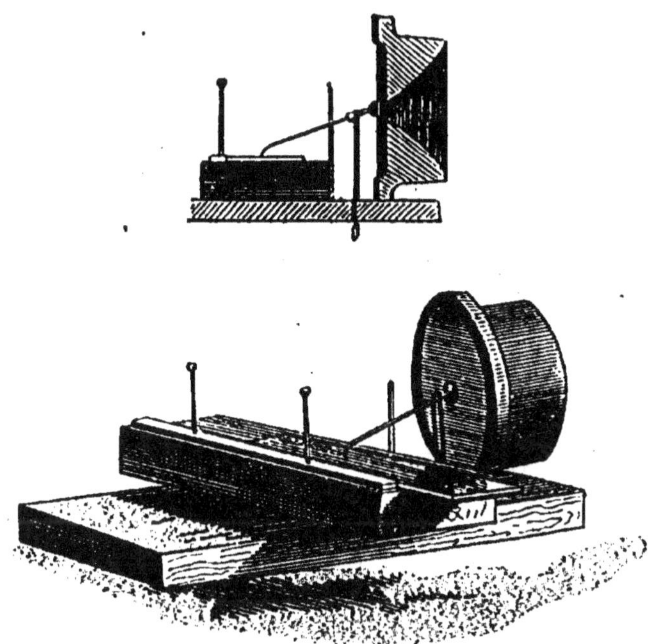

Fig. 45. — Appareil enregistreur des vibrations sonores.

l'on a planté le clou, soutien du stylet, de façon à faire glisser
doucement la plaque noircie.

Quand on relève celle-ci, on voit qu'elle porte en blanc un
petit tracé qui représente la série des vibrations du diaphragme.

En avançant ou en reculant la réglette qui sert de guide à la
plaque, on peut recommencer à prononcer une autre voyelle ou
même un mot assez court, et on obtient d'autres tracés qu'on
peut comparer entre eux.

Ces tracés pourront même être glissés dans une lanterne
magique et donner sur l'écran des images agrandies faciles à
étudier.

LES VIBRATIONS DES PLAQUES.

Si l'on saupoudre de lycopode ou de sable fin une mince
plaque de tôle montée horizontalement sur un pied et qu'on la
fasse vibrer en frottant l'un de ses bords avec un archet, on voit
la poudre s'assembler en certains points où elle forme des figures

régulières, toujours les mêmes pour une même plaque et une
même note émise, mais variables avec la forme, les dimensions,
l'épaisseur de la plaque et aussi avec la hauteur et l'intensité
du son émis.

On peut reproduire de la manière suivante cette expérience
de cours :

On prend une boîte de fer-blanc dont on remplace le couvercle

Fig. 46. — Appareil pour étudier les vibrations des plaques.

par une lame de caoutchouc fortement et également tendue par
un lien de caoutchouc ; et avec une bande de papier on forme
un rebord de 1 à 2 centimètres de hauteur (*fig.* 46).

Dans la paroi de la boîte on perce un trou dans lequel on
introduit l'extrémité d'un tube quelconque qui va servir d'embouchure.

On répand sur la membrane du lycopode ou du sable fin et
dans le tube on émet une note qu'on cesse brusquement sans
varier son intensité. L'air vibre, communiquant son mouvement
à la lame de caoutchouc ; il se produit des nœuds de vibrations

ou plutôt des lignes nodales suivant lesquelles se dépose la poudre.

La *figure* 47 reproduit quelques-unes des dispositions obtenues.

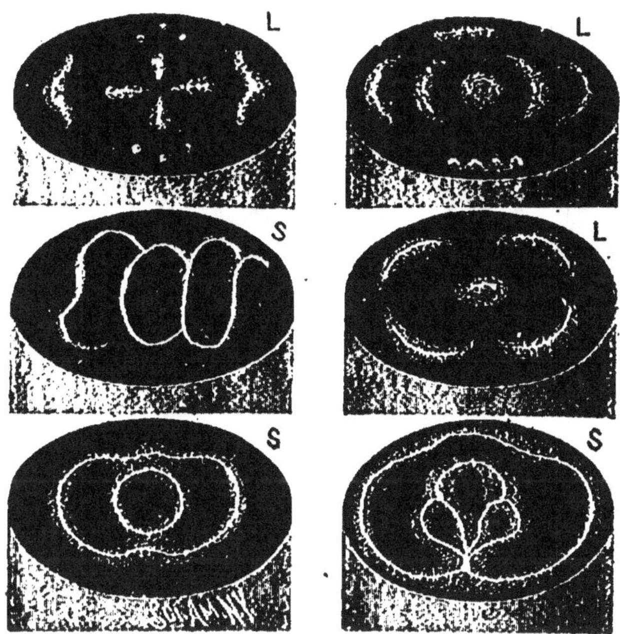

Fig. 47. — Figures des lignes nodales des vibrations.

Les diagrammes marqués S sont au sable fin ; ils sont moins réguliers et moins parfaits que ceux, L, obtenus à l'aide du lycopode.

LE TONOGRAPHE.

Par une simple modification de l'expérience précédente, M. Holbrook Curtis a obtenu un instrument très curieux, le *tonographe*, qui permet une véritable analyse musicale des notes.

Il se compose d'un tube muni d'une embouchure à l'une de ses extrémités et se terminant par un pavillon évasé sur lequel on tend une membrane de caoutchouc. L'instrument ne sera bon que si, comme toujours, cette membrane est tendue d'une façon bien homogène et bien égale dans toutes les directions.

On la colore en rouge foncé par une solution alcoolique de fuchsine de façon que, si on veut la photographier, elle vienne en noir sur l'épreuve. On répand à sa surface un mélange de sel de table bien sec et d'émeri fin qui apparaîtra en blanc.

Quand on chante dans l'embouchure du tonographe (*fig.* 49) on voit apparaître sur la membrane une figure que l'on peut photographier et qui est, pour ainsi dire, l'expression géométrique de la note chantée.

Pour un même instrument la figure est toujours la même

Fig. 48. — Le tonographe et son mode d'emploi.

pour une même note, mais les figures varient avec la tension des membranes ou leur diamètre.

Plus la voix est belle, plus l'image produite de la note est parfaite. La *figure* 49 est la photographie du *do* de la portée chanté par un baryton ; la même note chantée par un soprano (*fig.* 50) est représentée par des lignes beaucoup plus fines.

La complexité des lignes nodales monte avec la hauteur de la note et diminue, au contraire, à mesure que l'on descend l'échelle des sons (*fig.* 51, 52, 53, 54).

Pour donner une belle figure, une note doit être émise pleinement sans forcer la voix et sans arrêt dans l'émission.

Fig. 49. — *Do* de la portée émis par un baryton.

Fig. 50. — *La même note par un soprano.*

Fig. 51. — *Si au-dessous du médium.*

Fig. 52. — *Do du médium.*

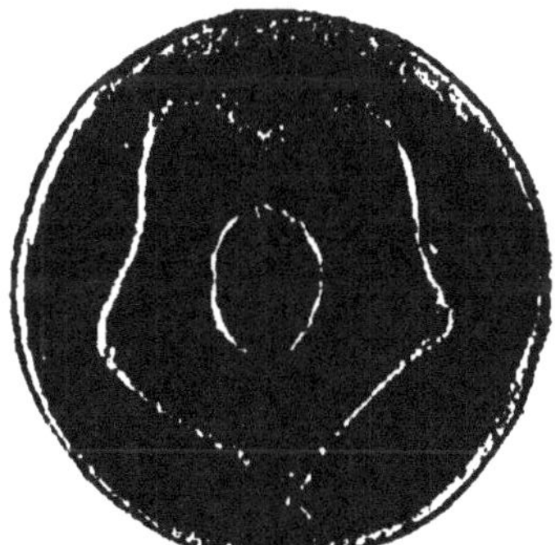

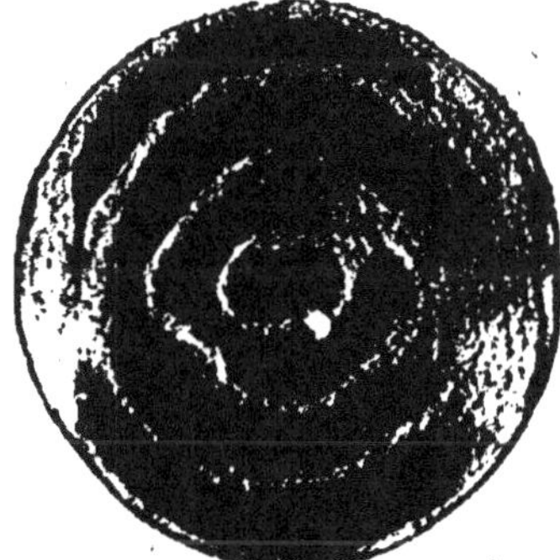

Fig. 53. — *La au-dessous du médium.* Fig. 54. — *Si au-dessous du médium.*

Photographies des lignes nodales de la membrane du tonographe.

On entretient la sensibilité vibratoire de la membrane d'un tonographe en la frottant doucement tous les jours avec le doigt.

LES VIBRATIONS MONTRÉES PAR LES RONDS DE FUMÉE.

A l'aide de quelques boîtes en carton et d'un peu de fumée, on peut mettre en évidence, d'une manière amusante, les vibrations d'un corps sonore : *tige d'acier*, *diapason* ou *diaphragme tendu*.

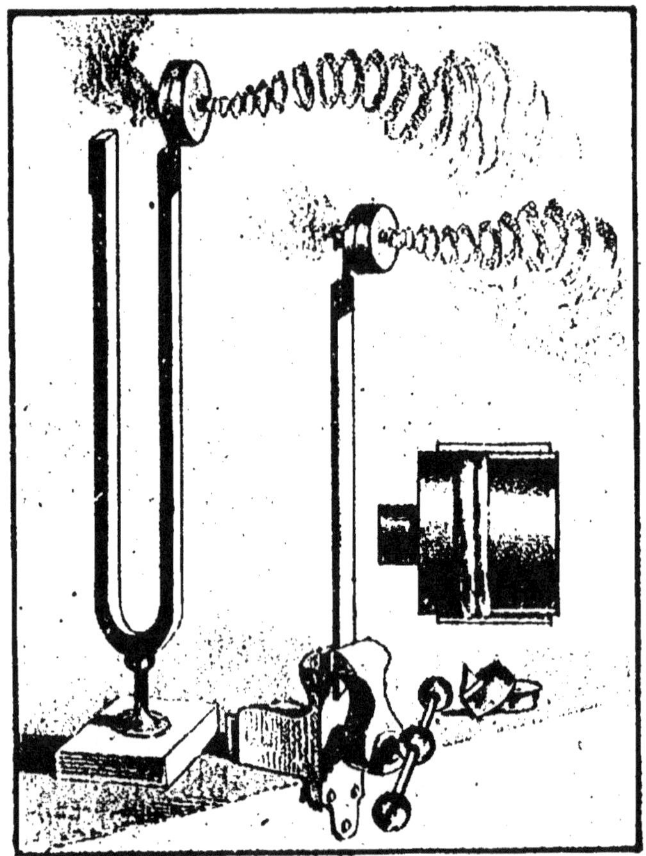

Fig. 55. — Les vibrations montrées à l'aide de ronds de fumée.

1° Le *tige d'acier* est serrée dans un étau (*fig*. 55). L'extrémité libre porte une languette de bois solidement fixée au moyen de quelques tours de fil très serrés. Sur cette languette de bois est collée une boîte ronde en carton, telle que les pharmaciens en donnent à chaque instant; elle a environ $0^m,05$ de diamètre sur une hauteur de $0^m,02$ à $0^m,025$. Le fond de cette boîte est percé d'un trou d'environ $0^m,025$ dans lequel on enfonce l'extrémité d'un tube de papier de même diamètre et long d'environ $0^m,03$.

Le couvercle de la boîte est percé, lui aussi, d'un trou bien rond d'environ 1/2 centimètre de diamètre. C'est par lui que sortira la fumée, et de sa régularité dépend celle des ronds de fumée.

Dans la boîte ainsi préparée on place une bande de papier buvard pliée en forme de V, dont la plicature est trempée dans un peu de paraffine. Une des extrémités du papier buvard est trempée dans l'acide chlorhydrique, l'autre dans l'ammoniaque; la boîte se remplit aussitôt de vapeurs de chlorhydrate d'ammoniaque.

Lorsque la tige d'acier est mise en vibration, on voit aussitôt, à chaque oscillation, un rond de fumée s'échapper de la boîte.

Si l'on veut que les ronds s'échappent sans se mêler, il faut choisir une longue tige, de façon que les vibrations soient assez lentes (32 par seconde au plus).

2° Quand on se sert d'un *diapason*, il est bon d'attacher à la branche libre un léger poids équilibrant le poids de la boîte.

3° Notre figure représente aussi l'application de la méthode aux vibrations des *diaphragmes*. Il s'agit là d'une boîte cylindrique beaucoup plus grande, divisée en deux compartiments par un diaphragme plein, de caoutchouc fortement tendu. En avant, le cylindre est fermé par une rondelle de carton percée en son centre d'un trou de 1/2 centimètre environ. En arrière il est fermé par une paroi, percée d'un trou beaucoup plus grand dans lequel on a enfoncé un tube assez court. Le papier buvard, chargé d'ammoniaque et d'acide chlorhydrique, est placé dans la première chambre entre le diaphragme et la paroi antérieure. Des sons sont émis dans le tube, le diaphragme vibre, transmet ses vibrations à l'air de la chambre antérieure chargé de fumée de chlorhydrate d'ammoniaque, et aussitôt des ronds remarquablement beaux s'échappent par la petite ouverture.

Il faudra émettre de préférence des sons de basse tonalité, un simple claquement de la langue ou des lèvres donnera les meilleurs résultats.

Vous pourrez utiliser les fumées provenant de la combustion d'un corps quelconque mis à l'intérieur de la boîte. Il faudra vous rappeler cependant que ces boîtes sont inflammables. La méthode au chlorhydrate d'ammoniaque est préférable.

L'ACOUSTIQUE DE PROJECTION.

Lissajous, le premier, est parvenu à montrer les vibrations sonores à toute une salle par une élégante méthode de projection.

Elle consiste à fixer un petit miroir à la face extérieure d'une des branches d'un diapason et à projeter sur ce petit miroir un rayon de lumière. Tant que le diapason est immobile, le rayon, après réflexion, forme sur un écran une image immobile ; quand, au contraire, on fait vibrer le diapason, le rayon réfléchi vibre dans le même plan et trace sur l'écran une image allongée dont l'étendue est proportionnelle à l'amplitude du mouvement vibratoire.

En combinant les vibrations de deux diapasons munis de miroirs, on obtient des figures dont l'étude est intéressante pour les lois de l'acoustique.

L'OMBRE DES ONDES SONORES.

Voir les vibrations des corps sonores est déjà un spectacle peu banal, mais voir les ondes sonores elles-mêmes est, certes, plus curieux. Un physicien anglais, M. Boys, s'il n'a pas vu les ondes sonores, affirme tout au moins avoir vu leur ombre. Un jour, après l'explosion de 50 kilogrammes de dynamite, il aperçut, par un clair soleil, une ombre annulaire ayant le lieu d'explosion pour centre et s'éloignant de celle-ci très rapidement en s'élargissant.

LA PHOTOGRAPHIE DU SON.

Un physicien américain, M. Wood, a fait mieux encore : il a photographié les ondes sonores.

Le passage de l'onde vibratoire est caractérisé par une contraction suivie presque aussitôt après d'une dilatation, d'où modification des propriétés optiques de l'air au point considéré.

L'appareil établi par M. Wood, en 1900, permet de photographier le bruit produit par une forte étincelle électrique. Une deuxième étincelle éclate en un point du circuit et éclaire l'onde sonore 1/100 000 de seconde après la production de la première. Les ondes sonores, en ce temps, ne parcourent que $0^{mm},34$;

elles se présentent sur le cliché comme des cercles alternativement lumineux et obscurs.

LA RÉFLEXION DU SON.

Le son se réfléchit comme la lumière. On le démontre dans les laboratoires à l'aide de réflecteurs métalliques à foyer fixe.

Fig. 56. — Réflecteur sonore à foyer variable.

Voici une méthode intéressante, parce qu'elle utilise un réflecteur dont on peut changer aisément la distance focale.

Sa face postérieure est rigide, l'antérieure élastique.

Soutenu par deux tourillons sur un support vertical à pivot, il peut tourner autour de son diamètre vertical et de son diamètre horizontal (*fig.* 56).

Un tube de caoutchouc muni d'une embouchure et d'un robinet permet d'aspirer une partie de l'air qu'il contient.

Un petit miroir plan est maintenu au milieu du réflecteur par deux fils métalliques croisés à angle droit. Enfin un cornet acoustique posé sur une table rassemble encore les ondes sonores.

On regarde le petit miroir à travers le cornet acoustique, et on tourne le réflecteur jusqu'à ce qu'on voie l'endroit où sont produits les sons.

Pour régler la distance focale, on aspire l'air contenu dans le tambour, sa face élastique devient concave et l'on continue à faire le vide jusqu'à ce que l'oreille appliquée au cornet acoustique perçoive distinctement les sons. On n'a plus alors qu'à fermer le robinet et à écouter.

CORRECTION DE LA RÉSONANCE D'UNE SALLE
PAR DES FILS TENDUS.

Sans dispositif particulier, l'*écho* se charge d'ailleurs de prouver la réflexion des ondes sonores.

Certains échos célèbres répètent plusieurs fois la même phrase et sont amusants; mais dans les salles de réunion, l'écho ou simplement la résonance sont plutôt gênants.

On a essayé d'y remédier en tendant des fils fins dans les endroits où il a élu domicile; on brise ainsi les ondulations.

M. Robert Gregg a obtenu, en 1873, des résultats appréciables en tendant, dans la cathédrale de Cork, des fils horizontalement au-dessus du chœur: la voix du prédicateur, les sons de 'orgue étaient beaucoup plus distincts après l'opération.

« Cela m'a encouragé à faire de nouvelles expériences, dit M. Gregg. Nous tendîmes trois fils du mur méridional au mur septentrional du transept, de manière qu'ils passaient sur la tête des choristes, mais l'effet était beaucoup trop grand, ils semblaient étouffer le son; chaque son s'éteignait tout à coup, toute résonance avait disparu.

« Il semble très difficile de déterminer l'endroit où il faut placer les fils pour produire un effet réellement bon, mais tous ceux qui ont pris intérêt à la question reconnaissent que ces fils produisent un effet beaucoup plus grand qu'on ne l'aurait supposé *a priori.* »

Les fils employés étaient très fins et ne pouvaient être aperçus que par les personnes prévenues de leur présence.

RÉFRACTION DU SON.

Vers 1850, Sondhaus montra qu'une lentille de collodion remplie d'acide carbonique produit une concentration du son.

Un peu plus tard, M. Neyreneuf obtint le même résultat avec

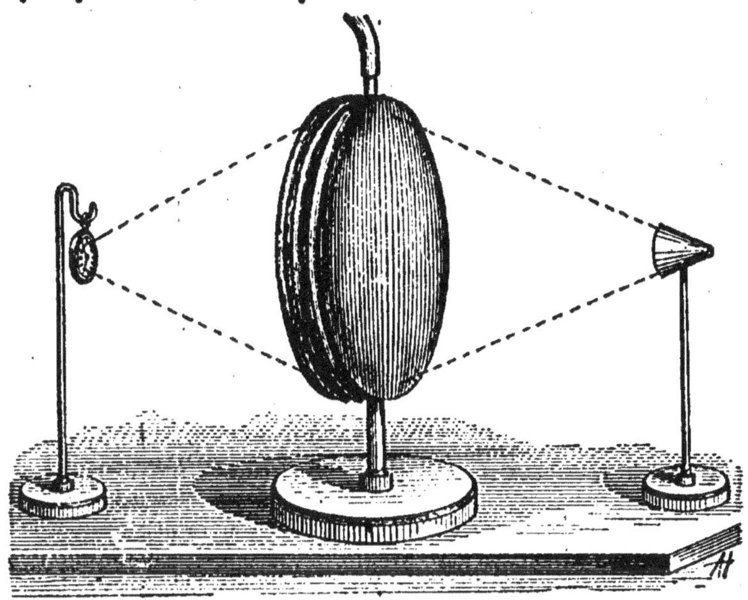

Fig. 57. — Lentille pour la réfraction du son.

une lentille formée de deux feuilles de caoutchouc et dans laquelle il mettait de l'eau. Enfin, en 1896, MM. Perrot et Dussaud ont employé un fût rempli d'eau et fermé à sa partie supérieure par une grande feuille de caoutchouc qui, lorsque l'on fait couler par un robinet inférieur un peu d'eau du fût, se creuse, adhère à la surface de l'eau, formant l'une des faces d'une lentille concave, convergente pour les ondes sonores passant de l'eau dans l'air. La source sonore était une sonnerie électrique placée dans l'eau suivant l'axe du fût et on cherchait le foyer avec un cornet acoustique relié à un tube aboutissant au-dessus du ménisque de caoutchouc.

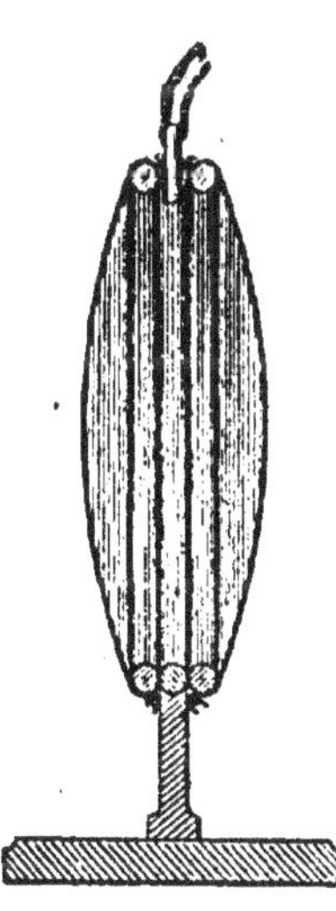

Fig. 58. — Section de la lentille.

Nous indiquerons l'appareil suivant comme le plus facile à construire. On établit une lentille avec une charpente de trois fils de fer (*fig.* 57 et 58) circulaires, réunis ensemble de manière à former un unique anneau creusé de deux sillons. On pose cet anneau sur un pied et, au point diamétralement opposé, on fixe un tube de métal très court. Sur les bords de l'anneau on tend deux membranes de caoutchouc.

Pour obtenir des surfaces courbes avec un tel appareil on y insuffle de l'acide carbonique ; les membranes se gonflent plus ou moins suivant la quantité de gaz introduite, de sorte qu'on fait varier à volonté la distance focale.

Le tic tac d'une montre placée à l'un des foyers d'une telle lentille sera entendu très distinctement à l'autre foyer que l'on déterminera par tâtonnements.

LE MIRAGE DU SON.

Le phénomène du mirage, bien connu en optique, l'est moins en acoustique. Fizeau, en 1888, a présenté à l'Académie des sciences une note sur cette question à la suite d'abordages entre navires malgré le fonctionnement de leurs puissantes sirènes. Le savant physicien fait remarquer que si l'on suppose la surface de la mer plus chaude à certains moments que les couches d'air voisines, celles-ci, par temps calme, doivent prendre, dans le voisinage de l'eau plus chaude, une disposition par couches de température décroissante à mesure que leur hauteur augmente.

Dans ces conditions, les rayons sonores, au lieu de se propager horizontalement dans les couches d'air voisines de la mer, subissent, par l'effet des inégalités de température, des vitesses inégales, les plus voisines de la surface de l'eau prenant l'avance sur les autres. Pour corriger les effets de ce véritable mirage, Fizeau proposait, ce qui donnerait aux signaux sonores une plus grande portée, de placer le point de départ des sons et aussi le point d'arrivée — c'est-à-dire le poste du guetteur — à une assez grande hauteur au-dessus de l'eau pour que les sons puissent suivre librement leur marche en ligne courbe sans sortir de l'espace où ils peuvent être entendus.

L'INTERFÉRENCE DES ONDES SONORES.

On sait que deux rayons lumineux peuvent, dans certaines conditions, donner de l'obscurité ; de même des vibrations sonores distinctes peuvent s'annuler, *interférer*.

Un savant anglais, M. John Wylie, a démontré de façon simple l'interférence des ondes sonores.

On fixe aux deux branches *1* et *2* d'un diapason excité électriquement (*fig.* 59; *1*) deux fils en caoutchouc aussi égaux que possible et se réunissant en un seul au point marqué *3*. Tandis que les deux fils séparés vibrent rapidement, l'unique fil *I* qui les continue demeure immobile.

TOURNIQUETS A SONS.

Les ondes sonores, comme les ondes lumineuses, comme la

Fig. 59. — *1.* Expérience sur l'interférence des ondes sonores. — *2.* Comment on isole un bruit au milieu d'une foule d'autres. — *3.* Tourniquet à sons.

chaleur et l'électricité, représentent un mode d'énergie. Cette force n'a pas été utilisée jusqu'ici. On voit mal les moteurs thermiques remplacés par des moteurs phoniques et les voix des chanteurs de l'Opéra, par la seule puissance des vibrations sonores, actionnant un circur automatique ou faisant tourner une dynamo.

Le moteur phonique existe cependant, mais ses effets ne sont pas des plus intenses.

Un grand nombre de savants ont réalisé des *tourniquets à sons*. Celui que nous reproduisons (*fig.* 59 ; *3*) est dû à M. Dvorak, professeur à l'université d'Agram, en Croatie.

Sur la pointe d'une aiguille, par l'intermédiaire de croisillons, reposent quatre résonateurs en verre percés chacun d'un petit orifice et donnant la même note.

Quand, à l'aide d'un gros diapason spécialement construit, on produit cette note au voisinage de l'appareil, les résonateurs répondent et le système tourne.

LE MOTEUR PHONIQUE D'EDISON.

Edison, de son côté, a imaginé un moteur phonique comprenant une embouchure semblable à celle d'un phonographe et un diaphragme. Un ressort fixé sur une tablette est appuyé contre le diaphragme au moyen d'un tube en caoutchouc. Ce ressort porte une tige horizontale qui, par les vibrations de la membrane, actionne un disque qu'il fait tourner.

Un volant, en relation avec le disque, tourne avec une rapidité extraordinaire ; il peut actionner un outil et produire du travail, par exemple, percer un trou dans une planche.

MÉTHODE POUR ISOLER UN BRUIT.

Voici un procédé simple et pratique permettant de déterminer, au milieu du tumulte d'une usine en activité, à quel point précis un bruit anormal se produit dans une machine.

Il suffit de s'introduire dans l'oreille l'extrémité d'un tube de caoutchouc (*fig.* 59 ; *2*) dont l'autre bout sert à étudier le bruit et à l'isoler.

SPECTROPHONE, THERMOPHONE ET RADIOPHONE.

Nous indiquerons maintenant quelques manières peu ordinaires de produire des sons.

Graham Bell et Tainter ónt montré, en 1881, dans leur *spectrophone*, que toutes les substances ont la propriété de rendre des sons sous l'influence d'un rayon de lumière intermittent, mais surtout les substances spongieuses et poreuses, de couleur sombre. Le meilleur corps à employer pour ces expériences est donc le noir de fumée.

Vers la même époque, M. Mercadier, l'éminent directeur des études à l'École polytechnique, imaginait le *thermophone*, fondé sur un principe analogue (*fig.* 60; 2).

Le plus parfait des instruments de ce genre est le *radiophone* de M. Mercadier, dont le principe est tout autre.

On fait tomber un faisceau lumineux de rayons parallèles sur un disque-écran muni de plusieurs séries d'ouvertures en nombre déterminé. Les rayons lumineux rendus intermittents par les trous du disque tombent sur une pile au sélénium. Cette dernière se compose de deux rubans de laiton du 1/10 de millimètre d'épaisseur, recouverts d'une mince couche de sélénium et séparés par deux rubans de papier parchemin. Les quatre bandes enroulées en spirale forment un bloc qu'on comprime entre deux lames de laiton et qu'on relie à une pile et à un téléphone.

Le sélénium possède une propriété curieuse : sa conductibilité électrique augmente instantanément quand il est frappé par un rayon de lumière.

Les intermittences lumineuses se traduisent donc par des changements de résistance du sélénium et par des variations rythmées d'intensité du courant qui affectent le téléphone récepteur.

Un clavier faisant intervenir telle ou telle série d'ouvertures, on entend dans le téléphone des accords musicaux montrant la transformation des ondes lumineuses en ondes sonores.

LA MUSIQUE PAR LES EXPLOSIONS.

Dans le radiophone, on produit de la musique par la lumière; il est possible d'en produire par l'explosion de bulles de savon dont les dimensions sont entre elles dans un certain rapport.

On trace, sur quatre feuilles de carton, quatre circonférences dont les diamètres soient entre eux comme les nombres 1, 4/5, 2/3, 1/2. On mouille la surface du carton avec le liquide glycérique de Plateau.

D'un autre côté on a préparé le mélange tonnant d'hydrogène et d'oxygène dans une vessie munie d'un tube abducteur et d'un robinet. Plongeant l'extrémité du tube abducteur dans le liquide glycérique, on la place au centre de chaque circonférence et on comprime la vessie ; il se forme une demi-bulle dont le diamètre va croissant et qu'on arrête aux limites du cercle tracé sur le papier. Quand les quatre bulles sont formées,

Fig. 60. — *1*. Explosion musicale de bulles de savon. — *2*. Le thermophone Mercadier.

on les enflamme successivement (*fig.* 60 ; *1*) et on obtient l'accord parfait : *do, mi, sol, do.*

LES EXPLOSIONS PAR LA MUSIQUE.

Au lieu de produire de la musique par des explosions, on peut faire l'inverse, c'est-à-dire déterminer la détonation d'un explosif, comme l'iodure d'azote, par des notes musicales aiguës.

Si l'on attache sur les cordes d'une contre-basse, d'un violoncelle ou d'un violon, des morceaux de papier portant chacun 3 centigrammes d'iodure d'azote, on constate que les sons bas ne produisent aucun effet, tandis que les sons élevés provoquent la détonation.

Au cours de leurs expériences sur ce sujet, en 1872, Champion et Pellet ont opéré avec toutes sortes d'instruments de musique, même avec des tamtams chinois; ils ont toujours obtenu les mêmes résultats : les instruments de basse tonalité ne produisaient pas la détonation ; ceux qui donnaient des sons plus aigus la produisaient toujours.

LES MÉTAUX CHANTEURS.

Parmi les expériences d'acoustique les plus étonnantes, il faut ranger celle des *métaux chanteurs.*

Il y a environ un siècle, un ingénieur saxon, Schwartz, ayant par hasard versé sur une enclume une masse d'argent fondu, entendit sortir de cette masse métallique des sons mélodieux analogues à ceux de l'orgue.

Nous avons nous-mêmes entendu fréquemment des sons analogues en coulant du plomb dans une lingotière en fonte de 20 à 25 centimètres de longueur.

Trevelyan, venant de retirer une barre de fer d'un bain de poix bouillante, appuya l'extrémité de cette barre, encore très chaude, sur un bloc de plomb qui se trouvait par terre. Aussitôt des sons aigus comme ceux du clairon se firent entendre.

Il entreprit alors une série d'expériences avec l'aide d'un physicien, le Dr Reid, d'Édimbourg. Elles montrèrent que les différents métaux, portés à une certaine température et placés sur un corps froid, font entendre pendant leur refroidissement des sons musicaux.

Faraday s'occupa aussi des métaux chanteurs et donna le nom de *berceur* à l'appareil avec lequel il obtint les sons les plus suaves.

Le berceur est un morceau de cuivre de 10 centimètres de long, inégalement gros à ses deux extrémités; la plus petite se termine par un bouton ; la plus grosse est enfoncée dans un manche métallique.

Quand, après avoir chauffé cet instrument, on le pose sur un bloc d'étain, il commence à vibrer et communique ses vibrations à l'étain. Très rapides, elles produisent un son assez agréable qui finit en murmure quand les deux métaux sont en équilibre de température.

Tyndall a trouvé que l'argent appliqué sur l'argent, le cuivre sur le cuivre ou sur le sel gemme font entendre des sons graves de tonalités différentes avec chaque métal.

On réussit souvent à reproduire ces phénomènes à l'aide d'une plaque d'un métal quelconque que l'on fixe contre une table, au moyen d'une petite vis de pression munie de deux mâchoires, dans le genre de celles que l'on emploie dans certains ateliers. On fait chauffer au rouge un tisonnier dont on applique la pointe sur la plaque ; cette dernière commence aussitôt à résonner. Dès que le métal entre en vibrations, on peut modifier celles-ci en le pressant avec une épingle.

Faraday a expliqué le chant des métaux de la manière suivante :

« Quand deux métaux, l'un chaud et l'autre froid, sont mis en contact, l'équilibre de température tend à s'établir. La contraction du métal qui se refroidit, la dilatation de l'autre, produisent de brusques variations de la distance des molécules ; ces mouvements rapides et répétés produiraient un son musical. »

LE BRUIT DU CANON PERÇU AVANT LE COMMANDEMENT DE FAIRE FEU.

Tout le monde est convaincu que les sons forts se propagent avec la même vitesse que les sons faibles. Plusieurs faits semblent indiquer le contraire.

Au cours de son expédition dans les régions arctiques, Parry faisait un jour tirer le canon en vue de déterminer la vitesse du son et l'artilleur ne faisait feu qu'à son commandement. Or les observateurs placés à quelques kilomètres de distance firent la singulière remarque qu'*ils entendaient le bruit du canon avant d'avoir entendu le commandement de faire feu.*

Un fait analogue a été observé à Arras, en 1883, par un temps froid et absolument calme. Les feux de salve d'un peloton de soldats à l'exercice étaient d'abord entendus par un promeneur placé perpendiculairement à la ligne de tir, à environ 300 mètres du peloton, puis, sensiblement après, le commandement de : *Joue ! feu !*

Aucune explication satisfaisante de ces faits absolument authentiques n'a encore été donnée jusqu'ici.

L'intensité a donc une influence sur la vitesse du son.

Des expériences récentes semblent prouver qu'elle a même une influence sur leur hauteur.

INFLUENCE DE LA MUSIQUE SUR LES JETS D'EAU.

Un jet liquide s'échappant par l'orifice circulaire d'un vase plein d'eau se courbe plus ou moins, se modifie selon le son rendu dans son voisinage.

Un diapason vibrant le divise en perles fines ; même quand l'oreille ne perçoit plus le son, le jet liquide trahit encore son existence.

Pour bien montrer ce phénomène, il faut éclairer le jet liquide dans une chambre obscure par une série d'étincelles électriques. Dans le temps infiniment court de chaque période lumineuse le jet liquide semble se réduire en gouttes plus ou moins espacées. Si on lance nettement et avec force une note, on voit les gouttes dévier de leur route et former un collier de perles d'une élégance admirable qui est mis en pièces quand le son s'éteint.

LES FLAMMES CHANTANTES.

En 1777, après la découverte de l'hydrogène par Cavendish, Higgins, faisant brûler ce gaz à l'extrémité d'un tube effilé, au-dessous d'une cloche de verre, observa que la flamme rendait un son. Il remplaça la cloche par une autre plus petite, puis par des tubes de verre de diamètres et de longueurs variables ; il obtint des sons différents et put exécuter une sorte de mélodie. C'est l'expérience, aujourd'hui classique, de *l'orgue des philosophes* ou de *l'harmonica chimique* (1). C'est la première *flamme chantante* ou, tout au moins, la première enregistrée scientifiquement.

L'explication n'en fut pas aisée. On admet encore aujourd'hui celle de Faraday, à savoir que le son résulte d'une série d'explosions très rapprochées. La cheminée de verre provoque un courant d'air ascendant qui fait monter la flamme ; son volume devient supérieur à celui que peut entretenir la pression du

(1) Voir F. Faideau, *La Chimie amusante.* (Montgredien et Cie, éditeurs.)

gaz dans le flacon ; la flamme baisse donc, puis elle remonte ; le mélange de l'hydrogène et de l'air s'opère d'une façon irrégulière et chaque alternative est marquée par une explosion.

On étudia ensuite les flammes chantantes à l'aide du gaz d'éclairage, de l'acétylène, etc. Pour les produire sûrement on emploie de nombreux procédés qui se ramènent à faire vibrer transversalement le tube d'émission, par exemple en attaquant avec l'archet l'extrémité d'un tube de verre effilé par laquelle brûle le gaz. Il faut d'ailleurs régler par tâtonnements le débit de ce dernier.

En plongeant dans la flamme une toile métallique ou un corps solide quelconque on remarque que le son est renforcé.

Le son donné par les flammes chantantes est toujours intense. Au cours d'une conférence, Tyndall, introduisant une forte flamme de gaz dans un tube de 5 mètres de long, il se produisit une note basse d'une telle intensité qu'on fut forcé de suspendre l'expérience qui menaçait, par l'ampleur des vibrations, de détruire une partie de la salle.

« En introduisant une flamme de gaz dans un tube d'un mètre de longueur, dit Tyndall, j'obtiens une note musicale très riche ; si je l'introduis dans un tube de 2 mètres de longueur, la note rendue est à l'octave grave de la première ; le ton de la note dépend évidemment de la longueur du tube.

« Si j'introduis la flamme dans un troisième tube long de 5 mètres, le son prend une intensité extraordinaire. Les vibrations sont assez puissantes pour faire trembler les piliers, le plancher, les bancs, la galerie de la salle et les cinq ou six cents personnes qui occupent les sièges de l'amphithéâtre. La flamme est quelquefois éteinte par sa propre violence, et met fin à ses battements par une explosion comparable à celle d'un coup de pistolet. »

Il y a peut-être là l'indication d'un nouveau moteur dans l'avenir.

LE PYROPHONE.

En attendant son fonctionnement hypothétique, on peut, à l'aide de flammes chantantes, réaliser une sorte d'orgue, le *pyrophone*, qui donne des sons d'une pureté incroyable, imitant complètement la voix humaine. Cet appareil a été imaginé, en

1873, par Frédéric Kastner, après bien des années de recherches. Voici son principe :

Si dans un tube de verre on introduit deux flammes de grandeur convenable, et si on les place toutes les deux au tiers de la longueur du tube, comptée à partir du bas, ces flammes vibrent à l'unisson. Le phénomène continue à se produire tant que les flammes restent écartées ; mais le son cesse dès qu'elles sont mises en contact. Si l'on fait varier la position des flammes dans le tube en les laissant toujours écartées, au-dessus du tiers de la longueur, le son diminue jusqu'à la moitié du tube, endroit au delà duquel tout bruit cesse de se produire ; au-dessous de ce même point, le son augmente, au contraire, jusqu'au quart de la longueur du tube.

Sur ces principes, Kastner établit un instrument aux tuyaux de cristal. Il comprend trois claviers s'accouplant comme dans l'orgue ; chacune des touches du clavier est mise en communication, par un mécanisme fort simple, avec les conduits adducteurs des flammes dans les tubes. Quand on presse sur ces touches, les flammes se séparent et le son se produit ; dès qu'on cesse d'agir, les flammes se rapprochent et le son cesse immédiatement (*fig*. 61 ; *1*).

Les dimensions des tubes ont été calculées de manière à produire un son dont la valeur correspond à la position occupée par la touche.

Le pyrophone a fonctionné dans plusieurs concerts à Paris et à l'Exposition de Vienne ; les sons étaient d'une douceur et d'une suavité extraordinaires.

LES FLAMMES SENSIBLES.

Revenons maintenant à l'harmonica chimique.

En 1856, le comte de Straffgotsch remarqua que si, au voisinage de la flamme chantante, on produit un son musical à l'unisson, le son de la flamme est renforcé énergiquement et les vibrations de celle-ci deviennent d'une amplitude telle que parfois elle s'éteint.

La flamme de l'harmonica est donc une *flamme sensible*, c'est-à-dire qu'elle est impressionnée par les bruits extérieurs, auxquels elle répond par un changement de formes ou de propriétés.

Mais les flammes du gaz d'éclairage sont beaucoup plus sensibles que celles de l'hydrogène. Leur sensibilité dépend d'ailleurs de leur forme, du diamètre de l'orifice d'écoulement, etc.

Fig. 61. — *1*. Pyrophone Kastner. — *2*. Flamme longue, silencieuse. — *2 bis*. La même sous l'action d'un bruit. — *3*. Flamme en queue de poisson. — *3 bis*. La même sous l'action des sons d'un sifflet.

Tyndall a montré que les flammes de gaz dites *en queue de poisson* sont sensibles à tous les sons aigus : le son d'un sifflet, même à une assez grande distance, les fait se diviser en plusieurs langues qui s'agitent (*fig.* 61; *3* et *3 bis*).

Les flammes les plus intéressantes sont les flammes de 40 à 60 centimètres dans lesquelles le gaz s'échappe, par un orifice d'environ 2 millimètres de diamètre, à la pression de 6 à 12 centimètres d'eau.

Sous l'influence d'un bruit quelconque, bruit de clefs, froissement de papier, tic tac d'une montre, etc., ces flammes deviennent bruyantes, se raccourcissent de moitié et donnent à leur sommet un panache brillant et irrégulièrement dentelé (*fig.* 61 ; 2 et 2 *bis*).

« Quelques-unes de ces flammes, disait Tyndall dans une conférence célèbre sur le sujet qui nous occupe, ont une sensibilité merveilleuse; celle qui brûle maintenant devant vous est de ce genre. Elle a à peu près 508 millimètres de hauteur, et le plus petit coup frappé à distance sur une enclume la ramène à 203 millimètres. J'agite dans ma main ce faisceau de clefs ou quelques pièces de monnaie, la flamme répond au plus léger tintement. Je puis être à 20 mètres de distance de cette flamme, et le faible bruit que produit une petite pièce blanche tombant de 5 ou 6 centimètres de hauteur sur une autre pièce semblable contenue dans ma main suffit à abaisser la flamme.

« Je ne puis faire un pas sur le plancher sans qu'elle en soit affectée; le craquement de mes souliers la jette dans une commotion violente; le chiffonnement d'un morceau de papier, le frôlement d'une robe de soie font la même chose. Elle est jetée hors des gonds par la chute d'une goutte de pluie. Je parle à la flamme en articulant quelques vers, elle saute par intervalles, marquant ainsi parmi les sons que je prononce ceux auxquels elle peut répondre, tandis que d'autres sons ne l'affectent en rien. »

L'ANALYSE DU SON PAR LES FLAMMES SENSIBLES.

Les flammes sensibles, grâce aux perfectionnements imaginés par Kœnig, ont été employées pour l'analyse du son.

Pour cela, on place, en certains endroits de tuyaux sonores, de petites capsules manométriques dont la paroi est formée par une membrane en caoutchouc soumise aux vibrations du tuyau. Le gaz arrive d'un côté dans cette petite capsule et sort par une autre ouverture où il est enflammé.

Ces flammes, par leurs trépidations concordantes, indiquent la hauteur du son. Leurs modifications sont rendues sensibles par l'emploi d'un miroir tournant sur les faces duquel on aperçoit leur image.

On réalise un dispositif simple et commode de la façon suivante : Dans une forte planche on enfonce une tige de fer rigide longue d'environ 30 centimètres, sur laquelle on passe une forte bobine de fil ordinaire ; et voilà construit le support. On prend ensuite une planche longue de 20 centimètres, large de 15,

qu'on évide comme le montre le petit dessin en cartouche (*fig.* 62), on la perce de deux trous pour y faire passer la tige de fer.

Sur le bord supérieur, à 5 centimètres d'une des extrémités, on enfonce un clou sans tête auquel

Fig. 62. — Miroir tournant pour l'étude des flammes sensibles.

on fait traverser une seconde bobine plus petite que la première et qui servira de manivelle pour la mise en rotation du système.

Sur les deux faces opposées de la planche évidée on applique deux miroirs qu'on fixe à l'aide de bandes de papier gommé.

On place une bougie allumée devant l'appareil; on approche l'une des extrémités d'un tube de caoutchouc à la base de la flamme, et l'on prononce des sons devant l'autre extrémité du tube muni d'un cornet de papier formant embouchure.

En même temps on fait tourner le miroir; on y voit apparaître une suite d'images variables avec les sons prononcés. Ces vibrations sont également visibles si le miroir est immobile, mais avec beaucoup moins de netteté.

Le Dr Marage est parvenu à fixer les vibrations des flammes sensibles par la chronophotographie. Il emploie la flamme de l'acétylène, beaucoup plus photogénique que celle du gaz.

CHAPITRE VII

LES CLOCHES

Le chapitre des cloches est une annexe de celui que nous venons de consacrer à l'acoustique.

Connues de temps immémorial, les cloches furent d'abord de petite taille. Employées dès le viᵉ siècle dans les cérémonies du culte catholique, on ne leur donna des dimensions considérables qu'au xiiiᵉ siècle.

L'ARGENT ET LE TIMBRE DES CLOCHES.

Le métal des cloches est, par excellence, le bronze. Formé aujourd'hui de 18 à 22 p. 100 d'étain et de 82 à 78 de cuivre pur, il était jadis plus riche en étain; il en contenait plus d'un tiers. Comme le son de l'argent plaît à tout le monde, on y ajoutait toujours de petites quantités de ce métal noble, croyant qu'il donnait aux cloches un timbre plus pur. Cette opinion existe encore de nos jours.

Un bourdon de Rouen, très apprécié par la beauté de sa sonnerie, passait récemment encore pour contenir de l'argent. Un chimiste, voulant en avoir le cœur net, analysa un fragment du bronze et n'en trouva pas trace. Encore un préjugé par terre!

LES CLOCHES D'ACIER.

La « voix de bronze » des cloches est un cliché fort répandu, mais il ne viendra jamais à personne l'idée de célébrer leur « voix d'acier ». C'est une pure injustice. Depuis 1853, en effet, l'établissement métallurgique de Bochum, en Prusse, fait des cloches en acier coulé, non trempé, qui, de même forme que celles de bronze et pas plus lourdes, ont l'avantage de coûter moins cher tout en ayant un timbre aussi agréable; un seul inconvénient, et encore évitable : l'oxydation.

Quant à leur résistance au choc, elle est des plus louables.

Voulant en donner au monde une preuve convaincante, la société de Bochum, en 1858, livra aux lourds marteaux de quatre forgerons une cloche d'acier de 2 tonnes avec une alléchante promesse de gratification à celui d'entre eux qui y amènerait une fêlure. Si nos quatre ouvriers s'en donnèrent à cœur joie, je vous le laisse à penser! Leurs efforts furent vains et pourtant leurs marteaux auraient eu aisément raison d'une cloche en bronze de même poids.

En France, où nous sommes très routiniers, les cloches d'acier ont eu peu de succès ; il n'en a pas été de même à l'étranger.

LES CLOCHES SANS BATTANT.

Dans les cloches d'acier comme dans celles de bronze, le battant est en fer forgé et son poids est, en général, le vingtième de celui de la cloche. Il vient frapper par sa partie inférieure renflée en poire contre la *panse*, d'épaisseur plus grande.

Dans l'Inde et en Birmanie, où il existe près des pagodes des cloches moins évasées que les nôtres et pesant parfois 50 tonnes, on fait presque toujours l'économie d'un battant. Des sons d'une pureté et d'une intensité extraordinaires s'obtiennent en frappant à tour de bras la paroi extérieure avec une corne de cerf ou avec un maillet de bois.

On évite ainsi de mettre en mouvement la cloche elle-même. C'est un avantage surtout pour les grandes cloches dont la mise en branle est pénible et produit des oscillations de la haute maçonnerie, tour ou clocher, qui les supporte d'ordinaire.

VIBRATIONS DE TOURS PAR LES SONNERIES DE CLOCHES.

Un professeur suisse, M. Ritter, a mesuré ces oscillations au sommet d'une tour de Zurich, haute de 40 mètres et contenant cinq cloches dont le poids varie entre 425 et 3 430 kilogrammes. Il a constaté des oscillations horizontales elliptiques atteignant au plus 6 millimètres de grand axe et $4^{mm},5$ de petit axe. Il n'y a pas là de quoi renverser le monument. La tour tendait naturellement à se mouvoir dans une direction opposée à celle de la cloche.

À l'aide des roulements à billes, on diminue beaucoup l'effort nécessaire pour la mise en branle. Le « Grand Paul » de la cathédrale de Londres, qui pèse 25 tonnes, est monté sur billes depuis quelques années et se manœuvre très aisément.

LES CLOCHES GÉANTES.

Une question fort agitée, à propos du bourdon du Sacré-Cœur de Montmartre, est celle du record de la taille pour les cloches. Du poids de 20 tonnes, avec ses accessoires, la « Savoyarde » a

Fig. 63. — *1.* La Savoyarde à côté de la grande cloche de Moscou. — *2.* Coupe d'une cloche. — *3.* Cloches tubulaires.

3^m,06 de hauteur, 3^m,03 de diamètre. C'est la plus grosse cloche de France. Le bourdon de Notre-Dame, fondu en 1686, ne pèse que 13 tonnes.

Fondu en 1891, à Annecy, le bourdon du Sacré-Cœur a été transporté à Paris par voie ferrée jusqu'en gare de La Chapelle. Un énorme fardier attelé de trente vigoureux percherons la conduisit jusqu'au pied de la butte et de puissants treuils, au moyen de rouleaux et d'un plan incliné, réussirent à l'amener au sommet.

La « Savoyarde », que notre orgueil national voulait considérer comme une rareté, fait, en réalité, assez petite figure dans le monde bruyant des cloches. La grosse cloche de Moscou pèse 60 tonnes, avec 7 mètres de hauteur et 6 mètres de diamètre (*fig.* 63). Celle de la pagode de Mingoum, dans l'Inde, en pèse plus de cent ! Voilà de quoi nous humilier.

LA RETOUCHE DES CLOCHES.

Au point de vue acoustique, la cloche, instrument de musique, doit être assimilée à un tuyau. Donc, de deux cloches de même diamètre total et de même hauteur, la plus mince donnera la note la plus basse ; de deux cloches d'égale épaisseur et d'égal diamètre, la plus courte donnera la note la plus haute. On admet que le nombre des vibrations d'une cloche est en raison inverse de la racine cubique de son poids et sensiblement en raison inverse du diamètre.

Dans la pratique, une cloche fournit, outre le son principal, au moins deux sons accessoires, l'un plus aigu, l'autre plus grave.

Les fondeurs se vantent tous de fournir du premier coup et sans retouche des cloches donnant une note déterminée ou même un ensemble parfaitement accordé. En réalité, les cloches sont, le plus souvent, modifiées après la fonte. Pour baisser la note on détache au tour, à l'aide d'un burin, un copeau de bronze, de la *faussure* à la *pince*. Pour la hausser, il faut amincir la *patte*.

La *faussure* est l'endroit où la partie évasée de la cloche se raccorde au cylindre supérieur. La *pince* ou *bord* est la région de la gorge où le métal est le plus épais ; la *patte* est la partie située au-dessous (*fig.* 63 ; 2).

LE PRINCIPE DES INTERFÉRENCES ET LES SONNEURS DE CLOCHES.

Pur ou non, le son des grosses cloches est assourdissant quand on est à proximité. Et qui est plus proche que le sonneur ? Beaucoup de gens sont convaincus que la surdité est, chez lui, une infirmité professionnelle. D'après le physicien Desains, le sonneur met à profit, d'instinct, les interférences sonores. En se plaçant au-dessous de sa cloche, la tête dans l'axe, il n'est pas assourdi par le bruit. En effet, quand le marteau est mis en branle, la cloche se divise en portions symétriques qui vibrent séparément. Dans l'axe, les vibrations produites par les portions qui vibrent dans un sens sont détruites en grande partie par celles des autres portions. Si l'on sort de l'axe, on est littéralement assourdi. Faites-en, à l'occasion, l'expérience.

CARILLONS ET CARILLONNEURS.

On peut, avec plusieurs cloches bien accordées, de différentes grandeurs, obtenir un instrument de musique analogue à un piano, c'est un carillon. Le carillon, qui peut comprendre une étendue de 5 à 6 octaves, est mis en mouvement par un cylindre sur lequel sont pointés les airs ou par un carillonneur qui, à coups de poings et à coups de pieds — excellent exercice hygiénique — frappe les touches d'un énorme clavier reliées aux battants par des cordes solides.

Voici, d'après Fétis, le tableau d'un carillonneur dans l'exercice de son art :

« Deux claviers sont placés devant lui, le premier est destiné aux mains pour exécuter les parties supérieures ; l'autre, qui doit être joué par les pieds, appartient à la basse. De gros fils de fer partent de toutes les cloches, et viennent aboutir à l'extrémité inférieure de chaque touche de ces claviers. Ces touches ont la forme de grosses chevilles, que le carillonneur fait baisser, en les frappant avec le poing ou le pied. L'artiste est assis sur un siège assez élevé pour que ses pieds ne posent point à terre, afin qu'ils tombent d'aplomb et avec force sur les touches qui appartiennent aux grosses cloches. Le poids de ces cloches exige une force musculaire peu commune pour les mettre en mouvement. Telle est la violence de l'exercice des deux bras et des deux pieds, qu'il serait impossible à l'artiste de conserver ses vêtements : il ôte son habit, trousse ses manches, et, malgré ces précautions, la sueur ruisselle bientôt sur tout son corps. La rigueur de ses fonctions l'oblige quelquefois à continuer cette rude gymnastique pendant une heure, mais ce n'est jamais qu'avec la plus grande peine qu'il arrive jusqu'au bout. Il est rare aussi qu'un carillonneur ne soit pas obligé de se mettre au lit après avoir accompli cette longue et difficile tâche, et peut-être ne trouverait-on pas un seul homme en état de la remplir, si les occasions où il faut s'y soumettre n'étaient aussi rares. »

Très appréciés au moyen âge, les carillons reviennent en faveur de nos jours. Le plus important du monde est celui de Mafra, en Portugal, établi en 1730. Il a coûté cinq millions, comprend 96 cloches pesant ensemble 80 tonnes.

Ceux de Bruges (47 cloches), de Malines (45), d'Anvers (80 cloches, en deux jeux de 40), de Dunkerque (44), de Chalons-sur-Marne (56), de Roubaix (39), de l'église Saint-Germain-l'Auxerrois (38), etc., sont aussi très connus.

La profession de carillonneur, grâce à l'électricité et aux

Fig. 64. — Un clavier de carillon moderne.

progrès de la mécanique, n'exige plus aujourd'hui la réunion du talent et des biceps; le talent seul suffit et certains carillons, non des moins bruyants, sont mis en jeu par les doigts délicats d'une dame (*fig.* 64).

Chaque touche d'un clavier peut être reliée électriquement avec le battant des cloches qu'actionne un moteur. En appuyant sur la touche, l'artiste lance le courant et la cloche correspondant à cette touche donne sa note dans la mélodie.

Même quand la communication électrique est interrompue pour une cause quelconque, le carillon est aisément manœuvré au moyen du clavier par une série de leviers transmettant aux battants des cloches les pressions exercées sur les touches. L'action des leviers est facilitée par un système de contrepoids compensateurs.

LES CARILLONS A CLOCHES TUBULAIRES.

Un carillon convenable revient à plus de 100 000 francs. La ville de Levallois-Perret vient de s'en offrir un de 18 notes qui ne lui coûte pas aussi cher, à beaucoup près. Il est formé de *cloches tubulaires* dont la plus longue a 2^m,145 et pèse 45 kilogrammes, la plus courte 1^m,425 et pèse 26 kilogrammes; le diamètre uniforme des tubes est de 0^m,069 (*fig.* 63; *3*).

Le son, très pur, s'entend à 4 ou 5 kilomètres par temps calme. Le poids total des tubes est de 600 kilogrammes; avec des cloches ordinaires, il dépasserait quatre tonnes.

Leur justesse est absolue et facile d'ailleurs à obtenir, puisqu'elle se ramène à une détermination de longueur.

L'alliage employé a une composition tenue secrète par l'inventeur.

Le ballet *le Rêve*, joué à l'Opéra, comporte un air de carillon campanaire. On obtint un effet très satisfaisant avec un jeu de 25 tubes de laiton ne pesant pas au total 100 kilogrammes.

LES CLOCHES AU THÉATRE.

On remplace parfois au théâtre le son des cloches par les vibrations d'une grosse corde de contrebasse contenue dans une caisse sonore. L'Opéra possède d'ailleurs une cloche véritable de 100 kilogrammes qui donne le *ré* grave du soprano. Cependant, dans *Patrie*, de Sardou, cette cloche était insuffisante, car on voulait obtenir un son de bourdon, le *ré* situé à deux octaves au-dessous du précédent, ce qui exigeait une cloche de 7 000 kilogrammes !

A l'aide d'une simple feuille de laiton enroulée en cornet, puis renflée au marteau suivant certaines lois, M. Sax put obtenir cette note.

Pour renforcer le son et prolonger les vibrations, un saxhorn basse et un saxhorn contrebasse donnaient la même note à l'unisson pendant que la cloche de 100 kilogrammes la donnait aussi, mais à deux octaves au-dessus.

La cloche à renflements de M. Sax, qui produit l'effet d'un bourdon de 7 tonnes, pèse seulement 7 kilogrammes. Beaucoup de bruit avec rien !

CHAPITRE VIII

LE PHONOGRAPHE

Imaginé en 1878 par Edison, perfectionné par de nombreux physiciens, le phonographe est répandu aujourd'hui dans le monde entier ; il amuse les enfants, distrait les parents ; il est de toutes les fêtes et de toutes les cérémonies.

Un inventeur a toujours des précurseurs, Edison n'en a pas manqué.

CEUX QUI ONT PRÉVU LE PHONOGRAPHE.

Rabelais parle, dans son livre, de paroles gelées depuis des années et dégelant par la chaleur.

Un journal de 1632, *le Courrier véritable*, raconte le voyage fantaisiste d'un navigateur abordant en un pays « où la nature a fourni aux hommes de certaines éponges *qui retiennent le son et la voix articulée*, comme les nôtres font des liqueurs. De sorte que quand ils se veulent mander quelque chose ou conférer de loin, ils parlent seulement de près à quelqu'une de ces éponges, puis les envoyent à leurs amis qui, les ayant reçues et les pressant tout doucement, en font sortir ce qu'il y avait dedans de paroles ».

Dans le *Voyage à la Lune*, de Cyrano de Bergerac, un habitant lunaire envoie à l'auteur deux livres merveilleux ayant des couvertures qui leur servent de boîte. « A l'ouverture de la boîte, se trouvait un je ne sais quoi de métal presque semblable à nos horloges, plein de je ne sais quels petits ressorts et de machines imperceptibles. C'est un livre à la vérité ; mais c'est un livre miraculeux qui n'a ni feuillets, ni caractères ; enfin c'est un livre où, pour apprendre, les yeux sont inutiles ; on n'a besoin que des oreilles. Quand quelqu'un souhaite lire, il bande, avec une grande quantité de toutes sortes de petits nerfs, cette machine puis il tourne l'aiguille sur le chapitre qu'il désire écouter, et au même temps, il en sort, comme de la bouche d'un homme ou d'un instrument de musique, tous les sons distincts et différents qui servent entre les grands lunaires à l'expression du langage. »

Plus près de nous, c'est Théophile Gautier qui, en 1847,

Fig. 65. — Un graphophone actuel.

affirme, dans ses *Portraits contemporains* que, « de même qu'on a forcé la lumière à moirer d'images une plaque polie, l'on parviendra à faire recevoir et garder, par une matière plus subtile et plus sensible encore que l'iode, les ondulations de la sonorité ».

Nadar, quatorze ans avant l'invention de l'instrument, le nomma.

Dans ses *Mémoires du Géant* (1864), on lit le passage suivant :

« Je m'amusais, dormant éveillé, il y a quelque quinze ans, à écrire, dans un coin ignoré, qu'il ne fallait défier l'homme de rien et qu'il se trouverait un de ces matins quelqu'un pour nous apporter le daguerréotype du son — le *phonographe* — quelque chose comme une boîte dans laquelle se fixeraient et se retiendraient les mélodies, ainsi que la chambre noire surprend et fixe les images. »

Le *phonographe* nous a été apporté, en effet, plus tôt sans doute que ne le croyait Nadar. Jusqu'ici ses applications ont été peu variées et toutes du genre récréatif. C'est un jouet.

Remplaçant à la fois l'orchestre et les chœurs, il reproduit du chant ou des morceaux de musique.

LA POUPÉE PHONOGRAPHE.

Aux poupées françaises, si joliment façonnées par nos ouvriers, il ne manquait que la parole ; le phonographe la leur a donnée.

Le corps des poupées parlantes, dont les premières furent fabriquées sur les indications d'Edison, est en fer-blanc. L'intérieur est creux et la partie supérieure de la poitrine est percée de trous nombreux.

Fig. 66. — Poupée phonographe.

On y loge un mécanisme d'horlogerie se remontant avec une clef (*fig.* 66) et actionnant un tambour en communication par un stylet avec le cylindre portant le phonogramme.

Un volant armé d'une courroie sert à régulariser le mouvement du tambour (*fig.* 67).

Des ouvrières, tout le jour durant, sont occupées à parler, à rire ou à pleurer, à chanter des airs populaires, dans l'embouchure de ces appareils (*fig.* 68).

Le tambour étant *armé*, il n'y a plus qu'à l'introduire, monté sur le mouvement d'horlogerie qui lui donnera la rotation, dans le corps de la poupée.

Quelques tours de clef donnés par un trou dissimulé dans le dos et le volant se mettra en marche, entraînant avec lui le

Fig. 67. — L'appareil phonographique pour poupées.

rouleau qui glissera à gauche ou à droite sur son arbre, pressé par un ressort.

Dans ce mouvement, les creux de la matière qui forme la surface, cire ou gutta-percha, font trembler le stylet qui transmet ses vibrations à une plaque d'où elles s'échappent en sons articulés par un cornet appliqué contre les trous de la poitrine de la poupée.

LES MONTRES A RÉPÉTITION PHONOGRAPHIQUE.

Comme les poupées, les montres, muettes jadis, peuvent annoncer à l'affamé que l'heure du repas est venue ; elles peuvent crier l'heure au lieu de la sonner, réveiller un dormeur par un

Fig. 68. — La parleuse; ouvrière impressionnant les cylindres.

bruyant cocorico ou lui crier à tue-tête : « Paresseux, lève-toi, il est temps ! »

La montre à répétition phonographique a été imaginée, en 1894, par un horloger de Genève, M. Sivan.

La sonnerie est remplacée par une plaque circulaire sur laquelle les stries phonographiques, correspondant à telle ou telle série de mots parlés, sont gravées en spirale.

Le point à noter est donc ici le remplacement du cylindre ordinaire, tournant autour de son axe tout en se déplaçant latéralement, par une plaque animée d'un mouvement giratoire sur laquelle frotte un stylet (*fig.* 69).

Bien que cette plaque n'ait pas plus de 0^m,05 à 0^m,06 de diamètre, les sons émis sont assez nets pour être entendus même d'une pièce voisine de celle où se trouve le propriétaire de la montre.

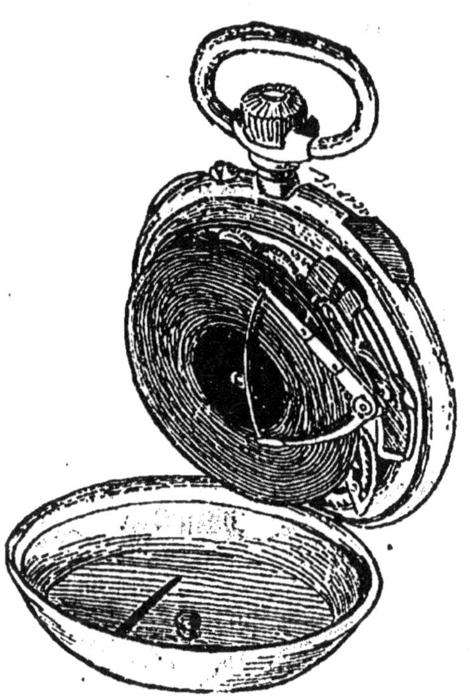

Fig. 69. — Montre à répétition phonographique.

LE PHONOGRAPHE ET L'ÉDUCATION DES MÉCHANTS ENFANTS.

Le phonographe a été proposé pour corriger les enfants pleurnicheurs qui se lamentent pour rien pendant des heures. Il suffit de les faire pleurer devant l'instrument et, le calme revenu, de servir le morceau, le soir, devant la famille au complet. C'est d'une gaieté irrésistible.

LE PHONOGRAPHE ET LA RÉCLAME.

Excellent pour la réclame, le phonographe célèbre à la porte d'un magasin, sans jamais se lasser ni s'enrouer, les mérites et le bon marché d'un produit. A l'Exposition de Chicago un charcutier désireux de montrer que tout était utilisable dans le cochon, même ses cris, avait enregistré sur le rouleau de cire les « derniers grognements » d'un porc sacrifié et s'en servait pour attirer le public.

LE PHONOGRAPHE COMME TÉMOIN EN JUSTICE.

Comme auxiliaire de la justice, le phonographe a de l'avenir. C'est un témoin incorruptible. A différentes reprises, des personnes actionnant des voisins bruyants ont prouvé au tribunal le bien fondé de leurs prétentions à l'aide de phonogrammes où se trouvaient inscrits les bruits incriminés.

APPLICATIONS DIVERSES DU PHONOGRAPHE.

Comme applications utilitaires on a proposé l'enregistrement des discours et des sermons sans l'aide des sténographes, les livres et journaux phonograghiques destinés aux aveugles, l'envoi de phonogrammes, par la poste, au lieu de lettres.

Le rôle du phonographe dans l'enseignement, surtout dans celui des langues étrangères, pourrait être des plus importants et des plus utiles.

Au point de vue sentimental, il faut signaler, pour mettre à côté des portraits de famille, la collection des documents phonographiques : son de la voix des parents et des enfants, expressions familières, babils enfantins, dernières paroles des moribonds, etc.

Un médecin anglais, en 1891, a proposé le phonographe pour enregistrer les changements qui se produisent dans l'organe de la voix au cours de plusieurs maladies du larynx; la possession de ces documents serait utile au point de vue du diagnostic et de l'instruction clinique.

On s'occupe activement dans quelques grands centres scientifiques de créer des *musées* et des *archives phonographiques* dans lesquels sont conservés des spécimens des langues, des dialectes, des patois.

Dans toutes les branches de l'activité humaine on peut concevoir d'utiles applications du phonographe. C'est un appareil qui n'a pas donné encore la dixième partie des services qu'il peut rendre à la science, à l'industrie et à l'art.

CHAPITRE IX

CURIOSITÉS ÉLECTRIQUES

Pour faire une étude complète des curiosités électriques, il faudrait passer en revue toutes les applications de l'électricité, c'est-à-dire, en somme, toutes les branches de l'activité humaine. Nous nous proposons, plus modestement, d'indiquer quelques applications peu connues, plus bizarres ou amusantes qu'importantes, et de noter quelques points curieux relatifs à l'énergie électrique.

L'ÉLECTRICITÉ ET LA PÊCHE A LA LIGNE.

Il eût été injuste de ne pas faire bénéficier les pêcheurs à la ligne des bienfaits de la nouvelle force conquise par la science. Un homme de bien y a songé et a imaginé la gaule électrique qui permet de pêcher en lisant son journal, en faisant une partie d'échecs ou même par la nuit la plus noire.

Le fil de soie de la ligne renferme deux petits fils de cuivre isolés reliant le bouchon et le manche de la gaule. Ce dernier, qui est creux, contient une pile minuscule et une petite bobine d'induction qui peut actionner une sonnerie placée sur le sol (*fig.* 70). Le bouchon porte deux pièces métalliques disposées de telle façon que le poisson, en mordant, les fait mettre en contact; le courant passe, la sonnerie résonne, il n'y a plus qu'à ferrer d'une main habile.

LA FLANELLE ÉLECTRIQUE.

Hygiénistes et médecins ont tiré de l'électricité bon nombre d'applications dont quelques-unes des plus bizarres, comme, par exemple, la *flanelle électrique* du Dr Claudat.

Ce tissu, préconisé contre les rhumatismes, contient par

kilogramme de laine : 115 grammes d'oxyde d'étain, de cuivre,
de zinc et de fer. C'est une véritable pile sèche qui dégage de

Fig. 70. — *1*. L'électricité et la pêche à la ligne. — *2*. Détail de la gaule.

l'électricité·par simple contact, mais surtout sous l'action des
produits de transpiration quand le tissu est appliqué sur le corps.

LE CATAPLASME ÉLECTRIQUE.

Le *cataplasme électrique*, destiné à remplacer la graine de lin
à l'aspect peu ragoûtant, consiste en une sorte de sac rigide en
toile d'amiante dans l'intérieur duquel serpentent des fils de

maillechort disposés en zigzag et maintenus en place par des cordes d'amiante. Le malade étant dans sa chambre, debout ou au lit, la prise de courant qui ferme le circuit est branchée sur la canalisation électrique venant de l'usine et la chaleur se maintient constante pendant toute la nuit.

L'EXTRACTION DES DENTS PAR L'ÉLECTRICITÉ.

L'extraction des dents par l'électricité, proposée et pratiquée par plusieurs dentistes, serait fort bien vue des patients si elle supprimait complètement la douleur. Dès 1858, un dentiste américain, M. Francis, employa pour cet usage la machine de Clarke. L'un des fils était attaché à la clef destinée à l'avulsion, laquelle était tenue par l'opérateur à l'aide d'un gant isolant ; l'autre fil était saisi à main nue par le patient. Au moment où la clef est appliquée sur la dent à extraire, le courant passe, parcourt tout le corps du sujet. Ce dernier reçoit une telle commotion que l'extraction de la dent passe pour ainsi dire inaperçue. Cette méthode rappelle celle de Velpeau, donnant une vigoureuse gifle aux patients nerveux et profitant de la surprise où les plongeait cet acte de brutalité pour ouvrir un abcès.

Le procédé électrique d'extraction des dents, après des tentatives de résurrection en 1865 et en 1894, semble abandonné aujourd'hui. Il n'est pas douteux que l'anesthésie par la cocaïne ne soit plus efficace que celle par l'électricité.

CASQUE ÉLECTRIQUE CONTRE LA MIGRAINE.

Il y a déjà longtemps qu'on a vu que les vibrations d'un train étaient un remède dans certaines affections nerveuses.

Partant de ce point, Charcot fit construire un fauteuil qui oscille au moyen d'un électro-aimant et secoue le patient, d'une façon fort désagréable pour une personne en bonne santé, mais bienfaisante pour un paralytique qui en ressent un mieux sensible.

La vibration au moyen de diapasons a été aussi employée pour guérir les névralgies, les maux de tête, l'insomnie.

Un casque vibrant a été imaginé, en 1893, par le Dr Gilles de la Tourette. L'intérieur du casque est vu dans la *figure* 72 et le marteau magnéto-électrique qui produit les vibrations, dans la *figure* 71. Les lames d'acier P sont flexibles et destinées à maintenir le casque sur la tête. Sur le sommet du casque est monté un petit moteur électrique à courant alternatif, M. Ce moteur fait 600 tours à la minute et fait vibrer le casque à chaque révolution. La tête participe à ces vibrations et, après quelques

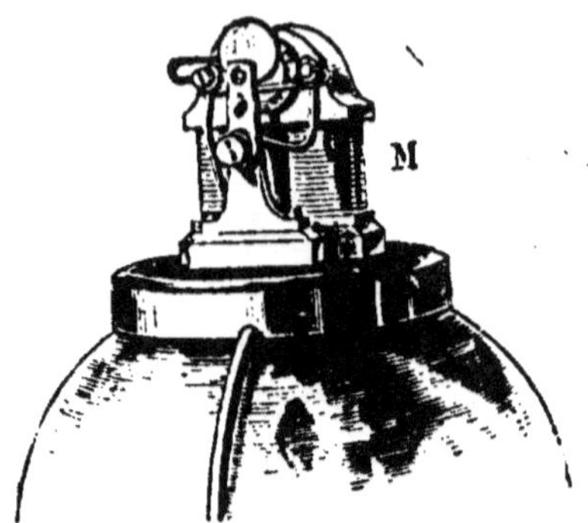

Fig. 71. — Casque électrique contre la migraine.

Fig. 72. — Intérieur du casque contre la migraine.

minutes, le patient est gagné par la lassitude et sa tête s'incline pour dormir. Ce casque semble avoir donné de bons résultats chez tous les neurasthéniques et particulièrement chez les migraineux.

LA PEINE DE MORT PAR L'ÉLECTRICITÉ.

Un casque que l'on coiffe avec moins de joie encore que le

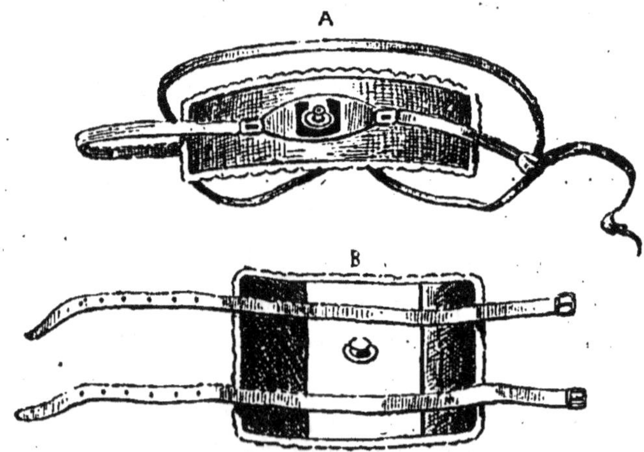

Fig. 73. — La peine de mort par l'électricité. — A. Électrode du front. B. Électrode de la jambe.

casque à migraine est celui que reproduit notre figure (*fig.* 73 ; A).

C'est l'électrode que l'on attache au front des condamnés à mort, aux États-Unis.

Depuis l'année 1890, en effet, l'électricité y remplace la potence pour le châtiment des assassins.

Le patient est attaché solidement sur un fauteuil spécial

Fig. 74. — Électrocution d'un condamné.

(*fig*. 74). Une électrode garnie d'éponges humides est attachée au front, une autre à la jambe (*fig*. 73 ; B). Une dynamo est placée à portée du directeur de l'exécution, ainsi que la cabine dans laquelle se tient le forçat chargé d'abattre le levier et faisant l'office de bourreau électrique.

L'ÉLECTRICITÉ POUR LE DOMPTAGE DES CHEVAUX.

L'électricité qui guérit les migraines pour une fois ou pour toujours est excellente pour dompter les chevaux. Le nombre des brevets pris pour des mors, des éperons et des cravaches électriques est considérable. En 1878, la compagnie des omnibus de Paris a employé avec succès le domptage électrique pour ceux de ses pensionnaires trop disposés à mordre ou à ruer. A chaque tentative de résistance on faisait passer dans la bouche de l'animal un faible courant électrique, à l'aide d'une petite machine de Clarke dont les fils communiquaient avec le mors de la bride.

La docilité obtenue à l'aide de ce mors électrique est surprefiante. A la moindre tentative de révolte, la surprise provoquée par l'inoffensif, mais désagréable picotement électrique, est telle que l'animal rebelle s'arrête instantanément. Malgré ses avantages, la méthode électrique de dressage ne semble guère s'être propagée.

LA POSTE ÉLECTRIQUE.

Il en sera peut-être de même de la poste électrique imaginée par un ingénieur catalan et qui a été expérimentée le 23 août 1900, à Madrid.

La correspondance est placée dans une caisse allongée comme un projectile et divisée en compartiments dans lesquels les lettres sont rangées suivant leur destination. Ce projectile d'un nouveau genre, actionné par un moteur dont l'inventeur garde le secret, court, à la vitesse de 320 kilomètres à l'heure, le long de deux fils de fer supportés par des poteaux analogues à ceux des tramways électriques.

PRÉVISION DU TEMPS PAR LA BOUTEILLE DE LEYDE.

Pour la prévision du temps, l'électricité joue un rôle considérable, puisque l'annonce des dépressions barométriques est transmise par le télégraphe à tous les points du globe.

M. Ducla, de Pau, l'utilise directement. Il suspend, sous le plateau d'une balance hydrostatique, une bouteille de Leyde non chargée et fait la tare. Puis il met en communication avec une source d'électricité, la bouteille qui semble devenir de plus en plus lourde à mesure que sa charge grandit.

L'augmentation apparente de poids est de plusieurs décigrammes. Elle est due, en réalité, aux forces développées, aux tensions électriques dont la résultante est verticale, dirigée de haut en bas et appliquée à l'armature externe.

Mais, ce qui est plus étrange encore, c'est que l'augmentation apparente de poids varie avec le temps qu'il fait ; elle est moins forte quand la pluie approche, sans doute à cause de la déperdition plus facile de l'électricité dans l'air humide.

LA FOUDRE EN CHAMBRE.

Eripuit cœlo fulmen... a dit Turgot de Franklin. Nos physiciens modernes, non plus audacieux, mais plus habiles, ne se donnent plus la peine « d'arracher la foudre au ciel », ils la fabriquent.

On a pu obtenir des étincelles de plus d'un mètre de longueur

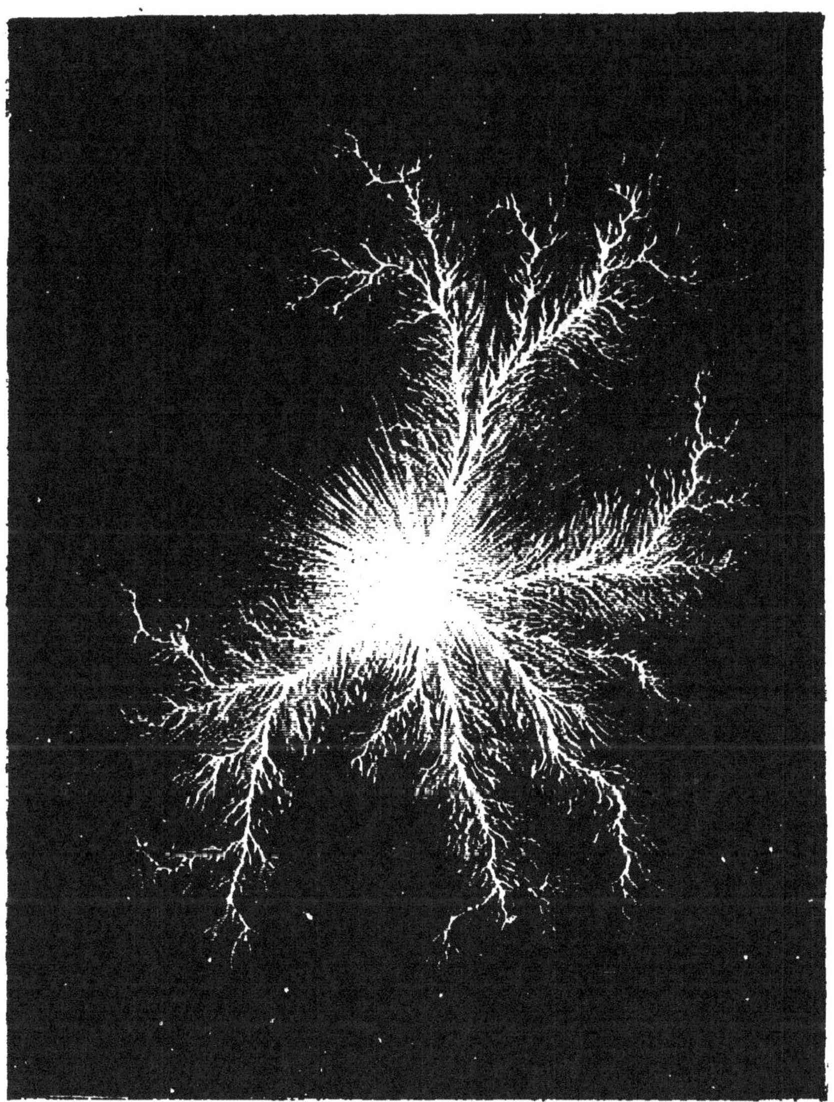

Fig. 75. — Photographie d'une étincelle électrique.

avec une bobine d'induction dont le fil était long de 120 kilo-mètres et dont la puissance atteignait le chiffre énorme de 1 200 000 volts.

À l'aide de micromètres à étincelles, on peut faire jaillir dans toutes les directions ces dernières, images réduites, mais fidèles, des éclairs d'un ciel orageux (*fig.* 75). Un bruit violent, le tonnerre en chambre, les accompagne.

LA BAGUETTE MAGIQUE DU CHERCHEUR D'OR.

Cette baguette magique a été inventée pour les chercheurs d'or isolés qui fouillent les dépôts d'alluvions aurifères. C'est un *avertisseur* de la présence de l'or.

Elle consiste en une longue pique d'acier que le mineur en-

Fig. 76. — Un avertisseur de la présence de l'or.

fonce en terre ; dans ce tube est une tige qui affleure à son extrémité inférieure. Ces deux pièces métalliques sont isolées et en communication avec les pôles d'une pile portative. Dans le circuit est introduite une petite sonnerie. Aussitôt que l'extrémité de l'instrument rencontre une parcelle d'or le circuit est fermé et le carillon se met en branle (*fig.* 76).

LES VENTILATEURS ÉLECTRIQUES.

Ces appareils, très avantageux à cause de leur petite taille, se répandent de plus en plus. Celui que représente notre gravure (*fig.* 77) n'a que 0^m,10 de hauteur. Les ailettes sont actionnées par un petit électro-aimant qui reçoit son courant électrique d'une batterie sèche.

Malgré l'exiguïté de leur volume, les ventilateurs électriques produisent cependant un courant d'air assez fort et procurent une fraîcheur agréable pendant les grandes chaleurs.

Fig. 77. — Un ventilateur électrique.

LA PLUME ÉLECTRIQUE D'EDISON.

Une invention peu utilisée de ce côté-ci de l'Atlantique, bien qu'elle soit susceptible de rendre des services, est la *plume électrique* d'Edison, imaginée en 1878.

Le porte-plume, qui ressemble beaucoup à un porte-crayon de métal, consiste en un tube creux dans lequel se meut très rapidement une aiguille d'acier qui, sous l'action d'un petit moteur très ingénieux placé à la partie supérieure du porte-plume, sort plus de cent fois par seconde de sa gaine et perce le papier. Si on promène la plume sur celui-ci, on trace des lettres fines d'un trait discontinu dû au grand nombre de petits trous (*fig.* 78; *1*). Cette écriture est difficilement lisible, mais le papier perforé obtenu doit être considéré comme un simple négatif permettant de tirer un nombre indéfini de copies. On passe un rouleau chargé d'encre noire sur le négatif; l'encre pénètre à travers les trous jusqu'à la feuille blanche placée au-dessous et maintenue immobile à l'aide d'une pince spéciale.

CAPSULAGE ÉLECTRIQUE DES BOUTEILLES DE CHAMPAGNE.

Une application, non plus de l'ordre intellectuel, mais intéressante cependant, est le capsulage électrique des bouteilles de champagne, dû à Villon, chimiste de Lyon. Il consiste à rem-

Fig. 78. — *1*. Plume électrique d'Edison. — *2*. Capsulage électrique des bouteilles de champagne.

placer la capsule métallique, appliquée à la main, par une couche mince de cuivre déposée par voie galvanique et qui ferme plus hermétiquement la bouteille.

Le goulot, enduit de plombagine conductrice, est plongé dans un bain galvanique. La caisse qui le renferme porte un couvercle en bois paraffiné, percé, comme une planche à bouteilles, de trois coniques dont la surface est recouverte d'une feuille de cuivre formant anneau. Tous les anneaux sont reliés entre eux par des feuilles de cuivre et en communication avec le pôle négatif d'une dynamo, tandis que le pôle positif est relié à une plaque de cuivre placée au fond du bain (*fig.* 78; 2).

UN BANQUET ÉLECTRIQUE.

Les quelques applications que nous venons d'indiquer suffisent à donner une idée de la facilité avec laquelle l'électricité s'adapte à tous les usages.

Dans les différents chapitres de ce livre nous retrouvons des applications de l'électricité : dans les distributeurs automatiques, les avertisseurs, les appareils d'acoustique, le chauffage, l'éclairage, les chemins de fer et les tramways (1), etc.

Rien ne prouve mieux d'ailleurs la « souplesse » de l'électricité que le compte rendu fait, de temps en temps, par les journaux, d'un « banquet électrique » donné au siège de quelque club ou dans la demeure d'un milliardaire.

Voici le récit d'une fête donnée à New-York, par le *Franklin Experimental Club*, en 1894, pour le premier anniversaire de sa fondation :

La salle du banquet était, comme vous pouvez penser, éclairée électriquement ; un petit chemin de fer électrique transportait les plats qui, eux-mêmes, avaient été cuits à l'électricité. Un automate représentait le grand homme qui « sut arracher la foudre aux cieux et le sceptre aux tyrans »; Benjamin Franklin souhaita phonographiquement la bienvenue aux invités. Pendant le repas, des phonographes, actionnés par un petit moteur électrique, ont répété des discours, des morceaux de musique, etc. L'électricité avait ouvert les huîtres, fait bouillir les œufs, chauffé le punch.

A la fin du dîner une pluie de fleurs couvrit la table. Ces fleurs, montées sur des tiges en fer, étaient maintenues au plafond par des électro-aimants ; elles tombèrent quand on interrompit le courant. On quitta la table au son d'une marche jouée au piano et transmise téléphoniquement.

(1) Voir ces différents chapitres.

Des ascenseurs électriques permirent aux invités de visiter sans fatigue toutes les salles dans lesquelles des ventilateurs électriques répandaient un peu de fraîcheur.

UN PAYS ÉLECTRIQUE.

La grande république américaine est d'ailleurs le *pays électrique* par excellence. En 1857, le professeur Loowis fit connaître à l'*Association britannique pour l'avancement des sciences* quelques faits curieux observés à New-York pendant l'hiver et dus à un froid vif et sec.

« Les cheveux sont fréquemment électrisés, dit M. Loowis dans sa note, et spécialement lorsqu'on les a peignés avec un peigne fin. Souvent, dans ce cas, les cheveux se tiennent droits, et plus on les peigne pour rendre la chevelure unie, plus ils refusent obstinément de se tenir en place. Si vous présentez vos doigts à ces cheveux électrisés ils se dirigent vers vous comme le ferait une touffe de cheveux attachés au conducteur de la machine électrique.

« Pour remédier à cet inconvénient, il n'y a qu'un moyen : c'est de les mouiller, et, après cela, ils se tiennent tranquillement à leur place.

« Pendant cette même saison de l'année toutes les parties des vêtements qui sont en laine sont fortement chargées d'électricité libre. Les pantalons spécialement attirent les particules légères de duvet, de poussière, etc., qui flottent dans l'air, et surtout près des pieds, et il est impossible de les enlever avec la brosse. Plus vous brossez, plus vos habits se recouvrent de duvet. Il ne faudra rien moins qu'une éponge humide pour les enlever. La nuit, lorsque vous ôtez votre pantalon, vous entendez de petits craquements et dans l'obscurité vous apercevez une série d'étincelles.

« Durant la partie rigoureuse de l'hiver, et surtout dans les maisons garnies de tapis épais et bien chauffés, on observe souvent des phénomènes électriques encore plus remarquables. Si vous vous promenez sur un tapis et qu'ensuite vous approchiez le doigt d'un objet en métal, comme d'un bouton de porte, vous en tirerez une étincelle. »

M. Loowis affirme, en outre, qu'on peut même parfois, dans ces conditions, allumer un bec de gaz avec son doigt.

CHAPITRE X

LE TÉLÉPHONE

Depuis l'invention, en 1876, par le physicien américain Graham Bell, du téléphone permettant de transmettre la parole articulée, cet appareil s'est répandu d'une façon extraordinaire. Dans les villes, les abonnés deviennent de plus en plus nombreux, et dans quelques années les propriétaires des maisons nouvellement construites offriront à leurs locataires le téléphone à tous les étages comme l'eau et le gaz.

La création d'*un bureau central* auquel aboutissent tous les fils allant à chaque abonné s'est imposée bien vite ; puis bientôt, le nombre des abonnés augmentant toujours, il a fallu créer dans les grandes villes *plusieurs bureaux principaux* reliés entre eux.

Pour mettre en communication les abonnés les uns avec les autres, il y a des tableaux annonciateurs munis de commutateurs. Lorsque l'abonné n° 1 veut demander la communication avec l'abonné n° 6, il presse un bouton ; le courant de sa pile est lancé dans la ligne, l'armature de l'électro-aimant de son numéro sur le tableau annonciateur est attirée ; son numéro apparaît en même temps qu'une sonnerie retentit et prévient l'employée qui vient remettre le disque dans sa position primitive (*fig.* 79).

L'abonné n° 1 indique qu'il veut entrer en communication avec l'abonné n° 6 ; l'employée enfonce dans les n° 1 et 6 du tableau les deux branches de deux cordons flexibles communiquant avec les lignes de chacun des deux abonnés. Il en résulte que ces deux lignes n'en forment plus qu'une seule, et que les deux abonnés peuvent entrer en communication.

LE BITÉLLÉHONE.

Un inconvénient du téléphone c'est de ne laisser aucune trace de la conversation.

Pour obtenir l'indépendance des doigts on a imaginé des casques lourds soutenant le récepteur ; ils sont incommodes, enserrent la tête et ne permettent pas une bonne audition.

En 1891, M. Mercadier, directeur des études à l'École polytechnique, a résolu le problème d'une façon simple et pratique.

Fig. 79. — Un bureau central téléphonique.

Son appareil comprend deux petits récepteurs en ébonite, de
3 à 4 centimètres de diamètre (*fig.* 80). Très légers, ils s'introduisent, réunis par un ressort en fil d'acier, dans les oreilles,
s'y maintiennent, sans fatigue pour l'opérateur, grâce à leur
faible poids (*fig.* 81).

Ce système permet de s'isoler de tout bruit extérieur, et d'amener les ondes sonores sur la membrane du tympan avec leur maximum d'intensité. L'opérateur peut donc écrire en même temps qu'il transmet, ou qu'il reçoit une communication dans l'appareil.

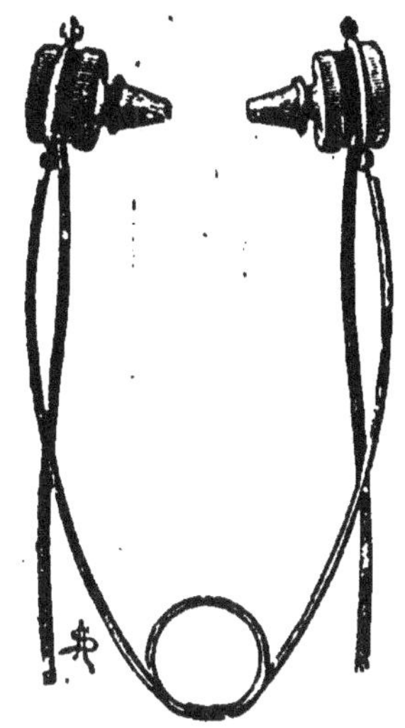
Fig. 80. — Le récepteur du bitéléphone.

HISTOIRE D'UN CHIEN ET D'UN TÉLÉPHONE.

Le téléphone reproduit aujourd'hui la voix avec une telle perfection qu'un chien peut même reconnaître celle de son maître.

Un journal a raconté jadis l'histoire d'un employé qui, ayant oublié son chien au siège social, téléphona de la première station au garçon de bureau de mettre l'animal en communication avec lui. On approcha le récepteur de l'oreille du chien; le maître siffla, parla à l'animal qui, bientôt, se précipita dans la rue et revint à la maison en toute hâte. Qu'on nie après cela l'utilité du téléphone.

LE TÉLÉPHONE ET L'HYGIÈNE.

Parmi les transmissions téléphoniques, l'une des plus désagréables est celle des maladies contagieuses, à cause du contact des récepteurs sonores avec des oreilles multiples dont certaines peuvent être atteintes d'affections transmissibles; d'autre part, et surtout, par la plaque microphonique devant laquelle on parle et qui reçoit de la salive. Celle-ci forme avec la poussière des nids à microbes que d'autres vibrations lancent dans l'air.

Pour remédier à ces dangers trop réels, les cabines publiques contiennent un linge légèrement imbibé d'eau phéniquée, avec lequel on essuie, après chaque conversation, la plaque vibrante des transmetteurs, les poignées et le pavillon des récepteurs.

C'est une bonne mesure, mais l'emploi du *téléphone haut parleur*, dont il existe maintenant quelques excellents appareils, supprimerait radicalement tout danger.

LE TÉLÉPHONE DES SCAPHANDRIERS.

Ce téléphone se met sous le casque du plongeur. Celui-ci parle dans un transmetteur T, sorte de microphone, qui, détaché de

Fig. 81. — Mode d'emploi du bitéléphone.

la pièce de tête, se visse dans le casque même en face de la bouche (*fig.* 82). La parole lui est transmise par deux récepteurs R et R' qui font partie de l'appareil. La commodité d'un tel dispositif se comprend aisément. Sans faire aucun geste, sans avoir les mains occupées, ce qui est important, le plongeur communique avec l'extérieur. Il parle et écoute sans avoir besoin d'interrompre son travail.

TÉLÉPHONE MILITAIRE SYSTÈME CHAROLLOIS.

Les lignes téléphoniques sont d'ordinaire établies avec beaucoup de précautions et les fils soigneusement isolés. Le capitaine

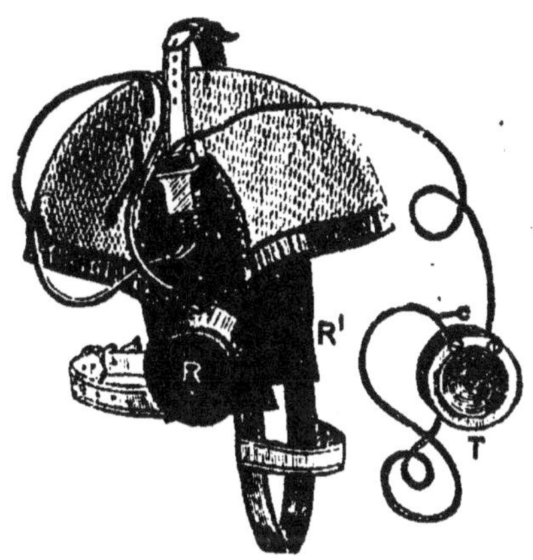

Fig. 82. — Le téléphone des scaphandriers.

Charollois a imaginé un système de téléphone militaire à un fil unique *non isolé*, utilisant la terre comme fil de retour et pouvant fonctionner à une distance d'environ 20 kilomètres. Le poste est porté à dos d'homme et la communication s'obtient par le déroulement du fil à l'aide d'une bobine. On peut parler même pendant la marche. Le téléphoniste mobile tient de la main gauche son épée-baïonnette reliée au téléphone qui est suspendu à son oreille, le courant est alors établi d'une manière permanente par le corps du téléphoniste et ses pieds qui foulent le sol (*fig.* 83).

Pour téléphoner avec un lieu investi on a songé à un cerf-volant à fil métallique qui, lancé du dehors, irait tomber dans la place assiégée et permettrait d'établir la communication. Reste à savoir si l'ennemi ne verrait pas le cerf-volant et n'apercevrait pas la corde traînant sur le sol (1).

UNE LIGNE TÉLÉPHONIQUE ÉCONOMIQUE.

M. G. Mareschal a montré, il y a quelques années, que les gens économes peuvent utiliser pour communiquer, sans l'intermédiaire des « demoiselles du téléphone », les conduites d'eau et de gaz à condition qu'elles ne se touchent en aucun point.

Si l'on attache, en effet, un fil métallique à la conduite d'eau, un autre à une conduite de gaz et qu'on relie ces deux fils à un galvanomètre, on constate un courant d'environ un quart de volt, le pôle positif étant le tuyau d'eau, et le négatif le tuyau à gaz.

(1) Voir p. 18.

En reliant aux deux conduites un microphone simple et une petite pile placés dans un appartement et un téléphone placé dans une autre maison à quelque distance, on peut converser facilement.

Fig. 83. — *1*. Téléphone militaire système Charollois. — *2*. Un poste téléphonique volant.

LES CLOTURES TÉLÉPHONIQUES EN AUSTRALIE.

Plus pratique encore est la « clôture téléphonique » utilisée en Australie. Dans ce pays d'élevage de nombreuses clôtures métalliques limitent les terrains de pâture des différents propriétaires. Quelques fermiers ont eu l'idée ingénieuse d'utiliser ces fils de fer comme fils téléphoniques pour communiquer avec leurs bergers éloignés d'eux de plusieurs kilomètres. Le fil le plus élevé de la barrière sert de conducteur ; la continuité est assurée par des fils aériens passant au-dessus des rares chemins. A chaque extrémité des barrières il y a une petite batterie électrique et un transmetteur.

En attendant que fonctionne partout la *téléphonie sans fil*, les lignes rurales australiennes réalisent le maximum de simplicité et de bon marché.

Le système des distributeurs automatiques, qui détient depuis quelques années les faveurs du public, a été appliqué au téléphone à paiement préalable de M. Lamprecht (1).

LA SONNERIE DU TÉLÉPHONE COMME AVERTISSEUR.

Parmi les applications bizarres, — en dehors du mariage ou du témoignage par téléphone qu'on a voulu introduire en Amérique et du vol au téléphone qui s'est introduit partout — il faut citer l'emploi de la sonnerie du téléphone comme avertisseur. Certains abonnés, après entente avec l'administration, se font éveiller de bonne heure le matin par les employés qui actionnent la sonnerie. On a affirmé même, dans un journal, qu'il arrive souvent en province qu'un abonné laisse un mot pour un service de toute la nuit, afin de se faire réveiller toutes les heures ou toutes les deux heures pour prendre une potion. Voilà qui doit réconcilier la faculté avec le téléphone.

UN JOURNAL TÉLÉPHONÉ.

Un journal téléphoné a été inauguré à Buda-Pest, en 1893. De huit heures du matin à onze heures du soir les nouvelles intéressantes sont téléphonées du bureau central à chacun des abonnés.

Chaque rubrique vient à heure fixe, sauf pour les nouvelles de la Bourse et du Parlement qui sont données au fur et à mesure chaque demi-heure.

Le prix de l'abonnement est de 3 fr. 75 par mois ; la pose de la ligne et des appareils est gratuite.

A la fin de 1900 le nombre des abonnés était de 7 000.

Des essais ont été faits pour étendre le système aux villes voisines de Szegedin et Arad.

(1) Voir p. 15.

CHAPITRE XI

LA FOUDRE

La *foudre* est le phénomène par lequel les électricités de noms contraires dont sont chargés deux nuages ou un nuage et le sol se recombinent à travers l'air, produisant une gigantesque étincelle, l'*éclair*, accompagnée d'un bruit formidable, le *tonnerre*.

L'identité de la foudre et des décharges électriques était soupçonnée dès le milieu du xvIII° siècle. Franklin en donna une démonstration directe en soutirant l'électricité d'un nuage orageux à l'aide d'un cerf-volant à pointe métallique.

LES ÉCLAIRS.

L'éclair, qui a plusieurs kilomètres de longueur, est rarement rectiligne, il est le plus souvent *sinueux* (: *arborescent* et rien n'est intéressant comme une belle série de photographies d'éclairs. On voit combien sont variables les formes de cette manifestation électrique (*fig.* 85 ; *2* et *3*).

L'*éclair en chapelet* est formé par une myriade de points brillants analogues aux sillons de feu qu'un courant électrique de haute tension produit sur une surface humide.

L'*éclair diffus* ou *en nappes*, qui embrasse une étendue considérable du ciel, a lieu quand l'étincelle, éclatant derrière un nuage, celui-ci masque le trait de feu, mais le nuage paraît vivement éclairé.

On nomme enfin *éclairs de chaleur* ceux qui proviennent d'orages éloignés dont on n'aperçoit pas les éclairs directement, à cause de la sphéricité de la terre, mais par réflexion dans l'atmosphère. Le bruit du tonnerre qui les accompagne ne peut parvenir jusqu'à nous.

Parfois l'éclair se présente sous forme d'une boule de feu que l'on nomme très improprement *tonnerre en boule* (*fig.* 84 ; *2*).

Ce globe de feu n'est jamais très brillant ; sa grosseur est des plus variables. Tantôt il se brise avec bruit et peut produire des effets destructifs, tantôt il s'évanouit silencieusement dans l'air.

DISTANCE A LAQUELLE ON ENTEND LE TONNERRE.

Le son parcourant environ 340 mètres à la seconde, il suffit, pour savoir la distance qui sépare l'observateur du nuage orageux, de compter le nombre de secondes qui s'écoule entre le moment où l'on voit l'éclair et celui où l'on entend le tonnerre, puis de multiplier ce nombre par 340.

Au delà de 20 à 25 kilomètres, le bruit du tonnerre n'est plus perçu ; cependant dans des circonstances exceptionnellement favorables, au bord de la mer, on a pu l'entendre à 50 kilomètres.

LES CAPRICES DE LA FOUDRE.

Les singularités de la foudre ont fait l'objet de nombreuses observations. Parfois elle se contente d'aimanter, par manière de plaisanterie, la flèche d'un clocher d'église ou les outils d'un cordonnier. Elle fond, rougit ou volatilise les fils métalliques qui se trouvent sur son trajet, perce et brise les corps mauvais conducteurs, enflamme les matières combustibles, blesse ou tue les hommes et les animaux.

Un de ses effets les plus curieux est l'empreinte laissée sur la peau humaine et figurant des arbres, un paysage, etc. (*fig.* 84 ; *I*).

Deux personnes foudroyées, en 1868, sous un tilleul, portaient sur la poitrine une image des feuilles.

Sur six moutons tués par la foudre, la surface interne de la peau de chaque bête portait une empreinte représentant une partie du lieu frappé.

Le 9 juin 1883, un jeune garçon qui se tenait debout près d'un if fut projeté par la foudre en travers de la route. Quand on le releva, on vit distinctement les branches de l'if dessinées sur sa peau avec l'apparence d'une photographie. Comme singularités de l'orage, on n'a que l'embarras du choix. Chez un jardinier anglais, la foudre atteignit un verre à pied dont elle découpa si nettement un anneau d'un centimètre et demi d'épaisseur qu'on pouvait l'enlever et le replacer à volonté.

Tyndall citait volontiers le cas de cette dame qui, fermant

une croisée pendant un orage, eut le bracelet d'or, agrafé à son bras, volatilisé par un éclair. Une marque bleue d'oxyde d'or,

Fig. 81. — *1*. Impression de feuilles de plantes sur peau humaine.
2. La foudre globulaire.

seul vestige du bijou, entourait son poignet. Elle en fut quitte pour la peur.

LES FEMMES ET LA FOUDRE.

La foudre, d'ailleurs, semble respecter particulièrement le sexe féminin. Toutes les statistiques sont d'accord pour montrer

que, sur quatre personnes tuées par la foudre, il y a trois hommes
et une femme. Pour expliquer ce fait incontestable, on a dit que
les vêtements féminins, plus amples et moins imprégnés de sueur
et d'humidité, conduisent moins bien l'électricité que les vêtements d'homme et, comme confirmation, on cite de nombreux
exemples de femmes épargnées par la foudre à côté d'hommes
tués raide. Sans nier absolument la valeur de cette raison, il
nous semble qu'il en est une autre très suffisante : c'est qu'il y a
beaucoup plus d'hommes que de femmes travaillant dans les
champs par les temps d'orage.

LES DORMEURS ET LA FOUDRE.

Une catégorie qui semble privilégiée est celle des dormeurs.
La plupart des personnes foudroyées le sont sous des arbres ou
en pleins champs ; il n'y en a qu'une sur cinq qui le soit à domicile ; une infime proportion, au lit.

Dans l'antiquité on croyait même que les personnes couchées
n'avaient rien à redouter de la foudre. Cette opinion a conservé
des partisans de nos jours. Howard, cité par Arago, dans sa
Notice sur le tonnerre, indique plusieurs faits dans lesquels des
dormeurs furent indemnes non loin d'autres personnes atteintes.

Cependant on peut citer plusieurs exemples prouvant que
l'immunité n'est pas absolue. Le 2 octobre 1864, près de
Montpellier, un jeune homme de seize ans, couché dans son lit,
y fut tué par la foudre, tandis que sa mère et trois camarades
qui étaient venus le voir furent à peine atteints.

Le 5 septembre 1838, dans une caserne de Lille, un coup de
foudre perça de part en part les matelas de deux lits.

En septembre 1819, à Confolens, une servante fut tuée dans
son lit par la foudre.

Un matelas n'est donc pas un paratonnerre et les personnes ti-
morées qui cherchent un abri sous les matelas de leurs lits ne sont
pas plus en sécurité que dans les autres parties de l'appartement.

LES CYCLISTES, LES SONNEURS ET LA FOUDRE.

Il y a seulement quelques années les cyclistes passaient aussi
pour être invulnérables à cause de leurs pneumatiques, mauvais
conducteurs. De récents accidents ont prouvé le contraire.

Les sonneurs sont particulièrement exposés. On les protège

de façon efficace en employant une corde en fil de cuivre dont
une extrémité aboutit au battant, l'autre dans un puits ; de plus,
ils doivent se placer, pour sonner, sur une large plaque de
cuivre.

LES ARBRES ET LA FOUDRE.

Le mode d'action de la foudre sur les arbres a provoqué bien
des discussions. Tantôt elle ne leur enlève qu'un lambeau

Fig. 85. — 1. Un arbre foudroyé. — 2. Éclair sinueux. — 3. Éclair en chapelet.

d'écorce, tantôt elle les enflamme, parfois elle les fend de haut
en bas, formant un lamentable amas de branches. Contrairement

au préjugé populaire, elle peut tomber plusieurs fois sur le même arbre, si celui-ci a survécu, et a reverdi après avoir été foudroyé, ce qui est fréquent (*fig.* 85 ; *1*).

Tous les arbres ne sont pas également exposés à l'action de la foudre ; l'expérience a montré que le saule, l'érable, l'orme, le frêne et surtout le chêne et le peuplier sont les arbres le plus souvent frappés; le pin, le noyer, le tilleul le sont beaucoup moins ; le hêtre rarement

Les raisons de cette différence de traitement n'ont été cherchées qu'au cours de ces dernières années. Un botaniste allemand a voulu y voir l'influence du sol et des racines. D'après lui, quand les arbres envoient leurs racines dans un sol compact, ils sont beaucoup plus exposés à la foudre que leurs voisins, ceux-ci fussent-ils plus élevés. Un autre a affirmé que les arbres possédant les plus longues racines sont les plus exposés.

M. Dimitri Jonesco ne fit pas seulement une théorie, il l'édifia sur des expériences. Il interposa entre les pôles d'une machine de Holtz des pièces de bois semblablement taillées de diverses essences et il vit qu'elles n'avaient pas toutes la même conductibilité. Les arbres riches en amidon, pauvres en matières oléagineuses, comme le chêne et le peuplier, sont bons conducteurs. Au contraire, le bois de hêtre, riche en matières oléagineuses, est mauvais conducteur.

La loi est donc la suivante : Les arbres et les parties des arbres conduisant le mieux l'électricité sont plus souvent frappés par la foudre que les arbres mauvais conducteurs.

LA FOUDRE ET LES MOYENS DE TRANSPORT.

Voyons maintenant comment la foudre se comporte à l'égard des œuvres humaines et les modifications que les récents progrès scientifiques ont apportées à son action.

Depuis vingt ans on remarque que les *navires* sont beaucoup moins frappés qu'autrefois et on attribue cette immunité au gréement en fil de fer qui sert de conducteur au fluide et permet à celui-ci d'aller se perdre dans l'eau en suivant la muraille de fer du navire. Au contraire, les navires en bois avec gréement en filin sont souvent avariés par la foudre, lorsqu'ils ne sont pas munis de paratonnerres et de chaînes conductrices.

Les *ballons captifs*, à cause de leur câble, sont exposés au foudroiement, dangereux surtout pour les personnes qui, pendant l'orage, manœuvrent au cabestan.

Les oiseaux sont quelquefois frappés pendant le vol ; il n'est donc pas étonnant de voir des *express* foudroyés. En 1889, sur la ligne de New-York à New-Haven, une locomotive fut atteinte, mise hors d'usage et arrêtée ; le chauffeur et le mécanicien furent blessés. On pourrait citer quelques faits analogues en France.

LA FOUDRE ET LES HAUTS FOURNEAUX.

La foudre frappe souvent les hautes cheminées d'usine malgré tous les systèmes de paratonnerre employés (*fig.* 86), mais elle semble surtout avoir une particulière affection pour les hauts fourneaux.

La décharge électrique, au lieu de suivre les conducteurs du paratonnerre, passe à travers les matières que contient le fourneau.

On explique ce phénomène d'une manière très vraisemblable en faisant remarquer que la colonne de fumée qui s'élève au-dessus des fourneaux, et qui contient beaucoup d'eau et de poussière de charbon, est un bon conducteur extérieur.

Fig. 86. — Paratonnerres pour cheminées d'usine.

LES FILS MÉTALLIQUES ET LA FOUDRE.

Les espaliers sont excellents pour faire venir les pêches ; ils sont non moins bons parfois pour faire venir la foudre. Elle peut être conduite jusqu'à la maison d'habitation par leurs fils de fer si des précautions spéciales n'ont pas été prises dans leur fixation et leur arrangement.

D'un autre côté, on a remarqué aux États-Unis un accroissement très sensible des pertes en bétail causé par les clôtures en ronces artificielles, très employées depuis quelques années.

Si les ronces artificielles attirent la foudre, les téléphones semblent l'éloigner.

Une statistique a été faite en 1894 qui a porté sur 140 villes d'Allemagne pourvues de téléphones et sur 560 autres qui en sont dépourvues. Les premières ont donné en moyenne trois coups de foudre par heure d'orage, les secondes cinq coups d'une violence beaucoup plus grande.

LES INSTALLATIONS DE LUMIÈRE ÉLECTRIQUE ET LA FOUDRE.

Pour protéger les installations de lumière électrique contre la foudre, un savant anglais, le Dr Olivier Lodge, a inventé, en 1891, un petit appareil ou *parafoudre*.

Fig. 87. — Parafoudre pour installation de lumière électrique.

Représenté par notre gravure (*fig.* 87), il se compose d'un tambour cylindrique B à travers lequel passe le courant par l'axe A et deux bobines à trois fils W, W. A intervalles égaux, dans le circuit de ces fils, sont disposées trois paires de colliers de cuivre C, C, C; les colliers de chaque paire sont séparés par une feuille de mica recouverte d'étain. Les angles de ces feuilles viennent au contact du tambour métallique de l'appareil qui est relié à la terre. La foudre parcourra les bobines et s'écoulera ou bien sera dirigée par les feuilles d'étain vers le sol.

MORTALITÉ DES CITADINS PAR FULGURATION.

Les villes semblent jouir d'une immunité remarquable à l'égard des accidents de personnes dus à la foudre.

Les statistiques montrent que, de 1800 à 1851, il n'y a pas eu un seul décès causé par la foudre à Paris. De 1851 à 1900, trois personnes seulement ont été frappées, avec un seul décès. A Londres, la proportion a été d'un décès pour un million d'habitants. A Berlin, enfin, on ne compte que cinq personnes atteintes par la foudre depuis 1713.

La raison en est, sans aucun doute, la présence de maisons élevées et l'armée des paratonnerres pointés vers le ciel.

INFLUENCE DU TEMPS ET DU LIEU SUR LE NOMBRE DES CAS
DE FULGURATION.

A quelle heure court-on le plus de risques d'être foudroyé? Les statistiques répondent que, sur 100 décès par fulguration, 4 se produisent de minuit à six heures du matin, 13 de six heures à midi, 60 de midi à six heures du soir, 23 de six heures du soir à minuit. De onze heures du soir à trois heures du matin, il n'a été constaté aucun cas de fulguration.

Les mois les plus dangereux en France sont juin, juillet et août (respectivement 30, 20 et 31 p. 100 des accidents) ; les moins dangereux : novembre, décembre, janvier, février.

Les départements où il y a le plus d'accidents, d'après des statistiques portant de 1869 à 1892, sont la Lozère, le Cantal, la Haute-Loire avec 30 tués pour 100,000 habitants; les moins éprouvés sont les départements maritimes : Finistère, Landes, Morbihan, etc.

LES PAYS OU IL NE TONNE JAMAIS.

La distribution géographique des orages suit, en général, celle de la chaleur. Plus l'on se rapproche des pays équatoriaux et plus ils sont fréquents. Un observateur, placé à l'équateur, entendrait chaque jour, ou même constamment, s'il était doué d'organes assez sensibles, le bruit du tonnerre, car les décharges électriques sont presque continues dans l'atmosphère.

Au delà du 70e degré de latitude, les explosions électriques deviennent très rares et on n'en observe plus au delà du 75°. L'influence des circonstances locales est néanmoins très grande.

Ainsi la côte péruvienne offre un contraste frappant avec le reste des zones tropicales, car il n'y tonne jamais. La ville de Lima est particulièrement remarquable sous ce rapport.

Dans la Haute Égypte, le tonnerre est presque inconnu. En mer, dans la région des alizés, les orages sont rares et peu violents. Ils éclatent dans l'intérieur de l'Europe au printemps et en été, et il n'y en a presque pas dans le restant de l'année.

L'Italie septentrionale et la Grèce ont deux fois plus d'orages que l'Allemagne.

Dans la Scandinavie, ce sont les vents d'ouest qui les amènent, et on remarque qu'ils sont très fréquents en hiver sur les îles qui bordent les côtes, tandis qu'ils sont presque inconnus dans l'intérieur du pays.

L'ÉNERGIE DE LA FOUDRE.

Très variable comme on pense, mais toujours énorme. Dans certains cas, on a pu la mesurer.

M. Pockel, qui a fait des recherches sur ce sujet, ayant remarqué à Winterberg (Saxe) des roches d'un magnétisme irrégulier dû à un coup de foudre, examina plusieurs fragments et conclut que le magnétisme qu'ils possédaient avait été produit par un courant d'au moins 2 900 ampères passant à la surface du roc.

Un arbre ayant été brisé par la foudre, M. Pockel étudia la magnétisation des basaltes du voisinage. Cette fois-ci, il connaissait la distance des roches à l'arbre, c'est-à-dire au courant électrique ; il put déterminer exactement l'intensité de ce dernier : elle fut trouvée égale à 6 500 ampères.

D'autre part, MM. Siemens et Halske ont évalué le travail produit par un coup de foudre qui a fondu un poids connu de fer ; ils ont trouvé qu'il équivalait à une dépense de 7 000 chevaux par seconde.

LES PRÉCAUTIONS CONTRE LA FOUDRE.

Y a-t-il des précautions à prendre contre la foudre? Oui, sans doute, et la plus importante est d'éviter, en temps d'orage, de se placer sous les arbres, surtout sous les arbres élevés. On évalue à 1 700, pour une période de trente ans seulement, et pour la France, le nombre de personnes qui auraient pu échapper à la mort en évitant de chercher un abri sous les arbres.

Il est bon de déposer les armes, faux et bêches que l'on porte et de s'en éloigner. Sur une route plantée d'arbres, prendre le milieu ou, si le terrain le permet, s'éloigner de l'un ou de l'autre côté. — Éviter les objets saillants comme les meules de foin et les poteaux télégraphiques. Dans les villages, ne pas se mettre à l'abri sous les bâtiments élevés non munis de paratonnerres ; s'éloigner des fils télégraphiques, des fils de sonnette, des cheminées, des lits de fer et, d'une manière générale, des masses métalliques.

N'oubliez pas d'ailleurs que beaucoup de personnes foudroyées pourraient être rappelées à la vie si on leur donnait immédiatement les mêmes soins qu'aux noyés, c'est-à-dire si l'on pratiquait la respiration artificielle et, surtout, les tractions rythmées de la langue.

CHAPITRE XII

LA PLUIE

La pluie provient de la condensation de la vapeur d'eau des nuages. Son intensité est fort variable. Tantôt les gouttes sont si fines et si espacées qu'on a peine à reconnaître qu'il pleut, parfois, au contraire, elles sont si abondantes et si grosses qu'elles semblent former une cascade continue ; tout dépend de la rapidité de la condensation. Le vent a une grande influence sur le phénomène et l'on a pu dire que la pluie naît du conflit de deux vents opposés.

Le rapport entre la pluie et le vent se trouve encore contenu dans le dicton populaire « petite pluie abat grand vent », qui est inexact sous cette forme, mais qui exprime néanmoins ce fait d'observation que la pluie fine, continue, ne commence qu'après la chute du grand vent. Elle n'est pas la cause du calme atmosphérique ; elle en est, au contraire, la résultante.

LA PLUIE SANS NUAGES.

La pluie peut-elle avoir lieu sans nuages, c'est-à-dire sans masse *visible* de vapeur d'eau au zénith ? Oui, et le fait a été observé assez fréquemment par les temps doux et humides, les nuages étant très bas sur l'horizon, très éloignés, et le reste du ciel d'une pureté parfaite.

Le 17 novembre 1858, M. Phipson observa à Paris une pluie sans nuages au sujet de laquelle il envoya une note à l'Académie des sciences.

« Elle a eu lieu, dit-il, pendant le crépuscule. Elle a commencé à tomber vers cinq heures, c'est-à-dire environ une heure après le coucher du soleil, et a duré de quinze à vingt minutes. Le temps était remarquablement doux et humide, et une couche de brouillard commençait à s'étendre sur le sol. Les gouttes de pluie furent ici, comme pour la pluie sans nuages que j'ai observée autrefois sur les côtes de Flandre, *grosses et tièdes.*

« J'ai remarqué cette pluie en passant par le jardin du Luxembourg ; mon attention y fut attirée d'abord par le bruit que faisaient les gouttes d'eau sur les feuilles et les branches des arbres ; un moment après, je vis des personnes avec des parapluies ouverts. L'état du ciel était à cette époque comme suit : au sud, quelques cirro-cumulus très élevés ; à l'ouest, un grand nimbus peu épais et fort éloigné ; au nord, à l'est et au zénith pas trace de nuages ; le ciel était d'un bleu noirâtre et les étoiles y brillaient avec tout leur éclat. »

LA FORMATION DES NUAGES ET LA PLUIE... DANS UN BOCAL.

En une élégante expérience de cours, M. L. Errera, professeur à l'Université de Bruxelles, a reproduit les phénomènes de la formation des nuages et de la pluie.

On remplit à moitié d'alcool à 90° un bocal de verre de 0m,20 de hauteur environ et de 0m,10 de diamètre qu'on recouvre d'une soucoupe en porcelaine. On chauffe au bain-marie pendant assez longtemps en évitant de porter l'alcool à l'ébullition. Quand le verre, la porcelaine et le liquide sont à la même température, on retire du bain-marie le bocal et on le pose sur une table (*fig.* 88 ; *1*).

Au bout de quelques minutes, la soucoupe s'étant refroidie, les vapeurs d'alcool se condensent à son voisinage et il se forme des nuages qui, bientôt, se résolvent en pluie très fine qui dure pendant plus d'une heure.

Au début de l'expérience, les nuages touchaient presque la soucoupe, mais à mesure que le vase se refroidit, ils se forment plus bas ; c'est ainsi qu'à l'équateur ils sont plus élevés dans l'atmosphère que sous nos climats.

Si l'on refroidit un point du bocal en y appliquant un linge mouillé, on produit des rafales, des tourbillons de vapeurs, c'est une tempête formidable... dans un verre d'alcool (*fig.* 88 ; *2*).

Cette petite expérience de pluie en chambre est facile à réaliser ; il faut cependant prendre quelques précautions quand on chauffe l'alcool et ne pas oublier que c'est un liquide éminemment inflammable.

LA DISTRIBUTION DES PLUIES SUR LE GLOBE.

La mesure de la quantité de pluie qui tombe annuellement en un lieu donné est un renseignement précieux pour les lois

Fig. 88. — *1.* Expérience de cours montrant la formation de la pluie. — *2.* Le bocal dans lequel a lieu l'expérience. — *3.* Distribution des pluies à la surface du globe.

de la météorologie, pour la climatologie et ses applications agricoles. Elle s'effectue à l'aide d'instruments, les *pluvio-mètres*, qui consistent en des vases de métal munis d'un tube de niveau et surmontés d'un chapeau à bord supérieur tranchant, de surface connue, communiquant avec le vase principal par un orifice étroit pour éviter le plus possible l'évaporation. Comme cette dernière n'est pas négligeable, même avec ces précautions, il convient de relever fréquemment les indications de l'appareil.

L'étude des quantités d'eau recueillies par toutes les stations pluviométriques montre qu'il y a, sur le globe, trois régions de pluies bien marquées, l'une équatoriale, les deux autres dans les zones tempérées entre 35° et 70° de latitude. Entre ces dernières et la zone équatoriale sont deux régions désertiques où il pleut rarement, de même que dans les régions polaires.

La Terre, vue de loin, doit présenter, comme le fait remarquer Élisée Reclus, un aspect analogue à celui de Jupiter. Trois bandes sombres pluvieuses, sujettes à mouvements de balancement suivant les saisons, sont séparées par des zones plus claires (*fig.* 88 ; *3*).

LE PAYS DE LA SOIF.

Le pays le plus sec du monde est Payta, au Pérou. On comprendra aisément qu'il ne s'y soit établi aucun marchand de parapluies, quand on saura que l'intervalle, du temps qui sépare, en moyenne, deux pluies consécutives est de sept ans.

En février 1899, il y eut une pluie qui dura vingt-six heures ; il n'avait pas plu depuis huit ans.

En cette région, les brumes marines sont fréquentes. La flore compte neuf espèces principales, dont sept sont annuelles. Leurs graines peuvent donc rester enfouies dans le sol pendant sept ou huit ans, jusqu'à ce que la prochaine pluie les fasse germer.

Les habitants du pays se nourrissent des fruits d'un cotonnier péruvien à longues racines qui vit sans eau pendant sept ans. Ils mangent aussi des sommités du cotonnier courte-soie que l'on emploie pour remplacer la laine.

LA PLUIE EN FRANCE.

Nos contrées ne connaissent pas de pareilles sécheresses. Les observations de quinze années montrent, qu'en France, Bordeaux détient le record du nombre des jours de pluie avec 205 jours par an ; Versailles en a 158 ; Paris, 135 ; la ville où il pleut le moins souvent est Nîmes, avec 64 jours seulement.

Comme hauteur d'eau tombée, Annecy vient en tête avec

1 278 millimètres par an ; Bordeaux a 764 millimètres ; Nîmes 632. Quant à la ville de France qui reçoit le moins d'eau — on ne le croirait jamais sans une foi ardente en la statistique — c'est Paris, avec 481 millimètres seulement.

En France, il pleut plus en été qu'en hiver, et dans la soirée que dans la matinée, surtout entre six et neuf heures du soir.

LE RECORD DE LA PLUIE.

Les pluies les plus remarquables enregistrées par les météorologistes sont celles du 3 février 1893 à Crohamshurst (Australie), qui donna, en vingt-quatre heures, 907 millimètres, et de Nedunkeni (Ceylan), avec 960 millimètres pour le même temps.

Au point de vue de la violence de la pluie et non de la quantité absolue d'eau recueillie, il convient de citer les chutes suivantes :

Le 20 mars 1868, il tomba à Molitg (Pyrénées-Orientales), non loin de Perpignan, à l'altitude de 488 mètres, 313 millimètres d'eau en une heure et demie, soit 208 millimètres d'eau par heure. Le 12 juillet 1889, à Bruxelles, une averse donna 3 millimètres d'eau par minute. A Londres, M. Symons a observé $2^{mm},5$ de pluie en 30 secondes, ce qui correspond à 50 litres d'eau par mètre carré de surface et par minute, soit 500 000 kilogrammes à l'hectare. Quelle douche !

LA DISTRIBUTION DE LA POPULATION ET CELLE DE LA PLUIE.

Un statisticien yankee — ces gens ne doutent de rien ! — a montré, d'après les recensements, que la distribution de la population aux États-Unis est réglée par l'abondance ou la disette de pluie ; les régions les plus peuplées étant celles où la quantité d'eau qui tombe annuellement est moyenne. Il est certain que les relations entre la pluie et les conditions de la vie ne sont pas niables, mais il faut éviter en ces questions de vouloir être trop précis ; qui veut trop prouver ne prouve rien.

LA PLUIE CAUSE DE LA VARIATION DE L'AXE TERRESTRE.

On a parlé aussi de relations entre l'abondance des taches solaires et les années pluvieuses, entre la chute de pluie et les tremblements de terre, entre la quantité de pluie tombée et l'heure des phases de la lune, etc. Il faudra, sans doute, attendre bien des années avant d'être fixé sur tous ces points, de même que sur le suivant.

On sait que l'axe de la terre n'occupe pas une position invariable; il décrirait annuellement un cercle de 7 à 8 mètres de rayon qui a pour conséquence de faire varier légèrement la latitude d'un même lieu.

Lord Kelvin, l'illustre savant anglais, a cru pouvoir attribuer ce déplacement de l'axe terrestre à la chute des pluies.

« Si nous considérons, dit-il, l'eau tombée en Europe et en Asie pendant un mois ou deux de la saison des pluies, et le temps nécessaire à son écoulement; si nous nous demandons où elle était dans cet intervalle de plusieurs semaines ou de plusieurs mois et ce qui est advenu de l'air d'où elle est tombée, nous ne trouverons pas extraordinaire que la distance entre l'axe d'équilibre de la force centrifuge et l'axe instantané de rotation puisse varier de 5 à 10 mètres en quelques semaines ou quelques mois. »

LA GROSSEUR DES GOUTTES DE PLUIE.

Quelle est la grosseur des gouttes de pluie? La solution de cette question n'est pas des plus faciles. Diverses considérations permettent d'affirmer que les plus fines n'ont qu'une fraction de millimètre de diamètre, alors que les grosses gouttes des pluies tropicales atteignent jusqu'à $3^{mm},5$.

Les gouttes sont, en général, plus grosses en été qu'en hiver et, pour la même raison, dans les pays chauds que dans les pays froids. Il est facile de comprendre pourquoi. Au moment où il y a condensation de la vapeur d'eau, il se forme des gouttelettes très petites et très rapprochées qui, sollicitées par la pesanteur, tombent. Cédant à l'attraction moléculaire, elles s'agrègent pendant leur chute et se réunissent en gouttes *dont la grosseur, à l'arrivée au sol, est en rapport avec la distance parcourue.*

LA VITESSE DE CHUTE DES GOUTTES DE PLUIE.

Les couches d'air qui avoisinent le sol étant plus chaudes en été qu'en hiver, les nuages doivent s'élever plus haut pour se trouver dans les conditions de condensation brusque qui amènent la pluie. On peut se proposer de rechercher quelle est la vitesse des gouttes en arrivant. Cette vitesse est très variable;

elle dépend surtout du volume des gouttes et de la force du vent qui transforme le mouvement vertical en mouvement oblique. Écartons cette dernière cause et supposons une goutte de pluie tombant dans une atmosphère calme. Elle est soumise aux lois de la chute des corps, c'est-à-dire que la vitesse s'accroît proportionnellement au temps ; mais la résistance de l'air, qui croît proportionnellement au carré de la vitesse, intervient et rend le mouvement uniforme quand elle est égale au poids de la goutte.

Au delà de quelques centaines de mètres, la hauteur du nuage importe peu, puisque le mouvement accéléré se transforme rapidement en mouvement uniforme.

Puisque nous avons négligé l'action du vent, un seul facteur intervient, le poids de la goutte. Pour une température moyenne de 15° à la pression normale, la vitesse v, en mètres à la seconde, est donnée, pour une goutte de diamètre d exprimé en millimètres, par la formule empirique

$$v = \sqrt{32,7\,d}$$

Pour des diamètres de $0^{mm},5$, 1 millimètre, 2 millimètres, 4 millimètres, les vitesses en arrivant au sol sont respectivement : $3^m,98$, $5^m,72$, $8^m,10$, $11^m,45$.

SAINT MÉDARD ET LA PLUIE.

Abordons maintenant un autre ordre d'idées : peut-on prévoir la pluie ? On pourrait répondre à cela que les gens sages la prévoient toujours et ne sortent jamais sans leur parapluie. Ce serait éluder la question. Pour la résoudre, le citadin consulte son baromètre, le villageois considère l'aspect de la lune ou, comme les anciens augures, regarde voler les oiseaux ; mais tous les indices qu'ils en tirent sont bien incertains.

Moins certaine encore est l'influence de saint Médard, patron des marchands de parapluies.

Tout le monde connaît les dictons populaires :

> S'il pleut le jour de saint Médard,
> Il pleut quarante jours plus tard.
> S'il pleut le jour de saint Gervais,
> Il pleut quarante jours après,

à moins cependant qu'il ne pleuve pas le jour de la Saint-Barnabé (11 juin).

Cette question de la pluie le jour de la Saint-Médard (8 juin) a fait couler, non des flots d'eau, mais des flots d'encre ; elle a eu l'honneur d'être discutée dans une foule de sociétés savantes et même à l'Académie des sciences.

On pourrait d'abord faire remarquer que, depuis le déluge, il n'a jamais plu quarante jours de suite : cette raison serait suffisante. Mais, bien mieux, les dictons étant antérieurs au xiv⁰ siècle, c'est-à-dire à la réforme grégorienne du calendrier qui supprima, d'un coup, dix jours, la vraie Saint-Médard est le 18 juin et, le 21 du même mois, l'authentique Saint-Barnabé.

Des statistiques faites avec soin par différents observatoires montrent que le préjugé ne repose absolument sur rien. On ne peut guère trouver en sa faveur que les résultats de l'année 1830, à Paris ; il plut le 8 juin et il y eut 32 jours de pluie qui suivirent, mais ce chiffre ne s'est produit qu'une seule fois en cent ans ! D'ailleurs la pluie n'est jamais générale ; il pleut ici, par-là. Pourquoi les saints aquatiques, favorables à certaines localités, sont-ils hostiles à d'autres ?

Pour parler sérieusement, le préjugé de la Saint-Médard se rapporte évidemment au voisinage du solstice d'été, époque à laquelle le soleil ne varie pas de hauteur d'une manière sensible pendant quelques jours et où le temps semble fixé.

S'il fait beau, on est en droit d'espérer que c'est pour long-temps ; s'il pleut, il y a lieu de craindre que le temps soit fixé à la pluie. Mais la réalité dérange les théories humaines.

LA PLUIE ARTIFICIELLE.

Si l'on pouvait provoquer la pluie à volonté, quand on en a besoin, voilà qui vaudrait bien mieux. On l'a essayé et, en ces dernières années, les expériences sur la pluie artificielle ont été nombreuses, mais peu encourageantes.

Beaucoup de nos paysans sont encore convaincus que de bruyantes sonneries de cloches attirent la pluie. Les Laotiens, qui redoutent beaucoup l'humidité, évitent à certaines époques de faire du feu ou de parler haut, sous peine de faire sûrement pleuvoir. Ces superstitions ont peut-être pour bases des faits d'observation ; le feu détermine des courants ascendants et des appels d'air, le bruit ébranle les couches atmosphériques.

Cette opinion bien établie, il n'est donc pas étonnant que l'on ait songé depuis longtemps à modifier l'état du ciel par des détonations violentes.

L'amiral Forbin, l'un des marins les plus célèbres du xvii° siècle, raconte dans ses *Mémoires* qu'il avait l'habitude de dissiper à coups de canon les nuages qui se formaient trop près du bâtiment qu'il montait. Pendant la Restauration, le marquis de Chevrier, maire d'une commune de l'Isère, avait fait acheter des canons « municipaux » qui combattaient les orages de montagne.

Arago crut constater, au contraire, en compulsant les registres de l'Observatoire de Paris et ceux de l'École d'artillerie de Vincennes, que le nombre des jours brumeux était plus grand d'un cinquième que ne l'indiquait le calcul des probabilités, lorsqu'il y avait exercice de tir. L'ébranlement de l'air augmenterait donc, au contraire, les chances de pluie.

Pour résoudre une semblable question, il faut un grand nombre d'observations faites avec le plus grand soin et sans parti pris. Elles sont aujourd'hui fort nombreuses, mais, comme nous le disions tout à l'heure, en dépit des espérances conçues, elles n'ont donné aucun résultat positif. Citons d'abord des faits :

Pendant la guerre de Sécession, Ulric de Fonvielle, qui assista comme combattant à un grand nombre d'affaires, constata que le soir des grandes batailles de Chancelorville, Gettisbourg, etc., il survint des pluies épouvantables, quoique l'action eût commencé par un très beau temps.

Un pharmacien de Saint-Brieuc, M. Le Maoût, a démontré, dans une note à l'Académie des sciences, que chaque décharge d'artillerie tirée à Sébastopol faisait tomber de l'eau dans sa ville natale. Coïncidence fortuite évidemment, dans laquelle on ne saurait voir un présage de l'alliance franco-russe.

En 1870, M. P. Guyot, pharmacien, — encore un, — recueillit toutes les observations pluviométriques de Nancy, d'août en octobre. Si la décharge du canon devait forcément amener la pluie, quelle inondation, Nancy étant entourée par les villes fortes de Toul, Metz, Phalsbourg, Bitche, Verdun, Thionville, etc., autour desquelles l'artillerie fit rage pendant des mois ! Les 14, 16 et 18 août eurent lieu les batailles de Borny, de Gravelotte et de Saint-Privat : le temps était beau à Nancy ; le 19 il plut.

Les 30, 31 août et le 1er septembre, grande bataille à Sedan et aux alentours ; le 3, pluie à Nancy. Les combats dans les Vosges, du 6 au 9 octobre, furent suivis quelques jours après de pluies violentes. M. Guyot émit l'idée que le tir au canon provoque la pluie, mais quelques jours après l'ébranlement de l'air.

En 1891, une explosion de coton-poudre eut lieu à Bordeaux et la commotion en fut ressentie fort loin. Le ciel était nuageux, mais sans pluie; trois minutes après l'explosion une pluie abondante tomba.

Le 1er octobre de la même année, d'après *Nature*, de Londres, une explosion de 5 tonnes de poudre destinée à déblayer des roches inutiles fut produite dans les carrières de Penrhyn. Pendant toute la journée un vent violent avait soufflé, les nuages étaient hauts, mais il n'avait pas plu.

Immédiatement après l'explosion, le vent cessa, un calme absolu s'établit, dura cinq ou six minutes, et vingt minutes après une pluie fine se mit à tomber, devint graduellement plus forte et ne cessa qu'après une heure et demie. A sept heures toutes les perturbations produites par l'explosion avaient apparemment cessé et le temps redevint semblable à ce qu'il avait été tout le jour. La pluie avait été entièrement locale, elle ne s'était pas étendue au delà de 6 à 7 milles de la carrière.

Le jour de la fameuse revue navale de Spithead, où plus de 20 000 coups de canon furent tirés presque en même temps, la brume du matin se transforma vers quatre heures en une ondée diluvienne.

Dans toutes les circonstances que nous venons d'énumérer, la pluie obtenue revenait à un prix fort élevé la goutte. La poudre de guerre n'est pas pour rien. Les agriculteurs ne peuvent s'offrir de l'eau à ce prix-là; il serait moins coûteux de s'adresser aux pays où la sécheresse n'a pas régné, pour leur acheter le surplus de leurs récoltes.

Ces considérations n'ont pas empêché les Américains d'essayer de provoquer la pluie artificiellement. En 1880, Daniel Ruggles prit un brevet pour un procédé ayant pour but de tirer l'eau du ciel, en employant des ballons captifs qui porteraient les matières explosibles à la hauteur où l'on voudrait provoquer la formation des nuages. On pouvait même enflammer le ballon lui-même, rempli au préalable de gaz tonnant (*fig.* 89 ; *1*). Des expériences furent faites au Texas pendant plusieurs années et suivies de près par le département d'agriculture. Elles eurent des résultats fort irréguliers et présentèrent un gros inconvénient. La pluie payée par l'un tombait souvent sur le champ de l'autre : une compagnie d'arrosage céleste ne ferait ses frais qu'en ayant pour abonnés tous les cultivateurs d'un pays, et encore que de réclamations et de procès!

Ces tentatives, qui ont été poursuivies aussi au Transvaal,

Fig. 89. — 1. La pluie artificielle. — 2. Séparateur Roberts.

sont aujourd'hui abandonnées avec raison. Elles coûtent fort cher pour un effet improbable et souvent nul.

Une autre méthode qui fait moins de bruit, mais guère plus de besogne, consiste à lancer dans l'atmosphère des cerfs-volants munis de conducteurs métalliques qui déchargent les nuages et déterminent la précipitation des gouttelettes.

USAGES DOMESTIQUES DE L'EAU DE PLUIE.

Au lieu d'essayer de provoquer inutilement la pluie artificielle, on préfère en beaucoup d'endroits, et avec raison, recueillir la pluie qu'envoie le ciel sans être dynamité.

On peut affirmer que la pluie qui tombe sur le toit d'une habitation à la campagne est presque toujours suffisante *en quantité* pour fournir toute l'eau nécessaire aux besoins domestiques de la maisonnée ; c'est-à-dire au bétail, à la laiterie, aux machines, etc. Elle doit être rejetée seulement comme boisson à cause de l'absence de sels dissous.

Un ingénieur anglais, M. Roberts, a imaginé un appareil, dit *séparateur*, laissant passer la première eau chargée des impuretés de l'air et des toitures et n'envoyant que l'eau pure dans le réservoir d'où elle est distribuée sous pression par des tuyaux aux points où elle doit être utilisée. La pièce principale de ce séparateur, très ingénieux, mais fort compliqué, est un entonnoir oscillant (*fig.* 89 ; 2).

En prenant la moyenne, assez commune en France, de 80 centimètres de hauteur de pluie annuelle, un toit de 100 mètres carrés recueille 80 mètres cubes d'eau totale, soit 65 mètres cubes d'eau propre, c'est-à-dire 5 mètres cubes par mois ou près de 200 litres par jour.

SINGULIÈRE PROTECTION CONTRE LA PLUIE.

Une histoire enfantine nous a jadis narré les hauts faits d'un certain Gribouille qui se jette dans l'eau pour ne pas se mouiller quand il pleut.

Le célèbre explorateur Foureau nous raconte quelque chose d'analogue au sujet des nègres qui conduisaient les pirogues lors de la descente du Chari par l'expédition en avril 1900.

« Nous entrions, dit-il, en ce moment, dans la saison des pluies et les tornades nous rendaient de fréquentes visites, soulevant en grosses vagues les eaux du fleuve et nous forçant à chercher un refuge le long des berges. C'est dans ces occasions que l'on pouvait voir le spectacle suivant : aussitôt les pirogues accotées à la berge, pendant la pluie, tous les pagayeurs se jettent à l'eau jusqu'au cou, se mettent sur la tête une calebasse à l'envers, et se maintiennent philosophiquement ainsi jusqu'à la fin de l'orage. La raison en est fort simple ; la température des eaux de la rivière est d'environ 30 degrés et celle de la pluie n'est que de 24 degrés ; les indigènes ne s'immergent que pour ne pas grelotter. »

LES PLUIES BIZARRES.

Il nous faut dire un mot de pluies extraordinaires, pluies de sang, de soufre, d'encre, etc., qui ont bouleversé souvent de paisibles populations.

Les *pluies de soufre* ne se produisent que dans les contrées où les conifères sont abondantes et à l'époque de la maturité des fleurs mâles de ces arbres ; l'eau est mélangée de myriades de grains de pollen.

Les *pluies de sang* ou d'*encre* sont dues à des poussières de couleurs variables enlevées par le vent à des régions souvent très éloignées.

Quant aux *pluies d'animaux*, poissons, grenouilles, crapauds, les opinions sont très divisées à leur égard. Théophraste écrivait au iv° siècle avant J.-C. : « Ces petites grenouilles ne tombent pas avec la pluie comme beaucoup le pensent, mais elles paraissent seulement alors, parce qu'étant précédemment enfouies dans la terre, il a fallu que l'eau se fît un chemin pour arriver dans leurs trous. »

Roy disait que celui qui peut croire qu'il pleut des crapauds croira aussi bien qu'il peut pleuvoir des veaux.

On peut admettre cependant que dans certains cas où la chute de ces animaux ou de poissons a été constatée par des témoins dignes de foi, ils avaient été enlevés par une trombe avec l'eau dans laquelle ils vivaient et lancés ensuite sur le sol au moment de la dispersion du météore.

Jadis, ces pluies extraordinaires étaient considérées comme l'annonce des plus grands malheurs ; il est souvent parlé de « pluies de sang » précédant des calamités publiques.

CHAPITRE XIII

LE VENT ET SON UTILISATION

Si la terre était immobile et si le poids spécifique de l'air qui l'entoure était partout le même pour la même altitude, l'atmosphère n'aurait aucun mouvement; le vent n'existerait pas.

Mais il n'en est pas ainsi à cause de l'inégal rayonnement de la chaleur solaire en différents lieux et de la rotation de la terre sur elle-même. L'équilibre des couches atmosphériques n'est jamais atteint, de là les vents réguliers et irréguliers, alizés, moussons, brises de terre et de mer, mistral, simoun, siroco, etc.; de là les tourbillons : tornades, trombes, cyclones; de là enfin les mouvements verticaux de l'atmosphère qui échappent à nos sens, mais nous sont révélés par les baromètres placés à différentes hauteurs en un même lieu.

EXPÉRIENCE MONTRANT LA FORMATION DES VENTS RÉGULIERS.

Dans la formation des vents réguliers, la rotation de la terre sur elle-même joue un grand rôle. Les courants ascendants que l'on rencontre au voisinage de l'équateur et les courants descendants des pôles, ainsi que les vents qui soufflent du pôle vers l'équateur, sont dus, en partie tout au moins, à la force centrifuge.

Au moyen d'un appareil facile à construire, on peut démontrer ces principes d'une façon saisissante et produire les vents réguliers aussi aisément que nous avons produit précédemment les nuages et la pluie dans un bocal

On construira avec des feuilles d'étain une charpente, un squelette de sphère que l'on fera ensuite tourner autour d'un de ses diamètres à l'aide d'une toupie, par exemple la toupie pneumatique (1), ou mieux une toupie à disque métallique assez lourd.

(1) Voir p. 26.

On choisit d'abord un tube de métal long d'environ 10 centimètres, pas trop gros pour qu'il puisse facilement être placé sur
la toupie. A son extrémité supérieure, fixez horizontalement
un disque d'étain de 0ᵐ10 de diamètre. Sous ce disque, dis-
posez quatre quadrants verticaux, perpendiculaires deux à deux,
qui s'attacheront au tube d'une part, au disque horizontal
d'autre part. Au-dessus de ce disque construisez une charpente semblable, de façon que l'appareil, dans son ensemble,
se compose de deux cercles verticaux, perpendiculaires l'un

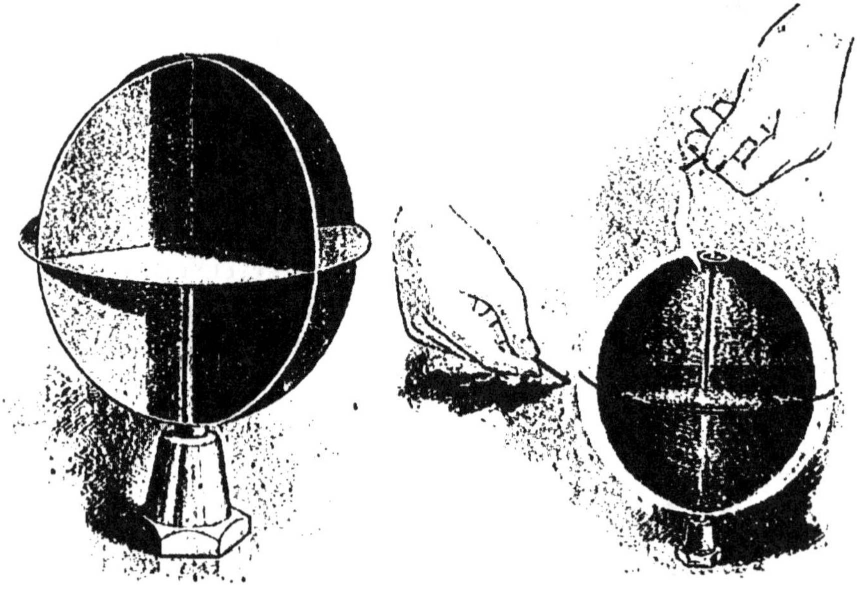

Fig. 90. — Construction d'un appareil
pour montrer la formation des vents
réguliers.

Fig. 91. — Existence des courants d'air
autour d'une sphère en rotation.

à l'autre, coupés en leur centre commun par un disque horizontal. Nous aurons ainsi obtenu la charpente, le squelette
d'une sphère, dont l'axe de rotation sera l'intersection des deux
disques verticaux (*fig.* 90).

La toupie étant mise en mouvement, cet appareil est planté
à son sommet et tourne immédiatement du même mouvement.
L'air entre à ses deux pôles et s'échappe à son équateur. Pour
mettre en évidence ces deux courants, allumez deux allumettes,
et placez l'une à la partie supérieure de la sphère, l'autre vers
son équateur : vous verrez la flamme de la première comme
attirée vers le centre de la sphère, tandis que la flamme de
la seconde est chassée vers l'extérieur (*fig.* 91).

Quelques fortes bouffées de tabac lancées au voisinage de la toupie dessinent aussi les deux courants.

Grâce à cet appareil, on peut faire tenir en l'air, sans y toucher, un anneau de papier large d'un centimètre environ et dont le diamètre intérieur est d'environ 5 millimètres plus large que celui de la sphère. On le place dans le plan équatorial de cette dernière en rotation, et il reste suspendu par le courant d'air horizontal (*fig.* 92). C'est en vain qu'on essaie de le déplacer, il revient toujours dans le plan équatorial.

Fig. 92. — Le système en rotation sur la toupie.

caractères du vent : direction, vitesse, durée, pression, etc. Des appareils ingénieux ont été imaginés dans ce but.

LES GIROUETTES ENREGISTRANTES.

Il est d'une importance capitale en météorologie d'enregistrer à chaque instant les

Les indications de la girouette qui surmonte nos habitations, et qui tourne en grinçant de façon lamentable, ne peuvent être prises au sérieux par les savants. Il leur faut des instruments mieux placés, mieux entretenus et plus précis, les *girouettes enregistrantes*, soutenues par un flotteur sur un liquide, et qui, à l'aide d'un mécanisme compliqué, inscrivent elles-mêmes tous leurs mouvements — en même temps que l'heure à laquelle ils se produisent — sur un cylindre tournant.

LA VITESSE DU VENT ET LES ANÉMOMÈTRES.

Pour déterminer la vitesse du vent on emploie les *anémomètres* enregistreurs dont il existe deux groupes : les *anémomètres de rotation* dans lesquels le vent agit sur un moulinet à ailettes obliques dont le nombre de tours en un temps donné est inscrit sur un cadran, et les *anémomètres de pression* dans lesquels une plaque de bois ou de métal que l'on oppose au vent indique la vitesse selon les différentes positions qu'elle prend.

M. Beries a indiqué le principe d'un anémomètre se composant simplement d'un fil métallique fin qui entre en vibration quand le vent le frappe normalement à son axe. Le nombre n des vibrations à la seconde est donné par la formule $n = \dfrac{Cv}{d}$ dans laquelle v est la vitesse inconnue du vent ; d, le diamètre du fil évalué en millimètres ; C, une constante égale à 0,2 à la température ordinaire. Pour déterminer n on relie le fil vibrant à un microphone.

. L'appareil, d'après son inventeur, aurait les deux avantages suivants : 1° par suite de sa légèreté, il donne la vitesse du vent à chaque instant et non une vitesse moyenne comme le font les anémomètres ordinaires ; 2° avec trois fils vibrants disposés suivant trois axes rectangulaires, on peut mesurer simultanément les composantes de la vitesse suivant trois directions et en déduire la direction du vent.

LA PRESSION DU VENT.

Quant à la pression du vent, si importante à connaître pour la construction des ponts, des murs, des toits et de tous les ouvrages métalliques, on la déduit de la vitesse indiquée par les anémomètres à l'aide de la formule $P = 0,12248Sv^2$, dans laquelle P représente la pression en kilogrammes par mètre carré, S la surface frappée par le vent en mètres carrés et v la vitesse du vent en mètres par seconde.

On était convaincu depuis longtemps que la pression donnée par cette formule était exagérée. M. Kœchlin, en 1894, l'a montré directement en disposant au troisième étage de la tour Eiffel, suivant six directions différentes, des séries de cinq parallélipipèdes en fonte dont les dimensions avaient été calculées de telle façon qu'ils étaient renversés, l'un par une pression de 50 kilos par mètre carré de surface, l'autre par une pression de 100 kilos, les autres de 150, 200, 250 kilos. Des essais de renversement avaient été faits au laboratoire avec l'air comprimé.

Or, pendant la grande tempête du 14 novembre 1894, tandis que les anémomètres indiquaient une vitesse de 45 mètres à la seconde, correspondant, d'après la formule, à une pression de 247 kilogrammes par mètre carré, les parallélipipèdes de 50 et de 100 kilos de pression étaient seuls renversés ! Celui de 150 ne

l'était pas ; donc la pression n'a pas atteint ce dernier chiffre.
La différence entre les résultats donnés par la formule et par la
réalité est d'au moins 40 p. 100.

Bien qu'inférieure à ce que l'on croyait, cette pression est
quand même énorme, et dès que la vitesse du vent dépasse
20 mètres à la seconde, les dégâts qu'il peut produire sont
extraordinaires ; il arrache les toitures, renverse les maisons,
fait écrouler des ponts (pont du Tay, en 1879). Il peut même
arrêter net des trains de chemin de fer quand il souffle avec
violence dans le sens de la voie ou, s'il vient de côté, les renverser (10 juin 1886, près d'Elisabethgrad, en Russie).

ROLE GÉOLOGIQUE DU VENT.

Le vent a une action géologique ; il l'a eue de tout temps.
M. Cazalis de Fondouce a extrait du pliocène des environs
d'Avignon des galets de quartzite tout couverts de stries fines
dues à l'action du sable entraîné par le vent. On a trouvé
depuis, dans le Gard, en Espagne, des traces non moins
authentiques de ce *mistral préhistorique*.

L'action de la mer sur ses rivages est due au vent qui soulève
les vagues et qui a même une action non négligeable sur le
renforcement ou l'atténuation des marées. Le vent édifie les
dunes, les déplace, accumule au bas des pentes du sable, des
poussières, des parcelles de roches, formant des *sédiments
éoliens* dont l'accroissement est des plus rapides ; il file les laves
en fusion, formant ces fins filaments nommés *cheveux de Pélé*
aux îles Hawaï ; il transporte au loin les cendres volcaniques
qui sont un élément fertilisant à cause de leur richesse en acide
phosphorique et en potasse ; il dépose enfin sur les rochers les
germes des lichens qui formeront par leurs débris la première
couche de terre végétale.

INFLUENCE DE LA DIRECTION DU VENT SUR LA BLANCHEUR
DU LINGE.

Les vieilles blanchisseuses du sud de l'Espagne ont remarqué
que, quand règne le vent du sud, le linge ne devient jamais
bien blanc ; que toujours, au contraire, il prend une teinte
jaunâtre.

L'explication de ce fait a été donnée incidemment par M. Guyon dans une note à notre Académie des sciences (16 mai 1870). D'après lui, l'inconvénient est bien réel et ne peut être attribué qu'au sable africain transporté par le vent.

Les vents d'Afrique, dès qu'ils soufflent avec quelque force, sont toujours chargés de cette fine poussière, laquelle peut même arriver jusqu'aux côtes de France, aperçue dans l'air sous forme de brouillard. En tombant de l'atmosphère elle se disperse partout, pénétrant dans les habitations, dans les lieux les mieux clos. Il n'est point rare que les bâtiments qui naviguent sur les côtes d'Afrique en soient tout couverts.

L'UTILISATION DU VENT: LA VOILE.

Après le travail des animaux, le vent a certainement été la première force naturelle utilisée par l'homme. Pour recueillir cette force, la régulariser et en faire un agent de mouvement subordonné à sa volonté, il imagina la voile.

Dès son origine, utilisée pour la navigation, ce fut une simple peau de bête tendue sur un bâton, puis une toile grossière. Les moyens d'attache et de fixation, sa manœuvre se perfectionnèrent rapidement, le navire voilier atteignit tout son idéal de beauté et de puissance à la fin du xviiie siècle.

Ce serait cependant une erreur de croire que la marine à voile est condamnée à disparaître dans un avenir prochain devant les progrès de la marine à vapeur. Depuis dix ans une réaction a lieu en faveur de la première, une prime importante est accordée à sa construction et on a lancé, ces temps derniers, des voiliers de plus de 6 000 tonneaux.

Les raisons de ce retour de faveur sont que, à jauge égale, le voilier peut porter plus de marchandises que le vapeur et que, s'il est plus lent, il est aussi plus économique. Il est avantageux, par suite, pour le transport des marchandises dont la valeur intrinsèque n'est pas considérable et dont la livraison n'est pas impatiemment attendue.

Les grands voiliers modernes ont quatre mâts, parfois cinq, car il y aurait imprudence à fixer sur trois mâts, seulement, leur voilure considérable. Nous assistons à une véritable renaissance de la marine à voile.

LES VOILES TROUÉES.

Les lois de l'action du vent sur les voiles ne sont pas encore bien connues. On admet que sa pression est proportionnelle au

Fig. 93. — Voile en lanières.

carré de sa vitesse, à la surface de la voilure et au sinus de l'angle d'incidence.

La courbure que prend la toile accroît son action dans une certaine mesure, mais elle crée aussi une contre-pression, un cône d'air mort. Le vent vient heurter le tissu concave qui fait obstacle, les couches d'air rebondissent, forment matelas et gênent la pleine action des couches d'air qui suivent.

Comment remédier à cet inconvénient? Bien simplement: en

perçant des trous qui permettent à l'air de s'échapper après avoir agi. L'expérience a été faite en 1894 par le capitaine Vassalo; elle a montré que les voiles trouées augmentaient la vitesse d'un cinquième.

Fig. 94. — Même voile vue par l'arrière et quand le vent souffle.

L'exemple a été suivi de différents côtés et l'on s'en trouve bien. La dimension des trous — de 0ᵐ,50 à 0ᵐ,90 de diamètre — doit être proportionnée à la surface de la voile et leur position à sa forme. Alors qu'il faut dans les voiles carrées deux trous à la base (*fig.* 97; *1*), un seul suffit aux voiles triangulaires.

Chose curieuse, cette perforation que nous prenons pour un progrès récent est connue depuis longtemps de nombreuses

peuplades dont les voiles sont en fibres tressées à larges mailles.
A l'exemple de ces navigateurs primitifs, au lieu de pratiquer
dans les voiles des trous ronds, on commence à les découper à
jour et de nombreuses expériences ont été faites pour déterminer la forme donnant le meilleur rendement. Dans cette voile

Fig. 93. — Voile trouée en losanges.

idéale, chaque section peut être considérée comme une petite
voile dans laquelle le vent agit avec toute sa puissance.

La *figure* 93 représente une voile composée de bandes plates
fixées séparément sur de petites vergues en bois ; quand le vent agit
sur elles, elles s'écartent de la façon représentée par la *figure* 94.
Une forme qui a donné de bons résultats est la voile trouée en
losanges (*fig.* 95).

La disposition la plus intéressante est celle dans laquelle la voile (*fig.* 96) est formée de bandes verticales individuelles pouvant être tendues chacune séparément.

On voit que, alors que la plupart des bandes se gonflent sous

Fig. 96. — Voiles à bandes individuelles.

le vent, quelques-unes sont gonflées en sens contraire par le vent réfléchi.

Des essais ont montré que la divisibilité des voiles est loin d'être indéfinie. De deux voiles de mêmes dimensions placées sur deux bateaux de même modèle, celle à cinq bandes a toujours donné de meilleurs résultats que la voile à six divisions.

LA VOILE-PARASOL.

Un Français, M. Benjamin Normand, a préconisé, il y a environ trente ans, pour les embarcations de plaisance, la *voile-parasol* (*fig.* 97 : 2).

L'idée a été réalisée récemment en Angleterre.

C'est une voile elliptique, dont la monture rappelle celle d'un parapluie et qui peut se replier dans le sens de son petit axe. Son inclinaison ordinaire est d'environ 45° sur l'horizon, mais on la modifie facilement selon la force du vent.

La voile-parasol semble indiquée pour les bateaux de sauvetage. Elle supprime tout danger de chavirer quand le vent est violent ; ce dernier tend, au contraire, à soulever le bateau.

NAVIGUER PLUS VITE QUE LE VENT.

Peut-on naviguer plus vite que le vent? Non, disent les marins. Oui, répondent les mathématiciens. Tous ont raison.

Théoriquement, la chose est possible. Ozanam, dans ses *Récréations scientifiques*, montre, à l'aide de calculs que nous nous dispenserons de reproduire, que : *lorsque les angles que la direction du vent et que la voile forment avec la quille du navire sont complémentaires, la vitesse du navire est plus grande que celle du vent.*

Pratiquement, il n'en est jamais ainsi, à cause de la résistance qu'éprouve le navire de la part de l'eau. Cependant pour le cas du yacht à glace glissant sur une couche unie, la vitesse obtenue concorde sensiblement avec celle indiquée par la théorie.

Avant d'abandonner la navigation, signalons les *voiles en papier* spécial, très résistant, employées en Amérique pour les yachts, et les *voiles en soie* légères, toujours souples, prenant peu l'eau ; trop coûteuses seulement.

LA LOCOMOTION TERRESTRE A VOILE.

La voile a été appliquée aussi à la locomotion terrestre.

Les *brouettes à voile* sont employées en Chine depuis très longtemps par les paysans se rendant au marché.

En Hollande, en 1630, fonctionnait une *voiture à voile* appar-

tenant au prince d'Orange. Elle pouvait contenir 28 personnes et faisait, par bonne brise, 7 lieues à l'heure. Son
mât portait une voile carrée et on la dirigeait comme une
embarcation, le pilote se tenant à l'avant pour manœuvrer
la roue directrice. Des voitures hollandaises plus légères, du

Fig. 97. — *1*. Voile trouée. — *2*. Voile-parasol. — *3*. Vagon à voile.
4. Patinage à voile.

xviii° siècle, ont parcouru bravement leurs 56 kilomètres à l'heure.

Depuis quelques années, on utilise aussi les rails en Amérique pour y faire circuler des *vagons à voile*. Dans les régions
de plaines, ils transportent à la vitesse incroyable de 60 kilomètres à l'heure, quand le vent est favorable, les objets nécessaires à la réparation de la voie et des lignes télégraphiques

Pesant à peine 30 kilos, ces voitures ont un mât de 4 mètres de haut portant une grande voile triangulaire.

Mais en Amérique cet emploi de la voile n'est qu'accessoire. A Malden, petite île anglaise du Pacifique, un *chemin de fer à voile* fonctionne journellement pour le transport du guano, seule ressource du pays. Il a 9 kilomètres de longueur. Les convois comprennent trois voitures; la première seule porte une grande voile carrée. Quand le vent manque, le chemin de fer est à traction humaine; les employés poussent le train. L'emploi du vent comme moteur est dû au manque absolu d'eau, de fourrage et de combustible (*fig*. 97; *3*).

L'application de la voile à la bicyclette pour monter les côtes a été tentée à différentes reprises, avec des succès variés. On semble y avoir renoncé depuis quelque temps.

LE PATINAGE A LA VOILE.

Le *patinage à la voile* est très pratiqué en Danemark. Il exige beaucoup d'adresse et un long apprentissage ; mais il est d'un grand charme et procure la sensation du vol.

La voile en soie légère et résistante est fixée à des châssis de bambou. La traverse du milieu, qui doit être placée à la hauteur des épaules, s'attache solidement au corps par des lanières. De grandes baguettes croisées, fixées à la partie inférieure de la voile et tenues à la main par le patineur, servent à l'orientation. Plus le vent est fort, plus il faut se pencher en arrière, se coucher en quelque sorte dans le vent (*fig*. 97; *4*).

Si, cependant, il est trop violent, on abaisse la partie supérieure de la voile.

S'il est contraire, il n'y a qu'à replier l'ensemble, qui ne pèse pas plus qu'un parapluie.

Le patineur peut aussi utiliser une voile triangulaire (*fig*. 98) moins encombrante que la précédente, et laissant plus de liberté aux mouvements et aux évolutions.

Le patinage à la voile est un sport difficile; les chutes sont dangereuses en raison de la vitesse considérable imprimée par le vent. La moindre fausse manœuvre de la voile, un changement de vent, une mauvaise inclinaison donnée au corps couchent le patineur sur la glace.

Malgré tous ces dangers, chaque année, de nombreux jeunes gens traversent le Sund gelé, allant du Danemark en Suède.

LE YACHT A GLACE.

C'est une sorte de traîneau, pourvu de deux patins parallèles et d'un grand mât portant deux voiles. Le pilote, couché sur

Fig. 98. — Patinage avec voile triangulaire.

une planche, à l'arrière, manœuvre aisément la voilure et le gouvernail.

De la berge on croit voir un yacht de plaisance.

Ces traîneaux, très communs sur tous les lacs et les fleuves glacés de l'Amérique du Nord, permettent de franchir avec la plus grande rapidité d'énormes distances. Ils demandent eux aussi une grande adresse et un sang-froid imperturbable pour être conduits sans trop de dangers.

En Hollande, dans l'Allemagne du Nord, on monte quelque-

Fig. 99. — Bateaux montés sur patins poursuivant des pêcheurs braconniers sur une lagune gelée de la Baltique.

fois sur patins des barques ordinaires auxquelles le vent imprime une grande vitesse. Ces barques sont notamment employées pour poursuivre les pêcheurs braconniers qui, sans avoir payé fermage au gouvernement prussien, pêchent en ouvrant des trous dans la glace qui recouvre les lagunes des environs de Kœnigsberg (*fig.* 99).

LES MOULINS A VENT.

N'oublions pas, en parlant des voiles, celles qui recouvrent les ailes du moulin à vent, seule machine motrice utilisant cette force naturelle.

La date de son invention est inconnue; aucun auteur ancien ne le mentionne. Il fut certainement en usage dans le nord de l'Europe tout au début du moyen âge.

Le premier moulin hollandais semble avoir été monté sur flotteurs, de façon à pouvoir automatiquement s'orienter au vent. En Allemagne, plus tard, ils furent établis sur poteaux au sommet desquels ils pouvaient osciller. Ultérieurement enfin, le bâtiment du moulin fut pourvu d'un toit mobile orienté vers l'action du

Fig. 100. — Moteur à vent à double roue.

vent, portant les ailes et leur axe, tournant autour d'un pivot central qui transmettait le mouvement de rotation des ailes à tout l'outillage intérieur du moulin.

L'antique moulin aux grands bras, si pittoresque, disparaît peu à peu devant les moulins à vapeur. Il était d'ailleurs mal construit; il ne marchait pas par vent faible et son rendement était mauvais.

LES TURBINES A AIR.

On établit aujourd'hui de véritables *turbines à air* composées de lames d'acier à inclinaison variable suivant la force du vent; elles s'orientent elles-mêmes et se dérobent aux tempêtes, leurs lames se présentant de profil quand le vent devient trop violent.

Certaines usines américaines construisent des turbines à roues de 20 mètres de diamètre, pouvant fournir une puissance de 40 chevaux-vapeur (*fig.* 102; *1*).

On utilise aussi une turbine à double roue dont les ailes sont inclinées en sens inverse (*fig.* 100); elles sont mises dans l'orientation convenable pour le maximum de rendement par

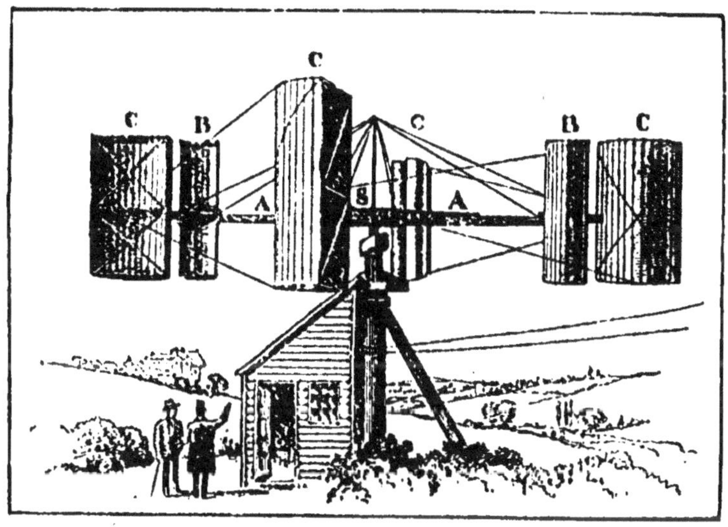

Fig. 101. — Un curieux moteur à vent.

deux petites roues, dites *papillons*, qui tournent dans un plan perpendiculaire à celui des roues motrices.

Très employées en Amérique, trop peu en France, ces turbines rendent de grands services à l'agriculture. Les réparations sont presque nulles et la force motrice ne coûte rien : on ne peut lui reprocher que son irrégularité.

Elles ne chôment jamais, même quand le travail manque, car elles peuvent mettre en réserve la puissance motrice du vent en faisant tourner une dynamo reliée à des accumulateurs, qui rendront ensuite, dans les moments de calme plat, l'énergie électrique emmagasinée et fourniront à volonté lumière et force.

UN CURIEUX MOTEUR A VENT.

Nous le citons pour la bizarrerie de ses formes et de son principe, qui est le même que celui des anémomètres. Il a été imaginé en 1887, par le professeur James Blyth, de Glasgow, et

Fig. 102. — *1*. Turbine à air. — *2*. Harpe éolienne.

a fonctionné près de cette ville. Il actionnait une dynamo qui chargeait des accumulateurs.

Ses ailes CCCC (*fig.* 101) sont des boîtes demi-cylindriques attachées à quatre forts bras AA de chacun 10 mètres de longueur et tournant autour d'un axe vertical. De petites boîtes auxiliaires BB, à l'extrémité de chaque bras, augmentent le rendement de la machine.

Pour son bon fonctionnement, il faut que le circuit de la dynamo s'interrompe automatiquement lorsque celle-ci tourne au-dessous d'une vitesse déterminée. Cette interruption s'accomplit par un commutateur qui rompt ou établit le contact, au moyen d'une cuvette de mercure, suivant la vitesse. L'axe de fer vertical S porte à son extrémité inférieure une roue massive à engrenage actionnant un volant de 2 mètres de diamètre. Ce volant met lui-même en marche, au moyen d'une courroie de transmission, la dynamo et charge les accumulateurs.

L'ouverture de chaque boîte constituant les ailes est de 2^m,30 de long sur 2 mètres de large. Un vent frais, de vitesse moyenne, fait fournir au moulin 2 chevaux-vapeur.

LES HARPES ÉOLIENNES.

Le vent, générateur d'électricité, peut aussi produire de la musique.

Il siffle à travers les feuilles des arbres, fait chanter les fils télégraphiques, vibrer spontanément les instruments à cordes. Il existe des *harpes éoliennes* au château de Baden-Baden, dans les tourelles de la cathédrale de Strasbourg, dans plusieurs résidences d'Écosse, etc.

L'instrument, qui rend des sons très doux — presque célestes — se compose ordinairement d'une caisse rectangulaire avec deux tables d'harmonie portant des cordes à boyau. Deux ailes perpendiculaires aux tables limitent le courant d'air et le font arriver avec plus de force sur les cordes (*fig.* 102; 2).

La forme donnée à ces instruments est des plus variables.

L'*éolia* (*fig.* 103) est une harpe comprenant dix-huit anches métalliques très sensibles divisées en accords harmoniques de vingt notes chacun. L'appareil a 0^m,50 de hauteur, 0^m,20 de large et 0^m,20 de profondeur. Lorsque sa partie supérieure tourne elle fait entendre la série des accords, quelle que soit la direction du vent.

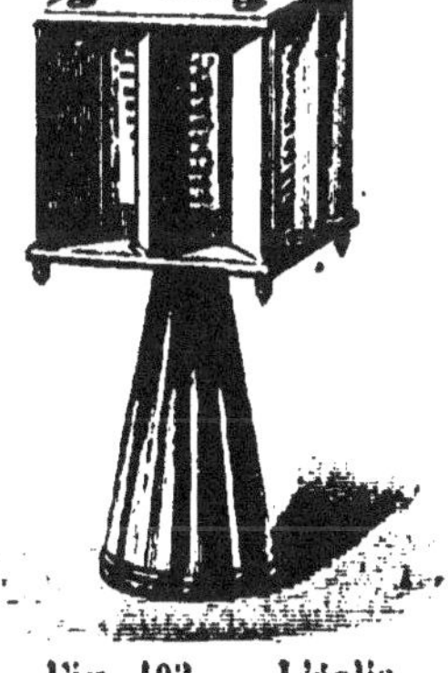

Fig. 103. — L'éolia.

LE VENT INCENDIAIRE.

Terminons par un des méfaits les plus curieux du vent. On sait qu'il active les incendies ; on sait moins qu'il peut en allumer lui-même. Des observateurs très sérieux attribuent, en effet, beaucoup d'incendies de forêts aux frottements, sous l'action du vent, d'une branche morte contre un tronc. Ce n'est autre chose que la méthode employée par les sauvages pour se procurer du feu.

CHAPITRE XIV

LA GLACE

Dans la nature, la glace joue un rôle immense. Les glaciers qui recouvrent les hauts sommets sont des agents de nivellement qui transportent dans les hautes vallées les matériaux tombés des montagnes. Les glaces polaires, en venant fondre sous des latitudes moins élevées, modifient le climat de ces régions. La gelée détruit les plantes, suspend la vie dans certains pays, établit dans d'autres des communications commodes.

Nous ne nous proposons pas d'ailleurs d'étudier tous ces phénomènes, mais de fixer l'attention sur quelques-uns d'entre eux.

LA GLACE FOSSILE.

On a calculé qu'un flocon de neige qui tombe au sommet du mont Blanc met environ cinquante ans, entraîné par le glacier qu'il a servi à former, pour venir fondre dans la vallée.

Ce n'est pas depuis un demi-siècle, mais depuis des centaines de siècles, depuis l'époque quaternaire, qu'est solide la glace que l'on rencontre en Alaska, au Spitzberg, au Groenland, en strates alternant avec des couches de graviers. C'est véritablement de la *glace fossile* qui est parvenue jusqu'à nous, grâce à la persistance des basses températures depuis la période glaciaire.

UN REMÈDE HÉROIQUE POUR COMBATTRE LA SÉCHERESSE.

La banquise qui, dans ces mêmes régions polaires, se forme chaque année en hiver, se disloque au printemps. Ses débris, entraînés par les courants, viennent fondre dans les eaux plus chaudes, les refroidissent ainsi que l'air ambiant, et déterminent souvent des perturbations atmosphériques et des pluies.

Certains observateurs croient avoir remarqué une relation

entre la débâcle tardive de la banquise et les sécheresses printanières de nos climats, si nuisibles à l'agriculture. Un ingénieur, M. Prou, convaincu de ce rapport entre l'état des glaces polaires et la prospérité de nos récoltes, n'y va pas par quatre chemins. Il a proposé, il y a quelques années, un remède héroïque : disloquer par la dynamite la banquise qui s'entête à rester soudée à une époque tardive. L'opération coûterait quelques millions, bien insignifiants en comparaison de la plus-value immense que donnent aux récoltes les pluies printanières. A quand la création de la *Compagnie d'assurances contre la sécheresse?*

Dans l'intérêt de ses actionnaires elle fera bien, par exemple, de s'en tenir aux explosifs et de ne pas songer à provoquer la débâcle par la chaleur. L'énergie nécessaire à la fonte des glaces est, en effet, énorme. Considérons seulement une portion de la banquise d'un kilomètre carré de surface sur 20 mètres de hauteur ; elle represente 20 millions de mètres cubes ou 18 millions de tonnes de glace. La fusion d'une pareille masse exigerait 1 400 milliards de grandes calories, c'est-à-dire 150 000 tonnes de houille, soit 5 millions de francs, en supposant utilisée toute la chaleur produite.

LE DÉGLAÇAGE DES FLEUVES.

Avec des explosifs en quantité suffisante on ferait sauter la banquise ; il est plus aisé cependant, avec leur aide, de déglacer un fleuve. On connaît les inconvénients des embâcles qui se forment souvent à l'arrivée du dégel ; il se produit des barrages de glace amenant des inondations désastreuses.

Lors de l'hiver 1893-94, la Seine était complètement prise en plusieurs points de son cours, notamment entre Asnières et Neuilly, entre Bezons et Bougival. L'embâcle étant à craindre, on pratiqua au centre de l'épaisse couche de glace un chenal par lequel les glaces purent descendre librement au fil de l'eau.

Une équipe de sapeurs du génie, sous la direction d'un lieutenant, établit au milieu du fleuve une rigole, profonde de quelques centimètres, sur toute la longueur gelée ; puis, à mesure que le travail avançait, un cordeau détonant de mélinite entourée d'étain était placé dans la rigole.

Le sergent venait ensuite, qui disposait des pétards de méli nite, un par mètre ou tous les 2 mètres, suivant l'épaisseur de la glace, et les réunissait au cordeau auquel une amorce mettait le feu (*fig.* 104).

Fig. 104. — Placement des pétards pour le déglaçage de la Seine.

L'effet de l'explosion diffère suivant que les pétards ont été placés sur la glace ou en dessous. Dans le premier cas, la couche de glace est comme écrasée par un formidable coup de marteau ; dans le second, il y a éclatement et projection. Ces détonations eurent un autre résultat que celui de l'ouverture d'un chenal : le déplacement d'air qu'elles produisirent brisa quelques milliers de carreaux aux fenêtres des maisons de Bougival.

LES GLACES DE FOND.

Occupons-nous de la question si discutée des glaces de fond. Les rivières commencent-elles à geler par la surface ou par le fond de leur lit? La réponse n'est pas douteuse, penserez-vous.

A cause du maximum de densité, l'eau du fond est à 4°, tandis que celle de la surface, en contact avec l'air, se refroidit plus vite et se prend. C'est donc à la surface du fleuve que la glace doit se former d'abord.

Or, ce qui est vrai d'une manière incontestable pour les eaux tranquilles, lacs ou étangs, n'est pas aussi bien démontré pour les eaux courantes, dans lesquelles les couches liquides sont plus ou moins mélangées par les remous. L'observation montre bien que les glaces flottantes se forment pour la plupart à la surface des cours d'eau, mais il en provient aussi du fond qui contiennent parfois du gravier ou des cailloux. L'existence des glaces de fond est montrée par la vision directe à travers les eaux limpides ; elle est prouvée par le témoignage des pêcheurs et des bateliers qui les arrachent quelquefois avec leurs crocs ou leurs filets, par les récits de nombreuses personnes dignes de foi qui affirment avoir vu, de leurs propres yeux, des glaces se détacher du fond du lit et venir flotter à la surface.

D'après certains physiciens, quand la température du fleuve, par suite du mouvement des eaux, est à 0°, le liquide emprisonné entre les graviers du fond se trouve dans un état de repos favorable à sa congélation. D'abord retenu, soit parce qu'il est soudé à un corps fixe, soit parce qu'il contient dans sa masse du sable et du gravier, le glaçon monte à la surface quand son volume est assez grand pour que la poussée de l'eau puisse le soulever.

D'autres savants, sans nier les observations des pêcheurs et des promeneurs, n'admettent pas les glaces de fond. Un glaçon du bord de la rivière contenant une pierre enchâssée peut se détacher ; la pierre l'entraîne au fond du fleuve. Roulés dans le lit, il parvient, par des chocs successifs, à se débarrasser de sa pierre et on le voit sortir tout à coup du fond de l'eau, bien qu'il ait été formé à la surface.

VAPEURS ÉMISES PAR LES FLEUVES GELÉS.

Un phénomène assez curieux, observé à différentes reprises, à Paris même, est la production de vapeurs dans les espaces libres laissés entre les glaçons.

Pour que ces fumées soient visibles, il faut un froid très brusque ; la surface se prend, tandis que le fond est à $+$ 3 ou 4°. Un remous contre un obstacle peut faire passer les eaux inférieures à la surface ; en contact avec de l'air qui est à une température inférieure de 10 à 15° à la leur propre, les vapeurs qu'elles émettent se condensent aussitôt.

PARTICULARITÉS DE LA GELÉE DES LACS.

Les lacs n'ont jamais de glaces de fond, mais ils offrent aussi des particularités mal expliquées. Quand ils gèlent par un vent violent, leur surface présente souvent des cônes tronqués hauts de 2 mètres environ et creusés d'une grande excavation pareille à un cratère de volcan. La cause de ces formations est inconnue (*fig.* 105).

Par une prise rapide en temps calme, un lac se recouvre d'une lame glacée qui, très mince d'abord, s'épaissit par apposition successive de couches à sa face inférieure. Quand l'épaisseur de la glace est assez grande, les couches supérieures en contact avec l'air peuvent s'abaisser notablement au-dessous de zéro, tandis que les couches inférieures restent à zéro ou à peu près.

Dans le courant de la journée, il se produit des variations de température qui amènent des contractions et des dilatations alternatives de la glace. Pour une élévation de 1° du thermomètre, 1 kilomètre de glace se dilate de 5 centimètres. C'est peu de chose, mais pendant la nuit il se produit des fissures entre-croisées qui partagent la glace en radeaux séparés ; l'eau comprise entre les fissures gèle bientôt, formant un coussinet de glace transparente de nouvelle formation. Au soleil, la glace se dilate, les radeaux se refoulent, se soulèvent, se gondolent ;

l'effet est surtout sensible aux bords du lac, où la surface glacée
est toute bouleversée.

LES PLACES LIBRES SUR LES LACS GELÉS.

Une question qui semble résolue est celle de la cause des
places libres ou à congélation tardive que l'on observe chaque

Fig. 105. — Cônes de glace et places libres sur la surface gelée d'un lac.

année sur les lacs et qui sont fort dangereuses pour les pati-
neurs. On a essayé de les expliquer par l'existence de sources
amenant à la surface des eaux relativement chaudes, par
des éruptions de gaz des marais, par l'action de courants
d'air, etc.

Mais toutes ces raisons tombent devant ce fait que les places libres ne sont pas toujours au même point. M. Forel, qui a fait de si belles études sur les lacs, pense qu'elles sont dues à la présence de bandes de canards et autres palmipèdes sauvages qui, par les mouvements continuels de leurs pattes et de leurs ailes, maintiennent l'eau en état d'agitation et empêchent la formation de la couche glacée.

Sitôt que le lac est pris dans son ensemble, ils reviennent toujours à la place où, dans la première nuit de la congélation, ils ont maintenu l'eau libre, et ils conservent cette masse d'eau vive jusqu'à ce qu'ils soient expulsés par une gelée assez violente pour dépasser leurs moyens de lutte contre la glace (*fig.* 105).

Le fait avait déjà été observé par Buffon pour les cygnes.

GIVRE ET VERGLAS.

Si, pendant une pluie fine, il règne à la surface du sol une température inférieure à zéro, la pluie se congèle en touchant la terre et couvre tous les objets d'un vernis *transparent* de glace, c'est le *verglas*. Mais le verglas peut être produit aussi par la condensation directe à l'état de glace, sans passer par l'état liquide, du brouillard ou de la vapeur d'eau de l'atmosphère : c'est alors le *givre*, qui forme une couche *spongieuse, opaque.*

Qu'il soit formé par la pluie ou par le brouillard, le verglas se dépose peu à peu sur les feuilles, autour des branches des arbres, et donne à ces derniers un aspect féerique. Ceux à feuilles caduques ont pour branches des flèches de verre ; les conifères ressemblent à des lustres de cristal. Spectacle admirable sans doute, mais désastreux, quand il se prolonge, pour le forestier et le cultivateur.

De très faibles rameaux sont enveloppés souvent d'une couche de glace de 2 à 3 centimètres de diamètre ; tous en portent un poids dix à quinze fois supérieur au leur. Que le vent s'élève et les branches se brisent sous leur écrasante parure (*fig.* 106; *3*).

Les dégâts ainsi causés aux vergers et aux forêts sont parfois considérables.

ROLE FERTILISATEUR DU GIVRE.

Heureusement, les choses ne vont pas toujours aussi loin et le givre, au lieu de nuire aux cultures, leur est profitable. Son

Fig. 106. — 1. Un palais de glace au Canada. — 2. Le givre sur une fenêtre. 3. Arbres couverts de givre.

rôle fertilisateur a été montré récemment. On sait que les combinaisons azotées formées dans l'air, soit par les phénomènes électriques, soit par la décomposition des matières organiques, sont ramenées sur le sol par les météores aqueux. Or, tandis que l'eau de pluie ne contient en moyenne que $1^{mgr},5$ d'azote par litre, l'eau provenant de la fusion du givre en renferme six à sept fois plus. La raison en est que le givre attaché aux branches présente à l'air, qui le baigne de toute part et se renouvelle sans cesse, une grande surface d'absorption.

DESSINS TRACÉS SUR LES VITRES PAR LA GELÉE.

A la ville comme aux champs, la gelée offre à l'observateur des spectacles gracieux. L'humidité que contient l'appartement se congèle par les grands froids, produisant des dessins capricieux, d'élégantes arabesques dont l'inégale épaisseur se traduit par une opacité variable (*fig.* 106 ; 2).

Souvent vagues et confus, ces dessins sont parfois d'une délicatesse incroyable, et l'œil, entraîné par l'imagination, y voit tout un paysage avec des ciels, des maisons, des arbres et des fleurs.

Ce n'est pas toujours un effet de l'imagination, semble-t-il. Certaines personnes ont cru remarquer que les figures formées par la gelée sur les vitres des grandes fenêtres de salon, quelconques depuis le plafond jusqu'à 30 centimètres environ du sol, prennent au-dessous une netteté parfaite et sont la copie exacte des ornements que porte le tapis. On a expliqué cette intéressante reproduction d'un dessin sur verre par l'intensité différente des radiations émises par les diverses couleurs dont le tapis est revêtu. Ce serait une véritable *thermographie*.

Comment fixer ces charmantes créations de la gelée ?

Plusieurs procédés ont été indiqués. En voici un bon :

On place horizontalement à l'air une lame de verre couverte d'une mince couche d'eau mélangée de minium. L'eau se prend et les particules de minium entraînées par les cristaux de glace forment des dessins. La fusion de la glace et l'évaporation de l'eau les laissent en place ; une couche de vernis les fixe.

Moins banale que le blanc de Meudon serait une couche de givre pour atténuer la transparence du verre tout en lui conservant une translucidité suffisante. Malheureusement sa grâce n'est égalée que par sa fragilité.

LA GIVRINE,

Un inventeur a eu l'idée de préparer une solution saline, la givrine, qui, répandue sur les vitres, reproduit, en s'évaporant, des dessins semblables à ceux de la gelée, mais plus persistants.

Comme le verre dépoli, elle arrête les regards des indiscrets, tout en laissant passer une lumière adoucie d'une blancheur éclatante.

Contemplé à distance, l'enduit se manifeste par un miroitement argenté ; il copie à merveille le moiré métallique. On en

Fig. 107. — La givrine. — 1. Aspect de la givrine sur des vitres. — 2. Détail des cristaux. — 3. Le flacon de givrine.

verse quelques gouttes sur un tampon de ouate et on frotte la vitre, au préalable bien nettoyée et surtout dégraissée. Celle-ci demeure d'abord claire, mais bientôt des centres de cristallisation se dessinent en blanc, allongeant leurs ramilles dentelées (*fig.* 107 ; *2*). Au bout d'un quart d'heure la fenêtre est toute blanche (*fig.* 107 ; *1*).

Pour faire disparaître ce givre artificiel, il suffit d'un lavage à l'eau vinaigrée. Pour le conserver, au contraire, on passe à sa surface une couche de vernis copal, comme celui dont on se sert pour protéger les peintures.

La givrine n'a pas eu tout le succès qu'elle méritait et le blanc de Meudon continue à déshonorer les vitres de plus d'une fenêtre.

DÉ QUEL COTÉ SE BRISE UN VASE DONT L'EAU SE CONGÈLE.

Moins gracieux, mais tout aussi étonnants sont les effets dus à l'augmentation de volume qu'éprouve l'eau en se solidifiant. Enfermée dans un vase, elle en détermine la rupture, même si ce vase est un projectile creux à parois très épaisses. Il peut parfois se produire une véritable explosion causée par l'expulsion soudaine de l'air contenu dans l'eau.

On a remarqué qu'au moment de la congélation de l'eau d'un vase placé, par un temps froid, près d'une fenêtre, *la projection des fragments a toujours lieu du côté opposé au jour*. Belle occasion à parier, n'est-ce pas, quand on le sait! L'eau se congèle d'abord du côté de la fenêtre, c'est-à-dire du froid, et refoule de l'autre côté l'air dissous ; cet air est violemment chassé et brise le vase lorsque le reste de l'eau se solidifie.

CONSTRUCTIONS EN GLACE.

La glace possède une résistance à l'écrasement qui est d'environ 40 kilogrammes par centimètre cube. Aussi, dans les pays froids, peut-on construire à sa surface une voie ferrée quand la gelée a rendu impossible la traversée d'un fleuve par un bac.

En Russie, au Canada, les habitants s'amusent, pendant leurs hivers si longs et si rigoureux, à construire des maisons, des palais de glace qui, la nuit, aux lumières, ont un aspect absolument féerique.

En 1883, les habitants de Montréal édifièrent un palais de 27 mètres de côté avec des murs verticaux de 22 mètres et une tour centrale de 30 mètres.

Les blocs de glace provenant du Saint-Laurent étaient mis en place ; de l'eau versée sur eux servait de mortier en se congelant (*fig*. 106 ; *1*).

Pendant l'hiver de 1896-97, les habitants de Québec ornèrent leur ville de curieuses constructions en glace : groupes historiques, statues gigantesques, scènes de genre d'exécution parfaite. Mais le clou fut une immense citadelle de glace élevée sur les anciennes fortifications. Elle mesurait 30 mètres de haut (*fig*. 108) et était construite en blocs de glace d'un mètre de long sur 75 centimètres de large.

Elle se composait d'une poterne flanquée de remparts avec une tour centrale à meurtrières, couronnée de mâchicoulis et de créneaux.

Sur la plate-forme un échafaudage supportait une puissante lampe électrique.

Le soir, l'étrange monument s'éclairait intérieurement et

Fig. 108. — Citadelle construite en blocs de glace, à Québec.

extérieurement de lueurs électriques et de feux de bengale. C'était superbe.

A la fin de l'hiver, la construction ne fut pas perdue; ses

fragments remplirent les bars et les restaurants ; les Canadiens burent leur palais de glace.

PRODUCTION ARTIFICIELLE DE LA GLACE.

Dans l'économie domestique la glace sert à conserver les substances alimentaires, à rafraîchir les boissons, à obtenir les préparations connues sous les noms de *glaces* et de *sorbets*.

Dans les pays chauds, l'usage des boissons glacées est immémorial. Les écrivains hébreux en font mention comme d'un raffinement particulier aux Perses, aux Égyptiens et aux Indiens.

Leurs procédés pour obtenir de la glace sous leur ciel brûlant se sont conservés jusqu'à nos jours malgré les progrès de la chimie et l'inven-

Fig. 109. — Fabrication nocturne de la glace dans les plaines du Bengale.

tion des machines frigorifiques. Ils sont fondés sur le froid produit par l'évaporation. Par les nuits d'été, on met de l'eau dans de grands bassins très larges et peu profonds exposés à l'air libre et soutenus à un mètre environ du sol par de la paille de maïs ou des bambous. Parfois même on se contente de remplir de petits godets posés sur le sol (*fig.* 109).

Quand le ciel est serein et l'air calme, le liquide se congèle, même quand la température ambiante reste à 10° au-dessus du zéro.

A notre époque la glace est une substance de consommation journalière ; Paris seul en absorbe chaque année plus de 30 000 tonnes. On conserve dans les glacières la glace des lacs et des étangs.

Grâce aux progrès des sciences physiques, la fabrication industrielle de la glace à bon marché est réalisée par la machine à chlorure de méthyle de Vincent, les appareils Carré à évaporation d'ammoniaque, et Pictet, à acide sulfureux ; elle revient à moins d'un centime le kilogramme.

Elle est à volonté transparente ou opaque, telle que celle des carafes frappées, suivant qu'on a enlevé ou non l'air dissous dans l'eau en la solidifiant plus ou moins rapidement.

L'usage de la glace et des boissons glacées est sans inconvénient quand il n'y a pas abus ; mais, prise sans modération, elle peut occasionner des accidents. Il faut aussi, à un autre point de vue, écarter la glace qui s'est formée à la surface des étangs souillés, les germes qu'elle contient subsistant encore à cette température.

LE CHAUFFAGE A LA GLACE.

Il y aurait encore beaucoup à dire sur les curiosités de la glace. Le regel, la plasticité, les sports d'hiver, mériteraient d'appeler notre attention, mais comme il faut se borner, nous signalerons simplement, pour terminer, le chauffage à la glace.

Disons bien vite qu'il ne s'agit pas de chauffer les habitations par ce moyen que préconisait jadis le naturaliste Lecoq. On se propose seulement d'arrêter l'abaissement du froid que subissent des plantes au point précis où l'eau se solidifie.

C'est cependant une sorte de chauffage, et un chauffage économique, puisque, en certaines circonstances, il peut dispenser de brûler du bois ou du charbon.

Supposons que l'on place, par un temps froid, de l'eau autour des plantes ou des serres qui les renferment. Cette eau se congèle en totalité ou en partie en restituant sa chaleur latente, à raison de 79 calories par kilogramme, empêchant ainsi, pour la nuit, la destruction des plantes.

« Notre prétention se réduit à cela, dit Lecoq ; nous ne voulons pas donner une température quelconque à nos serres avec de l'eau à zéro, nous voulons seulement empêcher la gelée d'y pénétrer. Nous croyons, en ce sens, rendre encore de grands services à l'agriculture et à l'économie rurale. »

Cette méthode n'a pas eu, pensons-nous, la sanction de l'expérience. Un bon point à qui l'essaiera !

CHAPITRE XV

LE CHAUFFAGE ET LA FUMÉE

Le premier mode de chauffage a consisté bien certainement à faire brûler du bois au centre même de l'habitation, percée en son toit d'un trou pour la sortie des produits de combustion. Peu de chaleur, beaucoup de fumée sont les moindres inconvénients de ce système que pratiquent encore les sauvages.

LA CHEMINÉE.

L'adjonction d'une cheminée, d'abord simple hotte surmontant le foyer, complétée plus tard par des chambranles et une tablette, fut un progrès énorme, puisque, du coup, la fumée fut à peu près supprimée dans l'appartement.

Gigantesques et brûlant en pure perte la majeure partie de leur combustible, elles furent améliorées à la fin du xviii° siècle par Rumford, qui diminua la profondeur du foyer, remplit les deux côtés par des parois obliques et abaissa le tablier, auquel il ajouta, en avant, un registre pour régler le tirage.

Malgré tous ces perfectionnements, la cheminée actuelle, excellente au point de vue hygiénique, est désastreuse au point de vue du rendement, car elle utilise à peine, quand on y brûle du bois, 5 à 6 p. 100 de la chaleur totale développée et 10 à 12 p. 100 avec la houille ou le coke dont le rayonnement est plus intense.

Depuis longtemps on a cherché à transformer les cheminées en calorifères à l'aide d'appareils dont nous décrirons trois types.

L'AÉRATEUR FONDET.

Dans le premier, ou *type fixe*, imaginé par Fondet, le fond de la cheminée est garni de tuyaux en métal présentant un grand développement de surface. Une prise d'air intérieure

— ou extérieure, ce qui vaut mieux pour la ventilation, — amène en ces tubes de l'air froid qui s'échauffe au contact de la flamme du foyer et sort de la pièce par des bouches de chaleur latérales.

L'inconvénient de ce système est d'exiger d'importants tra-

Fig. 110. — 1. Chenêts creux : « le Tropique ». — 2. Le thermophore.

vaux de maçonnerie pour son installation dans les cheminées déjà existantes.

Il y a une foule de modèles d'aérateurs, mais tous se rapprochent plus ou moins du type imaginé par Fondet.

LES CHENÊTS CHAUFFEURS.

Dans ces appareils, du *type mobile*, la prise d'air froid se fait dans la chambre même et par les chenêts qui sont creux.

Inventés en 1827 par Delaroche, perfectionnés en 1867 par Passy, ils consistent en chenêts ordinaires formant un tube rationnellement disposé, dans lequel l'air de la pièce entre par une extrémité pour ressortir par l'autre, après s'être chauffé au contact du métal.

Des prolongements formant garniture conduisent le courant ainsi obtenu sur les côtés de la cheminée ou le long des chambranles.

Dans un modèle récent, dit *le Tropique* (*fig.* 110 ; *1*), la cavité des chenêts aboutit dans une boîte verticale en fonte qui occupe le fond de la cheminée et porte à sa partie supérieure une tubulure recourbée, mobile, qui conduit l'air chaud dans la pièce.

LE THERMOPHORE.

Le *thermophore* de M. Pillet a l'avantage d'être aisément transportable, il pèse 2 kilog. et peut se poser sur la tablette d'une cheminée quelconque. Grâce à une tige de suspension, il s'y maintient en équilibre. Il se compose d'un tuyau en tôle trois fois recourbé sur lui-même. La partie inférieure prend, par sa branche d'entrée, l'air froid dans la chambre. Cet air s'échauffe et, par la colonne montante, s'échappe dans la salle (*fig.* 110 ; *2*). On peut placer plusieurs thermophores sur la même cheminée, la chaleur devient très grande. Quand on trouve qu'elle l'est trop, on les retire totalement ou partiellement.

LES POÊLES.

Tandis que la cheminée est à foyer découvert, le poêle a le sien à peu près fermé, entouré complètement par l'air de la pièce qui s'échauffe à son contact.

Le poêle est l'appareil de chauffage des pays froids ; il semble avoir été inventé en Allemagne pendant le moyen âge. Il utilise presque toute la chaleur développée par le combustible.

Les poêles présentent, au point de vue de l'hygiène, quelques inconvénients dont le principal est l'insuffisance de ventilation. De plus, ceux en fonte, lorsqu'ils sont rouges, dessèchent trop l'air et laissent dégager à travers leurs parois de l'oxyde de carbone. On diminue ces imperfections en entourant le poêle proprement dit d'une enveloppe en faïence ou en tôle qui laisse entre elle et l'appareil une couche d'air. Ce dernier, échauffé au contact du foyer, sort par des bouches de chaleur placées à la partie supérieure de l'appareil.

Les poêles dits *mobiles*, dont il existe des modèles d'une élégance incontestable, donnent tous, comme produits de combustion, de l'oxyde de carbone.

Fig. 111. — Un fourneau à gaz d'essence minérale.

Si ce gaz est éliminé par un bon tirage, il n'y a rien à dire; mais il suffit d'un refoulement, d'une fuite dans un tuyau pour les transformer en engins malfaisants pour ceux qui les emploient et parfois même pour les pauvres voisins qui n'en peuvent mais.

En dehors des poêles dans lesquels on brûle du coke et de la houille, on emploie beaucoup les *poêles à gaz*, d'un usage commode, les *poêles au pétrole* qui ne sont pas sans dangers, comme l'ont prouvé plusieurs accidents graves. On a songé aux *poêles à l'alcool*, mais il est prudent d'attendre que ce liquide baisse de prix (*fig.* 111).

Le gaz se prête à une combinaison très avantageuse : la distribution automatique de chauffage installée dans différents hôtels anglais (1).

LES CALORIFÈRES.

Pour chauffer une maison entière ou de vastes édifices, on emploie les calorifères, qui diffèrent des poêles proprement dits par leurs dimensions et aussi en ce qu'ils ne sont point placés dans l'enceinte même qu'il s'agit de chauffer. Il y en a trois systèmes.

Le *calorifère à air chaud*, connu déjà des Romains, em-

(1) Voir p. 45.

ployé pendant tout le moyen âge, disparut vers le xvᵉ siècle, mais on l'a fait revivre au commencement du xviᵉ. Un foyer, placé dans la cave, chauffe un tuyau contenant de l'air pris à l'extérieur. L'air échauffé s'élève et est conduit par des tuyaux s'ouvrant, par des bouches de chaleur, dans les différentes pièces.

Dans les *calorifères à eau chaude*, la chaleur est transportée hors du foyer dans tous les appartements par une circulation d'eau. La température qu'ils donnent est très uniforme, malgré les variations de l'intensité du feu qui chauffe la chaudière; cependant la rupture des tuyaux sous la pression de l'eau a donné lieu parfois à des accidents; l'eau bouillante inondant alors les pièces habitées.

Enfin le *calorifère à vapeur d'eau* transporte la chaleur au moyen de vapeur d'eau qui se produit dans la chaudière et va se condenser dans des vases placés dans les pièces à chauffer en produisant une grande quantité de chaleur. L'eau provenant de la condensation revient à la chaudière par des tuyaux.

Le calorifère à air chaud est d'un emploi très généralisé; cependant on le remplace volontiers, dans les constructions nouvelles, par le chauffage à la vapeur sous basse pression. Quant aux calorifères à eau chaude, ils sont surtout installés dans les serres.

LE CALORIFÈRE A FUMÉE DES CORÉENS.

Les Coréens, peuple jaune, mais pratique, ont inventé depuis longtemps, pour combattre les rigueurs de leurs hivers, des calorifères d'un genre spécial, les *calorifères à fumée*. Dans leurs habitations, les planchers sont creux et traversés par des carneaux, dont le réseau commence à un foyer placé sous un petit abri spécial et chauffé avec de la paille ou des broussailles. Ce feu sert à faire la cuisine de la famille; sa fumée passe dans le réseau des conduits et abandonne sa chaleur aux pièces sous lesquelles elle passe. Cette chaleur se conserve suffisamment entre les deux repas pour préserver les habitants du froid.

LE CHAUFFAGE DES VILLES PAR STATIONS CENTRALES.

Les calorifères, qu'ils soient à air, à eau, à vapeur ou même à fumée, ne chauffent que toutes les salles d'un édifice. Ne pourrait-on, à l'aide d'une usine centrale, fournir la chaleur à toute une ville, comme la Compagnie du gaz distribue le gaz à ses abonnés?

Le chauffage central des villes existe en Amérique. La vapeur produite dans l'usine est d'abord employée pour actionner des moteurs — on ne laisse rien perdre au pays des Yankees; — la vapeur d'échappement est utilisée pour le chauffage; les eaux de condensation servent pour la cuisine, les lavages, la fusion des neiges. Les abonnés peuvent utiliser la vapeur de novembre en mai; leur consommation est mesurée par des compteurs.

Les canalisations souterraines sont protégées par une double couche d'amiante et de papier et placées dans des tuyaux en bois.

La première installation de ce genre fut faite à Stockport, en 1878. Depuis, Springfield, Davenport, Harrisbourg, etc., ont suivi, et les sociétés établies donnent des bénéfices à leurs actionnaires.

Mais le chauffage rationnel; qui n'est réalisé que dans un petit nombre de maisons particulières, est le chauffage par rayonnement des parois, à l'aide d'une circulation d'air chaud dans l'épaisseur des murs, C'est la *maison à température constante*, l'idéal des hygiénistes.

LA CUISINE ÉLECTRIQUE.

Le principe du chauffage électrique est le suivant : on intercale dans un circuit l'ustensile de cuisine qui possède une forte résistance au courant sous forme d'un fil métallique fin présentant un grand nombre de spires en zigzags.

Le courant électrique porte à une haute température les corps qu'il traverse difficilement; ce qui est le cas pour les fils métalliques de faible section; le fil rougit alors, échauffe les corps voisins et l'air de la pièce.

C'est ce même phénomène que nous voyons se produire chaque soir dans les lampes électriques, et si la chaleur que donnent ces dernières est très faible, c'est que le filament est très court.

Les ustensiles de cuisine électrique sont déjà nombreux.

La *poêle à frire* de M. Crompton a son fond émaillé chauffé par un fil de cuivre en zigzag noyé dans l'émail.

Fig. 112. — Théière électrique et son support.

Pour utiliser l'ustensile, on met en contact les deux bouts du fil avec le circuit électrique : avec cette poêle on peut faire une omelette de six œufs en une minute et demie. Un *rhéostat* permet à volonté de régler la température suivant la marche de l'opération.

La *bouilloire électrique* pour cabinet de toilette, pour infusion de thé ou de tisane quelconque, est à double enveloppe ; entre les deux parois circule la spirale de fil fin W qui se raccorde à une canalisation électrique et s'échauffe au passage du courant. Elle est, en somme, aussi pratique dans les maisons où se distribue l'énergie électrique que la même bouilloire à gaz, dans celles qui ont une canalisation de gaz d'éclairage. Il existe deux modèles de supports pour cette bouilloire, l'un petit, destiné à être posé sur la table (fig. 112), l'autre plus haut reposant sur le sol (*fig.* 113).

Le *fourneau de cuisine électrique* d'un inventeur anglais, M. Schindler Jenny, comprend une rôtissoire et des plaques propres à chauffer soit une casserole, soit l'eau d'une bouilloire (*fig.* 114).

Fig. 113. — Autre support pour théière électrique.

Les plaques chauffantes sont des disques en terre réfractaire, dans lesquels est noyé un long et mince fil de platine roulé en spirale, relié par ses deux extrémités à un circuit électrique. Le fil transmet sa haute température à la brique, celle-ci agit comme régulateur de température, empêche la déperdition du calorique et, par l'intermédiaire d'une plaque de tôle, facilite sa transmission aux ustensiles de cuisine.

La rôtissoire est construite de même; mais, au lieu d'une plaque, c'est un gros tube de terre dans lequel on introduit la broche et la viande à rôtir, ou même un véritable four en terre réfractaire.

Malgré ses avantages incontestables, propreté, absence de produits de combustion, facilité de réglage, puisqu'il suffit de tourner un bouton, le chauffage est l'application de l'électricité la moins employée, et pour une seule raison : sa cherté.

Faire sa cuisine à l'électricité serait, à Paris, une fantaisie coûteuse.

Cependant, par suite d'obstacles apportés par l'administration aux modes de chauffage ordinaires, les cuisines de certains restaurants de l'Exposition de 1900 étaient installées à l'électricité d'une manière complète.

Au Canada, où les chutes d'eau sont nombreuses et l'électricité à bon compte, par suite, les cuisines électriques ne sont pas rares avec grils, fours, chaudières, où l'on fait cuire les aliments pour plusieurs centaines de personnes, notamment à l'hospice des Pères Carmélites, à 3 kilomètres des chutes du Niagara.

Fig. 115. — Fourneau électrique.

Il est bien regrettable que nous n'en soyons pas encore là. Les viandes grillées au gril électrique gardent tous leurs sucs et ont une saveur ignorée jusqu'ici.

LES PETITES APPLICATIONS DU CHAUFFAGE ÉLECTRIQUE.

Si la cuisine électrique entre péniblement dans la pratique courante, il n'en est pas de même de quelques petites applications pour lesquelles l'électricité, malgré son prix plus élevé, est sans rivale ; notamment pour faire chauffer les fers à friser, ceux à souder, ceux à repasser le linge.

Le chauffage électrique des fers à repasser présente bien des avantages : il y a économie de temps, puisqu'il ne faut pas à chaque minute aller changer le fer ; ce dernier demeure toujours à la même température, d'où meilleur travail ; enfin plus d'oxyde de carbone, plus de fumée dans l'atelier : l'hygiène y gagne.

Les seuls inconvénients sont le prix de revient de l'outil, qui est assez élevé, et la liaison du fer avec une paire de fils qui doivent le suivre dans tous ses mouvements et constituent une gêne pour l'ouvrière.

Une autre application intéressante du chauffage électrique a été faite sur certaines lignes de tramways aux États-Unis. Un courant emprunté aux conducteurs actionnant la voiture elle-même élevait la température de bouillottes ou de briques placées sous les pieds des voyageurs.

CHAUFFAGE ÉLECTRIQUE DES APPARTEMENTS.

C'est l'application de l'électricité la moins utilisée jusqu'ici

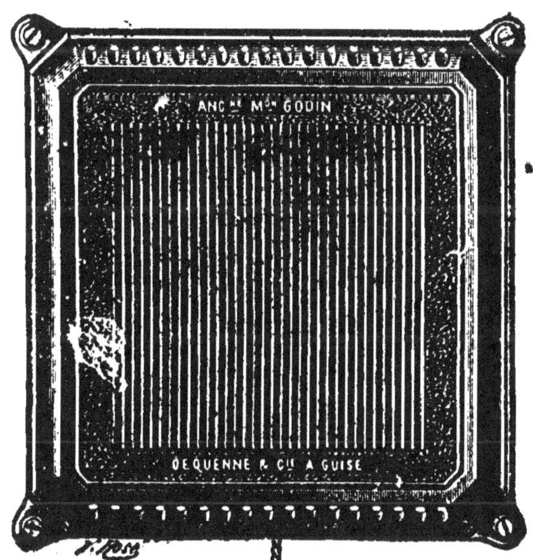

Fig. 115. — Chauffeuse murale électrique.

Elle se prête pourtant, en matière de chauffage d'appartement, à des combinaisons nouvelles.

Nous n'en voulons d'autres preuves que la *chauffeuse murale* établie par le *Familistère de Guise.* C'est une plaque métallique (*fig. 115*) pouvant se visser sur la partie inférieure d'un lambris, soit à distance, soit à même la paroi.

Si on l'établit à distance, elle permet à l'air de circuler sur les deux faces et de s'échauffer d'autant, mais elle détermine une saillie gênante pour la circulation dans la pièce.

Le principe de ces appareils est toujours le même. Un fil de maillechort très replié sert de résistance. Il est noyé dans un émail isolant appliqué lui-même sur une plaque de fonte. Cette dernière offre sur sa face visible des cannelure qui augmentent la puissance de rayonnement.

Fig. 116. — *1.* La bûche électrique de M. Le Roy. — *2.* Une cheminée avec bûches électriques. — *3.* Chauffeuse de manchon à l'acétate de soude. — *4.* Mise en place du petit appareil.

LA BUCHE ÉLECTRIQUE.

M. Le Roy a imaginé un nouveau mode de construction des résistances qui semble appelé à un bel avenir : c'est la *bûche électrique*, c'est-à-dire une baguette de silicium graphitoïde ou cristallisé d'environ 1 décimètre de longueur sur 10 millimètres de largeur et 5 d'épaisseur. Cette baguette est placée dans un tube en verre, dans l'intérieur duquel on a fait le vide, et réunie à ses extrémités à deux montures en cuivre (*fig.* 116; *1*).

En combinant plusieurs bûches électriques, on peut réaliser des appareils de chauffage : calorifères, bouillottes, cheminées (*fig.* 116; *2*).

LES ACCUMULATEURS DE CHALEUR.

Pour produire pendant assez longtemps une chaleur douce et continue, on peut avoir recours à des accumulateurs de chaleur dont le plus employé est l'*eau bouillante.* Le dégagement de chaleur latente qui se produit pendant la solidification d'un corps préalablement fondu a été aussi préconisé. C'est ainsi que Lecoq proposait, pour les serres, le *chauffage à la glace* (1).

Le *chauffage à l'acétate de soude* a eu plus de succès. Ce corps, qui subit la fusion aqueuse vers 59°, donne ensuite, en se solidifiant, quatre fois plus de chaleur qu'une chaufferette contenant un même poids d'eau bouillante. Il a été employé avec avantage dans les chaufferettes d'appartement et même dans les chaufferettes de manchons pour dames (*fig.* 116; *3* et *4*).

On préfère pourtant les *accumulateurs à la baryte hydratée*, substance qui, à poids égal à celui de l'acétate de soude, emmagasine une plus grande quantité de chaleur et a un point de fusion plus élevé. L'appareil contenant la baryte est plongé dans l'eau bouillante pendant un certain laps de temps, puis transporté à l'endroit où il doit être utilisé. Le contenu, qui est inaltérable et n'attaque pas le métal, n'a jamais besoin d'être renouvelé.

LE CHAUFFAGE AUX CAILLOUX.

Le *chauffage aux cailloux de rivière* est moins connu. Il peut cependant rendre des services dans les ambulances et les tentes des armées en campagne. Est-il utile de dire que les cailloux ne servent pas de combustible, mais uniquement

____

(1) Voir p. 189.

d'accumulateurs de chaleur, grâce à leur mauvaise conductibilité ?

On les chauffe dans un foyer à coke établi en plein air et, quand ils sont chauds, on les place sous la tente, qu'ils chauffent pendant plusieurs heures.

Ce mode de chauffage, absolument hygiénique, est souvent employé par les gens de la campagne, qui se servent volontiers d'une brique chauffée pour chaufferette.

LE THERMO-GÉNÉRATEUR OU APPAREIL DE CHAUFFAGE PAR LE FROTTEMENT.

Cet appareil, qui figura à l'Exposition de Paris de 1855, fut inventé par Beaumont et Mayer, perfectionné par Ernest Pelon. Il ne s'applique qu'aux industries possédant un moteur naturel, et surtout au chauffage des vagons de chemin de fer.

Il produit la chaleur par la friction d'un mandrin de bois qui tourne dans un cône métallique, et qui reçoit son mouvement des roues du vagon.

Un cylindre de tôle mince de 80 centimètres de haut sur 30 de diamètre est traversé par un tube légèrement conique, en cuivre, d'un diamètre moyen de 8 centimètres. Les deux extrémités du cône sont ouvertes et rivées à celles du cylindre.

On introduit dans le cône un mandrin de bois de forme semblable et revêtu d'une natte de chanvre qu'un filet d'huile lubréfie constamment. Ce mandrin porte à son gros bout une poulie de bois garnie d'une bande de cuir qui lui imprime un mouvement de rotation, qu'elle reçoit elle-même par la rotation d'une poulie semblable fixée sur l'essieu du vagon et tournant avec lui.

Le frottement du mandrin échauffe le cône de cuivre et, par suite, la masse d'air comprise entre ce dernier et le cylindre ; cet espace est divisé par une cloison en tôle qui s'enroule en spirale autour du cône ; un entonnoir mobile, dont le pavillon est tourné vers l'avant du convoi, introduit par en bas, dans l'une des extrémités du cylindre, l'air froid qui est forcé de suivre la cloison hélicoïdale, s'échauffe à son contact, s'échappe par le haut du cylindre et est conduit par un tube dans toutes les parties du vagon.

Malgré toutes les qualités attribuées à cet appareil par ses inventeurs; il a été laissé de côté après quelques essais.

On a proposé aussi de chauffer les appartements à l'aide de la chaleur développée par la compression instantanée de l'air, par les fermentations, etc. Plus pratique est le chauffage aux eaux thermales en usage dans quelques localités privilégiées.

LA FUMÉE.

En attendant l'emploi général du chauffage électrique ou du chauffage à gaz, le chauffage à la houille est toujours le plus employé; aussi des foyers, des usines, des cheminées des locomotives, des torrents de fumée s'échappent qui, dans les grandes villes, obscurcissent le ciel, vicient l'air, noircissent les habitations.

La fumée est composée principalement de vapeurs de goudron provenant de la distillation du charbon consommé et de particules solides de charbon non brûlé. Ce sont ces dernières qui retombent sur le sol, donnant la boue noirâtre des grands centres.

Dans les papeteries installées dans les régions manufacturières, le papier obtenu est, pour cette raison, parsemé de taches noires. Le seul remède est la filtration de l'air entrant dans la papeterie à travers une étoffe de trame très serrée. Plusieurs fabriques allemandes de papier sensible pour la photographie emploient déjà ce procédé et s'en trouvent bien.

Londres est la patrie du brouillard, mais c'est aussi celle des fumées intenses. Ces deux causes réunies font, qu'au point de vue de l'insolation, cette capitale est deux fois moins bien partagée que toutes les autres agglomérations du Royaume-Uni.

RAPPORTS ENTRE LA FUMÉE ET L'ÉLECTRICITÉ ATMOSPHÉRIQUE.

Les rapports entre les fumées et l'électricité atmosphérique sont également dignes de considération.

La foudre tombe souvent sur les hauts fourneaux, malgré la présence d'un paratonnerre, à cause de la fumée qui est bonne conductrice. — Les observations de plusieurs savants allemands ont montré que, dans les villes industrielles qui contiennent un grand nombre de foyers, il y a toujours un accroissement dans la fréquence des orages, du mardi au samedi, une diminution du samedi au dimanche.

Les variations de l'électricité atmosphérique semblent donc intimement liées aux quantités de fumée rejetées par les foyers.

LES FUMÉES ET LA VÉGÉTATION.

Un autre inconvénient plus grave encore est la présence, dans certaines houilles, de pyrites donnant en brûlant de l'anhydrite sulfureux. Les horticulteurs des environs de Newcastle ne peuvent obtenir de violettes colorées. Sous l'action décolorante du gaz, toutes celles qui fleurissent sont blanches.

On comprend aisément d'après cela quelle est l'influence nuisible, sur la végétation, des fumées des usines où l'on traite les minerais sulfurés. Le gaz sulfureux détruit la chlorophylle, tue les feuilles. Dans toutes les régions infectées, les fleurs donnent rarement des fruits, le foin est de mauvaise qualité; le bétail est accablé d'une toux fatigante; son œil est terne; il reste chétif et maigre.

MÉTHODE POUR APPRÉCIER L'INTENSITÉ DES FUMÉES.

Pour apprécier le degré d'intensité des fumées, les ingénieurs ont imaginé différentes méthodes. L'une des plus employées consiste à tracer, sur une feuille de papier blanc, des hachures à angle droit qu'on regarde à une distance de 20 mètres environ et dont on compare la teinte, d'apparence uniforme à cette distance, avec celle de la fumée.

On distingue six teintes : le zéro, entièrement blanc, *vapeur blanche transparente*; le n° 1, *gris léger*, est représenté sur le papier par des lignes noires de 1 millimètre espacées de 9 millimètres; le n° 2, *gris foncé*, par des lignes noires de $2^{mm},3$ espacées de $7^{mm},7$, etc., etc.

LA FUMIVORITÉ.

Il est bien, sans doute, d'apprécier l'intensité des fumées il serait mieux encore de les faire disparaître; malheureusement le problème est des plus complexes et, malgré le concours d'appareils fumivores organisé par la ville de Paris en 1898, il n'est pas encore résolu, bien qu'on soit arrivé à des résultats appréciables.

Indiquons rapidement différents moyens proposés.

Au premier rang est le lavage des fumées qui retient le goudron et les particules solides.

Voici, sommairement, comment fonctionne l'un des nombreux modèles adoptés pour cheminées d'usine :

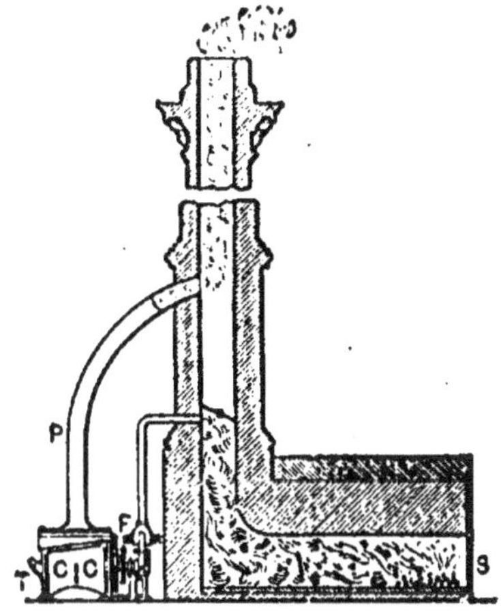

Fig. 117. — Un appareil fumivore.

La fumée qui vient du foyer S (*fig.* 117) est conduite par un tube, branché sur la cheminée, dans la chambre C, d'où elle s'échappe par de petites ouvertures pour aller barboter dans l'eau d'une grande cuve T. Les gaz sont ensuite conduits par le tuyau P dans la cheminée. L'écume noire qui résulte du passage perpétuel de la fumée dans l'eau est enlevée de temps à autre.

On a proposé encore l'emploi des houilles plus maigres, une meilleure distribution de l'air dans les foyers, enfin la transformation du charbon brut en combustible sans fumée par traitement préliminaire dans les cornues à gaz ou dans des fours à coke.

LA SUPPRESSION DES FUMÉES PAR L'ÉLECTRICITÉ STATIQUE.

On a songé aussi à condenser les fumées par l'électricité statique. Cette propriété a été découverte par deux savants anglais, MM. Clarke et Lodge.

De la fumée, obtenue en faisant brûler de l'amadou, de la paille hachée, du tabac et d'autres corps en dégageant en abondance, est produite dans un foyer situé dans un tube métallique qu'on peut adapter à la partie inférieure d'un cylindre de verre. Ce cylindre est supporté par un trépied (*fig.* 118; *1*).

La fumée reste là pendant des heures, mais si l'on produit entre les peignes d'une machine statique des décharges électriques à haute tension, l'air du vase devient presque aussitôt transparent.

Cette intéressante expérience n'a pas franchi l'enceinte du laboratoire.

L'UTILISATION DES FUMÉES.

Des esprits avisés ont songé que c'était une fortune qui s'en allait ainsi en fumée et qu'il serait sage de la retenir.

La *Compagnie du gaz des hauts fourneaux* d'Écosse fait passer les fumées dans plusieurs kilomètres de tuyaux de fer.

Fig. 118. — *1*. Condensation des fumées par l'électricité statique.
2. Le fumogène Brenot.

Elles se refroidissent, abandonnent du goudron, de l'ammoniaque dans les condensateurs.

Les résidus gazeux, consistant principalement en oxyde de carbone, servent comme combustible pour distiller les goudrons.

Dans d'autres usines on utilise les calories enfermées dans les fumées pour actionner des pompes, des machines soufflantes et autres moteurs auxiliaires, par exemple, la dynamo d'éclairage. Il vaut mieux s'éclairer par les fumées que s'asphyxier avec.

CE QUE LONDRES PERD PAR SES CHEMINÉES.

Un fervent ami de la statistique a fait le petit calcul suivant : On brûle annuellement à Londres 20 millions de tonnes de charbon pour le chauffage des habitants et les industries diverses (moins celle du gaz). Chaque tonne laisse échapper en brûlant assez d'ammoniaque pour produire, après traitement par l'acide sulfurique, de 12 à 18 kilogrammes de sulfate d'ammoniaque, soit plus de 20 000 tonnes par an, dont la valeur est de 4 800 000 francs. Le poids de goudron perdu est de 20 p. 100 du poids de la houille, soit 4 millions de tonnes représentant 20 millions de francs. Le total ne laisse pas que de surprendre.

LA FUMÉE CONTRE LES GELÉES NOCTURNES.

Une fumée abondante produite en pleine campagne, au printemps, quand la nuit s'annonce calme et sereine, peut empêcher les bourgeons et les fleurs d'être affectés par le froid.

La fumée rend l'air moins pur, diminue son rayonnement vers les espaces célestes et met ainsi obstacle à son refroidissement.

Cette pratique est courante depuis un temps immémorial. Les Romains la connaissaient ; les Indiens du Pérou se la transmettent depuis des siècles.

Aujourd'hui, dans la plupart des régions viticoles, la défense contre les gelées est organisée militairement. Les foyers consistant en goudron, en paille humide, etc., sont tout préparés ; un guetteur de nuit est averti par le tintement d'une sonnerie quand le thermomètre descend à + 1° et se tient prêt à allumer les foyers si la température s'abaisse encore.

LE FUMOGÈNE BRENOT.

Il nous faut dire aussi quelques mots d'une autre fumée qui trouble moins l'atmosphère que celle des usines, mais qui représente également un nombre de millions fort respectable : c'est celle du tabac.

Un appareil à recommander par la Société contre l'abus du tabac est le *fumogène* de M. Brenot. Il donne, sans danger, l'illusion de fumer. Il comprend trois flacons réunis par une tubulure à robinet. Dans l'un on met de l'ammoniaque, dans l'autre de l'acide chlorhydrique, corps qui, en présence l'un de l'autre, produisent une abondante fumée blanche. Le troisième, sur lequel est fixé le tuyau d'aspiration, contient de l'eau et sert de laveur (*fig.* 118 ; 2). On peut même y ajouter des substances médicamenteuses qui sont ainsi entraînées dans les voies respiratoires.

Guérir le malade en flattant sa manie, c'est l'idéal qu'atteint ce petit appareil. Il réalise par surcroît ce paradoxe apparent : produire de la fumée sans feu.

CHAPITRE XVI

L'ÉCLAIRAGE

L'homme primitif n'avait pour dissiper les ténèbres que la lueur de son foyer. Le premier qui s'avisa d'enflammer dans la nuit une branche d'arbre résineux, créa — sans grand frais d'imagination — l'éclairage artificiel.

L'invention des flambeaux de cire, de suif, celle des lampes à huile, nécessitant l'emploi d'une mèche (*fig.* 121 ; 2), exigea sans doute plus d'ingéniosité et constitua un progrès important.

Les nouveaux illuminants produisaient, en effet, beaucoup moins de fumée que la torche de résine. A quelle époque furent-ils imaginés ? Il est impossible de le savoir. La Bible nous parle déjà du chandelier à sept branches de Moïse et des lampes de Gédéon. Dans les stations lacustres on a trouvé des récipients en poterie que l'on suppose avoir servi de lampes aux hommes de ces âges lointains

LA LAMPE A HUILE.

La lampe demeura d'une simplicité toute primitive jusqu'au xviii° siècle. Elle consistait en une mèche ronde trempant dans l'huile qui montait par capillarité. L'invention des mèches plates par Léger en 1783 permit d'obtenir une combustion plus complète. Un second progrès fut l'addition d'un mécanisme propre à monter ou à baisser la mèche à volonté.

Les progrès allaient se succéder d'ailleurs avec une rapidité foudroyante. En 1784, le médecin genevois Argand substitua la mèche circulaire à la mèche plate et le bec à double courant au bec à courant unique. Le pharmacien Quinquet, son cousin — on n'est jamais trahi que par les siens ! — lui vola son invention à laquelle son nom fut donné (*fig.* 121 ; 3). Lange imagina la cheminée de verre.

La lampe d'Argand présentait un grave inconvénient : le réservoir à huile étant supérieur ou latéral, produisait toujours une ombre fort gênante. La lampe mécanique ou *lampe Carcel*, imaginée en 1803, fit disparaître cette imperfection. L'huile, placée dans un réservoir inférieur, est mise en mouvement par un mécanisme d'horlogerie qui la refoule dans un tube ascensionnel par l'intermédiaire d'une pompe foulante à double effet.

Ce rapide historique n'est-il pas des plus curieux ? Voilà un ustensile de première nécessité, la lampe, qui, pendant des siècles, reste rudimentaire, ne reçoit aucune modification et qui, en vingt ans, atteint son maximum de perfection — juste au moment d'ailleurs où il va disparaître, remplacé par la lampe à pétrole qui ignore tous ces mécanismes et se contente de la capillarité.

L'ÉCLAIRAGE AU PÉTROLE.

Connu de toute antiquité, le pétrole, ou *huile minérale naturelle*, n'était guère employé que comme vermifuge ou contre les engelures. Ce n'est qu'après sa découverte aux États-Unis qu'on commença à l'utiliser pour l'éclairage. L'usage ne s'en répandit en France que vers 1862 et bien lentement, à cause des dangers que présentait le maniement d'un liquide encore mal rectifié.

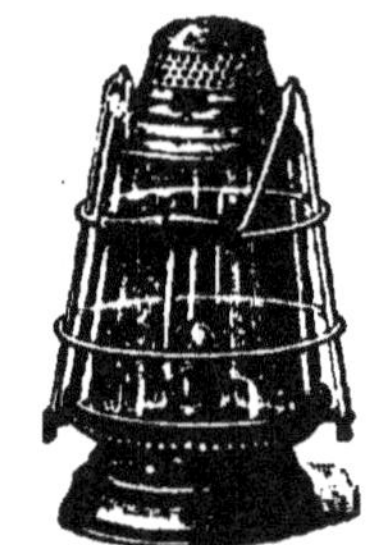

Fig. 119. — Une lanterne au pétrole.

Aujourd'hui, la consommation du pétrole pour l'éclairage seulement est énorme dans tous les pays du monde. On l'utilise dans les lampes d'appartement, pour les projections, les agrandissements photographiques. On emploie même des lanternes à pétrole (*fig.* 119) qui ont l'avantage d'éclairer sans dégager de fumée.

BECS A PÉTROLE ALIMENTÉS PAR CANALISATION.

Le bec Julhé que nous prendrons comme type est relié par une canalisation légère à un réservoir qui doit être placé à un mètre au moins au-dessus du bec et qui possède un indicateur de niveau et un filtre.

La canalisation est formée de tubes de cuivre aussi fins et aussi flexibles que les fils employés pour les canalisations électriques. Certains n'ont pas plus d'un millimètre de diamètre extérieur.

Le bec comprend une cuvette annulaire contenant une mèche inusable de 15 millimètres de hauteur, et supportée par des petits tubes qui amènent le pétrole au brûleur. L'arrivée de l'huile est réglée par un robinet qu'il suffit de visser ou de dévisser plus ou moins. Un bec ordinaire de deux *carcels* brûle environ 40 grammes à l'heure, soit un litre de pétrole en vingt heures. (Le *carcel* est l'intensité lumineuse équivalente à celle d'une bonne lampe carcel brûlant à l'heure 42 grammes d'huile de colza épurée.)

ÉCLAIRAGE INTENSIF DES RUES AU PÉTROLE.

L'éclairage public qui, de nos jours, constitue un service si important et si compliqué, n'apparut en France qu'au milieu du xviiᵉ siècle. Le lieutenant de police de La Reynie fit installer dans les rues de Paris, en 1667, des lanternes dans chacune desquelles brûlait une chandelle.

En 1744, après de nombreux essais, Bourgeois de Châteaublanc inventa la lanterne à huile à réflecteur ou *réverbère*, qui fut adoptée en 1769 pour l'éclairage public. Le lieutenant de police, de Sartine, fut si émerveillé de cet éclairage qu'il écrivit au roi dans son rapport : « *La lumière que donne ce réverbère ne permet pas de penser que l'on puisse jamais rien trouver de mieux.* »

Pauvre Sartine ! Que dirait-il s'il venait faire son tour de boulevard sur le coup de dix heures du soir ! Nous serions d'ailleurs peut-être tout aussi éblouis que lui s'il nous était donné de voir ce que sera l'éclairage dans un siècle.

Aucune science n'a fait plus de progrès depuis cent ans que celle de l'éclairage.

L'horrible chandelle de suif a disparu à peu près partout devant la bougie stéarique, de même origine, mais combien plus propre et plus brillante.

L'huile a été remplacée par le pétrole, le gaz et le courant électrique chez les particuliers et dans la rue.

D'autres modes d'éclairage dont nous nous faisons à peine une idée à l'heure actuelle seront employés au siècle prochain.

Mais revenons au pétrole et à son emploi pour l'éclairage public. En 1900 et 1901 des essais ont été faits, à Paris, avec la lampe Kitson, employée déjà depuis plusieurs années en Amérique, et qui donne un éclairage de premier ordre.

Elle repose sur le principe d'incandescence dont nous parlons plus loin. A la base du candélabre, analogue à tous ceux qu'on emploie pour l'éclairage au gaz, est le réservoir de pétrole muni d'une pompe à main permettant de comprimer l'air qui surmonte le pétrole jusqu'à la pression de 3 à 4 atmosphères qu'indique un manomètre.

Cet air fait monter le pétrole dans un tuyau qui alimente le bec, de plus il transporte des vapeurs de gazoline ou éther de pétrole, contenu dans un petit réservoir spécial, jusqu'à l'extrémité d'un tuyau où une étincelle électrique les enflamme. Le courant électrique est fourni par une batterie placée à la base du candélabre. La chaleur de combustion volatilise le pétrole qui arrive par le tube et s'enflamme à son tour, rendant incandescent un manchon Auer.

Cette lampe donne 96 carcels avec une consommation de 400 grammes de pétrole par heure. C'est un résultat tout à fait remarquable.

LE GAZÉIFICATEUR.

Cet appareil, employé pour l'éclairage de grands espaces en plein air, pour les travaux de nuit, utilise les huiles lourdes de pétrole.

Il comprend un réservoir en acier dans lequel, à l'aide d'une pompe à main et d'un tuyau, on introduit jusqu'aux deux tiers de la hauteur le combustible contenu dans un seau.

On détache alors le tuyau et l'on continue à pomper pour comprimer l'air à la partie

Fig. 190. — Le gazéificateur pour éclairer les travaux de nuit.

supérieure du réservoir et faire monter le liquide par un long tube vertical jusqu'au brûleur (*fig.* 121 ; 5). Ce dernier comprend un serpentin à paroi peu épaisse.

Pour la mise en train, on brûle pendant quelques minutes de l'alcool dans une coupe placée sous le serpentin, l'huile s'échauffe et donne des produits gazeux qui s'enflamment avec une forte lumière. L'appareil continue dès lors à fonctionner sans le secours de l'alcool. Le gazéificateur peut être monté sur un chariot. Il s'en fabrique de différentes grandeurs (*fig.* 120) suivant l'éclairage désiré. C'est un appareil très pratique, très peu fragile, fort économique, qui rend beaucoup de services.

LA LAMPE DES MINEURS.

La lampe des mineurs ou *lampe de sûreté*, imaginée par Davy, mais perfectionnée par une foule d'inventeurs, diffère, comme on sait, des lampes ordinaires, par la présence d'une toile métallique (*fig.* 121 ; 4) qui entoure la flamme. Cette dernière se trouve refroidie et les gaz qui passent à travers les mailles sont à une température insuffisante pour déterminer l'explosion du mélange d'air et de grisou que contiennent souvent les galeries de mine.

LA BOUGIE CHRONOMÈTRE.

Avant d'aborder l'éclairage au gaz, indiquons trois procédés intéressants en rapport avec l'éclairage ; l'un permet de transformer une bougie en un chronomètre : c'est l'heure donnée par l'éclairage ; le second permet de transformer un réveil ordinaire en allumoir : c'est l'éclairage donné par l'heure ; enfin nous indiquerons une méthode ultra-sensible permettant de comparer les intensités de deux sources lumineuses.

La bougie chronomètre (*fig.* 121 ; 1) n'a pas la prétention de faire concurrence aux horloges de précision.

Un tube creux de métal est fixé sur un pied massif qui assure sa stabilité. A sa partie supérieure, ce tube supporte un cadran de verre dépoli portant les divisions d'une horloge ordinaire.

Une aiguille indicatrice est montée sur l'axe d'une poulie actionnée par un fil métallique qui pénètre dans le tube par sa partie inférieure et vient se renouer à l'extrémité d'un ressort à boudin qui fait remonter une bougie à mesure qu'elle so consume et, par suite, qu'elle diminue de poids. Sa composition est telle qu'elle se raccourcit en une heure de la longueur voulue pour faire avancer l'aiguille d'une division.

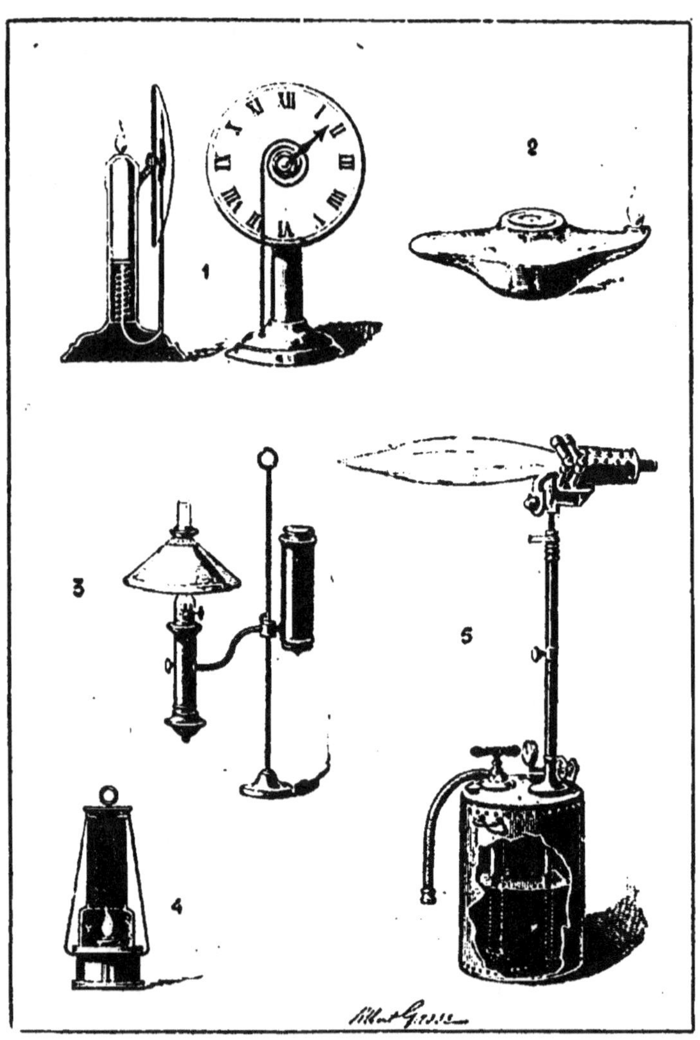

Fig. 121. — *1.* La bougie chronomètre. — *2.* Lampe antique. — *3.* Lampe quinquet. — *4.* Lampe Davy. — *5.* Gazéificateur.

Il suffit donc, le soir, de mettre la graduation du cadran à l'heure exacte en face de l'aiguille et l'on a une veilleuse horaire sans tic tac, notez-le bien, précieux avantage pour les gens nerveux qu'agace le moindre bruit.

Le seul inconvénient de ce petit appareil est d'exiger l'emploi de bougies spéciales.

L'ALLUMEUR HORAIRE.

Un réveille-matin est un ustensile commode, certes, mais qui le serait bien davantage s'il allumait, au moment où il sonne, la lampe du dormeur. Il lui éviterait ainsi la recherche à tâtons des allumettes et surtout, par la lumière produite, il achèverait le travail commencé par la sonnerie, celui de l'éveiller complètement.

On place le soir une allumette dans la petite tringle, que l'on voit dans notre gravure (*fig.* 122), au-dessus de la mèche, mais qui, avant le déclenchement, était relevée en A. De ce point elle s'est abaissée, en décrivant un quart de cercle ; l'allumette s'est enflammée dans la rotation. La tringle repousse le couvercle qui recouvre la mèche, imbibée d'essence minérale, mais dont l'odeur ne saurait se répandre dans la pièce à cause de ce même couvercle.

Fig. 122. — L'allumeur horaire.

Toutes les allumettes sont utilisables ; les allumettes amorphes sont à préférer, car elles sont moins mauvaises que les autres.

C'est un petit apprentissage à faire pour s'édifier sur la longueur à laisser pour que le bout allumé arrive à hauteur suffisante de la mèche.

Ce petit appareil, imaginé par M. Aubagne, forme une base sur laquelle le réveil est installé. Il suffit que le réveil possède un déclenchement extérieur pour qu'on puisse lui adapter l'allumeur horaire, dont le prix d'achat est aussi modique que possible.

UN PHOTOMÈTRE ULTRA-SENSIBLE.

Les photomètres sont des appareils destinés à comparer les intensités de deux sources lumineuses. Il en existe une foule de modèles ; aucun n'est plus simple et plus sensible qu'un jeune pied d'une plante commune, la *vesce cultivée*.

Sa tige est fortement attirée vers la lumière. On met à profit ce *phototropisme*.

On place sur une table le pied de vesce et, à un mètre de distance de sa tige, les deux lampes dont on veut comparer les pouvoirs éclairants. Au bout d'une demi-heure, la tige penche

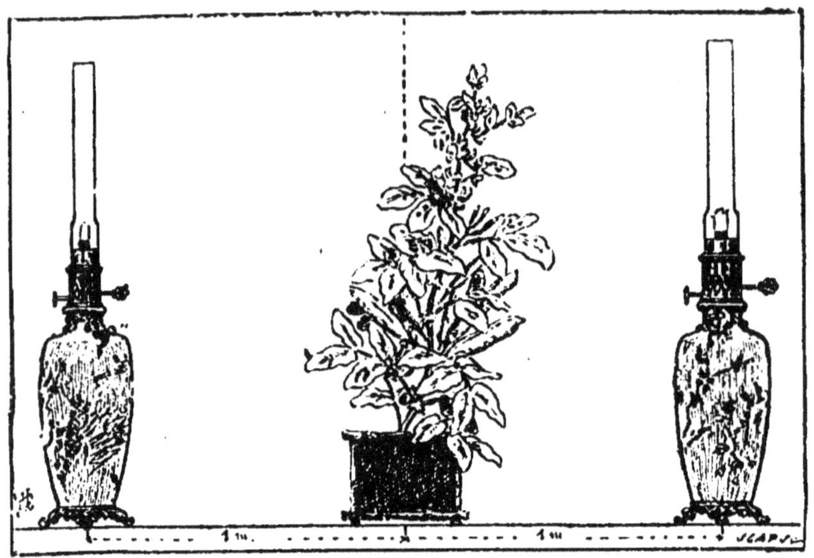

Fig. 123. — Une plante servant de photomètre.

vers l'une des deux sources, c'est la plus intense, et la quantité dont elle penche peut permettre d'évaluer approximativement leur différence d'intensité (*fig*. 123).

L'ÉCLAIRAGE AU GAZ.

Au début du xixᵉ siècle, Philippe Lebon songe à utiliser le gaz extrait de la houille. L'histoire de cette invention est trop connue pour que nous la donnions à nos lecteurs.

Le gaz d'éclairage, après avoir fourni une brillante carrière, était absolument maître de la situation en 1880 quand, en 1881, l'Exposition internationale d'électricité de Paris montra tous les avantages et toute la séduction de l'éclairage électrique.

Le coup qui fut porté au gaz était si rude qu'on crut qu'il allait en mourir. Il parvint cependant à se maintenir, en dépit des prophètes de malheur, grâce à son prix moins élevé et aux progrès considérables qu'il a su faire.

Le *bec à trois trous* d'abord employé donnait une flamme longue et instable peu éclairante ; le *bec papillon* (*fig*. 124) éclairait mieux. Il fut remplacé pourtant par le *bec Manchester* (*fig*. 125), puis par le *bec Bengel*, consistant en une couronne de porcelaine percée de petits trous.

Tessié du Motay, en 1872, essaya d'augmenter la température de la flamme et, par suite, son pouvoir éclairant en se servant d'oygène pour brûler le gaz, mais les difficultés résultant d'une double canalisation et du prix élevé de l'oxygène firent renoncer à ce système.

A partir de 1881, devant la menace de l'électricité, les gaziers visèrent trois objectifs : 1° fournir beaucoup de lumière, 2° de la belle lumière, 3° réduire la consommation du gaz pour une intensité donnée.

Ce furent d'abord les becs intensifs qui brûlaient 107 litres à l'heure pour une intensité d'un carcel et donnaient 13 carcels,

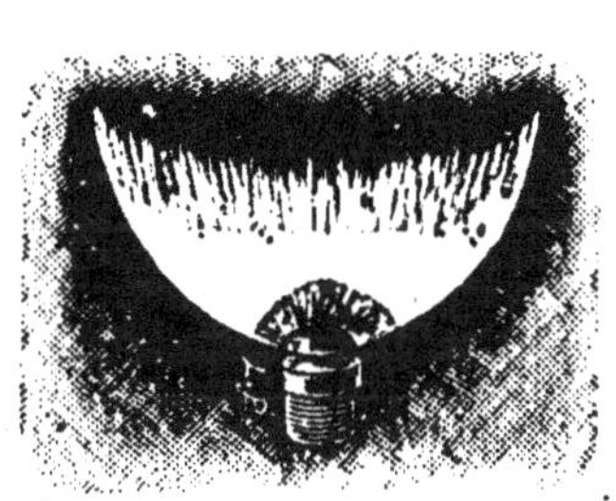

Fig. 124. — Bec papillon ordinaire.

Fig. 125. — Bec Manchester.

tandis que le bec ordinaire jusqu'alors employé avait une valeur lumineuse d'un carcel pour laquelle il consommait 127 litres à l'heure.

En 1880, Siemens imagine son système à récupération dans lequel la chaleur du bec, jusqu'alors perdue, chauffe l'air et le gaz avant leur arrivée dans la flamme; la combustion ayant lieu à température élevée, le pouvoir éclairant augmente.

Avec seulement 50 litres à l'heure, le bec Siemens donnait un carcel.

Il fut remplacé par les lampes Sugg, Wenham, Lebrun, Champion, etc., où la consommation oscille de 20 à 40 litres de gaz par heure et par carcel suivant la puissance du modèle; les plus gros donnant, bien entendu, la moindre consommation proportionnelle. Mais le sauvetage, tout au moins momentané, de l'industrie du gaz est dû à l'incandescence.

L'INCANDESCENCE.

Une flamme n'est éclairante qu'autant qu'elle contient des particules solides incandescentes. La flamme de l'hydrogène n'est si pâle que parce qu'elle n'en contient pas ; mais elle est

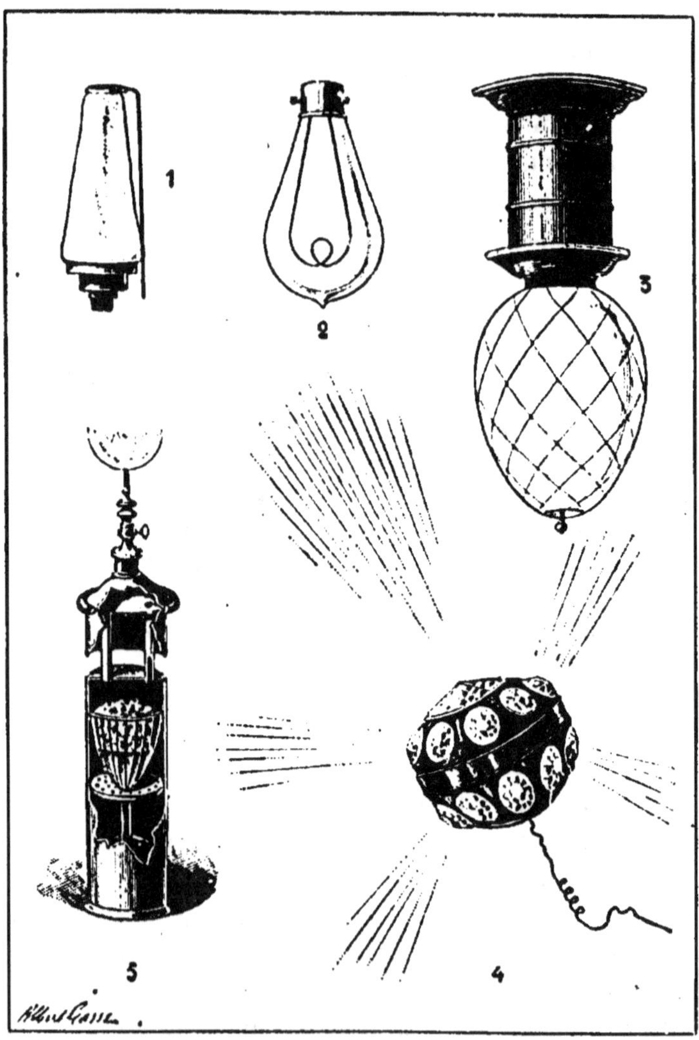

Fig. 126. — 1. Bec Auer. — 2. Lampe à incandescence. — 3. Lampe à arc.
4. Bijou lumineux Trouvé. — 5. Lampe à acétylène Létang.

très chaude et si on la fait arriver sur un bâton de chaux, elle le porte au rouge blanc, donnant une lumière d'une blancheur et d'un éclat incomparables.

C'est le principe de la lumière Drummond, utilisée pour

éclairer les appareils de projection de grande puissance à l'aide d'un mélange d'hydrogène et d'oxygène qui vient brûler contre un bâton de chaux (*lumière oxhydrique*).

Clamond, en 1884, appliqua ce principe à l'éclairage au gaz. Il imaginait un brûleur dans lequel une petite corbeille de magnésie était portée au rouge blanc par la flamme chaude du gaz.

En 1885, le Dr Auer von Wiesbach, de Vienne, fait connaître pour le même usage son manchon conique incombustible (*fig.* 126 ; *1*), qui donne une belle lumière blanche et réduit, du coup, la consommation du gaz au chiffre de 15 à 20 litres par carcel-heure.

Ce manchon est en un tissu de coton que l'on a plongé dans une solution de sels des terres rares. La flamme du gaz — aussi bien celle de l'alcool ou du pétrole — brûle le coton au premier allumage et il reste un fin squelette d'oxydes métalliques qui, fortement chauffé, devient incandescent, donnant une lumière très éclairante.

Les terres rares sont des oxydes des métaux de la famille du cérium : lanthane, erbium, yttrium, dydime, thorium, niobium, zirconium, etc., qu'on trouve toujours associés, en Norvège, dans les parois de certains filons.

Leur prix est encore assez élevé, surtout en raison du traitement long et pénible qu'exige leur extraction.

On arrive, par des dosages raisonnés de ces divers oxydes, à obtenir des lumières violettes, vertes, jaunes, blanches, etc., d'une grande pureté et d'un éclat remarquable.

Dans la pratique courante les fabricants de manchons s'attachent à obtenir une lumière très blanche.

L'ÉCLAIRAGE DES FERMES AVEC LES GAZ PERDUS DU FUMIER.

Ce mode d'éclairage a été proposé par le Dr Calmette, bien connu par ses travaux de microbiologie et par ses études sur les sérums.

Une tonne de fumier produit, en fermentant, des quantités considérables d'acide carbonique, d'ammoniaque et de carbures d'hydrogène.

Ces derniers brûlent avec une flamme éclairante. On pourrait recueillir tous ces gaz à l'aide d'une cloche recouvrant le fumier et munie d'un tube abducteur qui les conduirait dans un récipient laveur, puis sous un gazomètre d'où ils pourraient être distribués par un tuyautage dans toute la ferme.

Si on a eu soin d'aciduler l'eau du récipient laveur, on retient les sels ammoniacaux qui sont un engrais précieux.

L'ÉCLAIRAGE ÉLECTRIQUE.

En 1813, Humphry Davy trouve l'arc voltaïque (*fig.* 126 ; *3*) ; en 1882, Edison imagine sa gracieuse petite lampe à incandescence (*fig.* 126 ; *2*) ; telles sont les grandes dates de l'éclairage électrique.

L'éclairage électrique par incandescence ou par arc voltaïque présente comme avantages son grand pouvoir éclairant, l'absence de produits de combustion et d'échauffement de l'air, l'allumage instantané dans tout un édifice ou dans une ville entière.

Pour les fêtes de nuit, les réclames lumineuses, la lampe à incandescence n'a pas de rivale. Elle prend toutes les formes et toutes les tailles, revêt toutes les couleurs. C'est une féerie.

LES BIJOUX LUMINEUX.

M. Trouvé a imaginé des bijoux lumineux qui ont eu un succès assez vif (*fig.* 126 ; *1*). Ils sont formés de lentilles de verres rouges et blancs à facettes imitant des rubis et des diamants. Dans l'intérieur est une petite lampe à incandescence actionnée par une pile de poche contenant trois couples charbon-zinc plongés dans le bichromate de potasse. Le tout, enfermé dans une auge en ébonite hermétiquement close, pèse 300 grammes. Le bijou, qui consiste en une épingle à cheveux, un diadème, etc., peut rester lumineux pendant environ une demi-heure pour une pile de la puissance indiquée.

LES FLEURS LUMINEUSES.

Ce sont les gracieuses sœurs des bijoux lumineux. Elles ont brillé pour la première fois en public, à la représentation de gala offerte le 18 octobre 1893 aux officiers de l'escadre russe.

Ce sont de gigantesques fleurs artificielles, en tarlatane de soie gommée et vernie. Au centre de chacune des fleurs se dissimule une lampe à incandescence qui éclaire les corolles par transparence (*fig.* 127).

Ce décor a été utilisé depuis dans bien des fêtes ; il est tellement gracieux qu'il ne deviendra jamais banal.

On peut le varier d'ailleurs de bien des façons.

Fig. 127. — Roses électriques.

LA DACTYLOGRAPHIE LUMINEUSE.

C'est la plus intéressante application de la lampe à incandescence à la réclame ; elle permet d'écrire en lettres de feu tous les mots possibles avec une grande rapidité.

Sur le mur qui sert d'affiche sont placés des rectangles tous semblables, séparés les uns des autres par un léger intervalle, et formés chacun de nombreuses lampes à incandescence.

Sur un même rectangle, *suivant les lampes qu'on allume*, on peut faire apparaître successivement toutes les lettres de l'alphabet et, avec tous les rectangles, combinés, des phrases quelconques, sous cette réserve qu'elles devront comporter un peu moins de lettres qu'il n'y a de rectangles, à cause de l'intervalle à laisser entre les mots.

Pour opérer rapidement, on relie le fil qui fournit le courant de chaque lampe à la touche d'un clavier ; chaque touche porte le numéro de la lampe à laquelle elle correspond.

Installée devant son clavier comme devant une machine à écrire, une seule personne se charge de l'allumage et fait apparaître successivement toutes les phrases dont elle a sous les yeux une copie.

LA CANNE A LUMIÈRE ÉLECTRIQUE.

C'est une application utilitaire des bijoux électriques de M. Trouvé.

La tige est creuse de manière à former le réservoir du liquide excitateur d'une pile au bichromate de potasse. Pour avoir de la lumière, il suffit de renverser la tige, de manière que le pommeau se trouve en bas. Ce dernier est en verre épais taillé

Fig. 128. — La canne électrique, son entretien, ses usages.

à facettes, et dans son intérieur se dissimule une lampe à incandescence. Au moment même où le liquide arrive en contact avec les électrodes, la lampe s'illumine. L'éclairage peut durer une heure sans renouvellement du liquide.

Pour changer les bâtons de zinc enfermés dans un alvéole spécial, on dévisse la pomme et, pour changer le liquide, le bout métallique opposé à la pomme. On enlève un bouchon de caoutchouc qui obture le tube intérieur ; on remplit du liquide excitateur une petite mesure fournie par la canne; on verse dans le tube, on replace le bouchon et on revisse le bout métallique (*fig.* 128).

La forme et les usages de cette canne, inventée par M. de Horvath, sont suffisamment montrés par la gravure.

L'ÉCLAIRAGE A L'ACÉTYLÈNE.

Le carbure d'hydrogène, entrevu par Ed. Davy, en 1836, étudié, en 1860, par Berthelot qui signala son grand pouvoir éclairant, n'entra dans le domaine de la pratique qu'après la préparation du carbure de calcium, par Moissan, en 1892, à l'aide du four électrique. C'est un des collaborateurs de cet illustre chimiste, M. Bullier, qui dota l'industrie d'un procédé pratique de fabrication de ce corps qui, au contact de l'eau, donne de l'acétylène et de la chaux.

L'emploi de l'acétylène pour l'éclairage a pris une grande extension malgré les quelques accidents qu'il a occasionnés à l'origine ; il exige les mêmes précautions que celui du gaz d'éclairage ; il produit comme lui l'asphyxie et forme avec l'air des mélanges détonants.

Le pouvoir éclairant de l'acétylène est de quinze à seize fois celui du gaz ordinaire et de cinq à six fois celui des becs Auer.

LES LAMPES A ACÉTYLÈNE.

Les lampes à acétylène présentent toutes le même inconvénient inhérent à leur nature : elles donnent un gaz humide et chaud qui encrasse le bec.

Il en existe un grand nombre de modèles. Nous en décrirons une seule, la *lampe Létang et Serpollet* (*fig* 126 ; 5). Elle utilise un carbure de calcium, qui, mélangé avec du glucose, est devenu insensible à l'action de l'humidité, a perdu son odeur désagréable et se décompose sans laisser de résidu solide au contact de l'eau.

Elle est fondée sur le même principe que le briquet à hydrogène de Gay-Lussac et se compose d'un réservoir cylindrique renflé vers le haut, d'une cloche surmontée de petits tubes qui amènent le gaz dans un filtre formé de fins débris de verre et muni d'un robinet porte-bec ; enfin d'un panier ajouré rempli de carbure et se fixant au rebord inférieur de la cloche.

En fermant le robinet, la lampe s'éteint et l'eau refoulée par le gaz n'est plus en contact avec le carbure.

LANTERNES A ACÉTYLÈNE.

Nous décrirons un modèle très employé par les bicyclistes aux États-Unis (*fig.* 129).

Le réservoir d'eau J (*fig.* 130) étant plein et la valve I ouverte, l'eau passe dans le tube F rempli de fibres d'amiante G à travers lesquelles elle se filtre, et pénètre dans le cylindre perforé B, saturant la fibre en contact avec le carbure de cal-

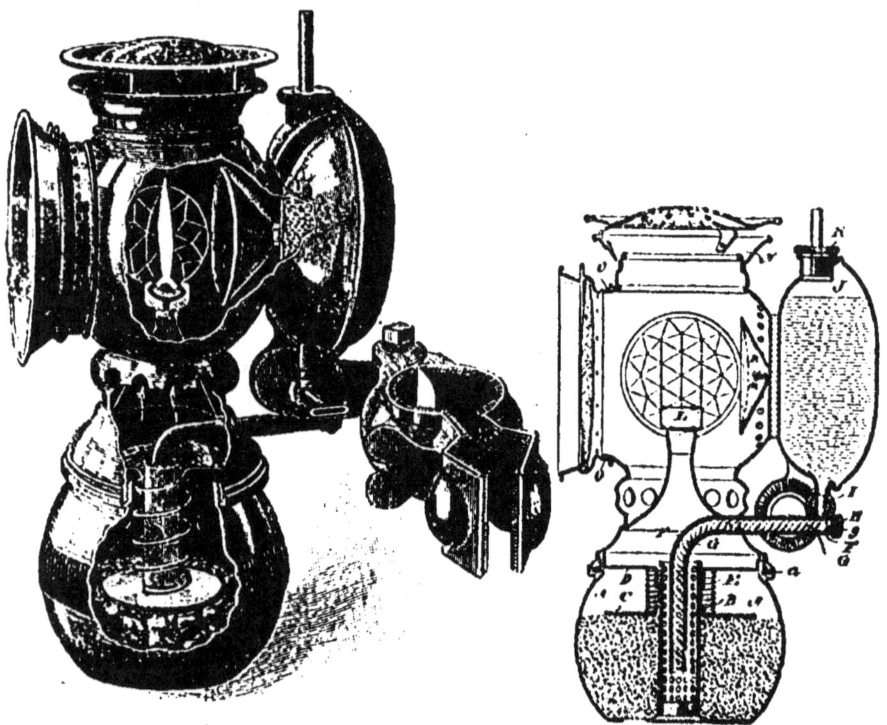

Fig. 129. — Lanterne pour bicyclette.

Fig. 130. — Coupe de la lanterne pour bicyclette.

cium dans le réservoir A. Il y a formation de gaz acétylène qui s'élève jusqu'au bec L et qu'on enflamme.

Si l'eau s'échappe en excès, il y a production abondante de gaz, et l'excès de pression de ce dernier se fait sentir jusque dans le tube à eau, l'écoulement cesse pour reprendre dès que la pression diminue.

L'alimentation est donc réglée automatiquement.

La flamme, en *queue de poisson*, est intense. Une forte lentille et un réflecteur envoient sa lumière en avant à une grande distance.

L'ÉCLAIRAGE A L'ALCOOL.

On cherche, depuis quelques années, à utiliser l'alcool pour l'éclairage.

S'il parvenait à remplacer le pétrole, ce serait un grand avantage pour notre pays, qui n'aurait plus besoin de payer un lourd tribut à la Russie et aux États-Unis. La plus grande partie de l'argent dépensé pour l'éclairage privé resterait en France et irait aux cultivateurs.

Une prime de 100000 francs a été offerte par le gouvernement à l'inventeur de la meilleure lampe à alcool pour usage domestique. Elle n'a pas encore été attribuée, malgré l'ingéniosité des modèles mis au jour.

Nous citerons l'un d'eux, celui de M. Engelfred, qui se compose d'une lampe ordinaire à alcool à récipient de verre muni d'un générateur de vapeur avec petite veilleuse allumée. Les vapeurs d'alcool sont enflammées et portent au rouge blanc un manchon à incandescence (*fig.* 131 ; *1*).

Ce bec peut se visser sur n'importe quel modèle muni du pas ordinaire des lampes de commerce.

Malgré toute cette agitation en faveur de l'alcool — qu'il vaudrait évidemment mieux brûler que boire — il est douteux qu'il remplace bientôt le pétrole comme matière éclairante.

Des expériences ont montré qu'à poids égal l'utilisation lumineuse de l'alcool n'est que les 6 dixièmes de celle du pétrole.

Dans les conditions économiques actuelles, étant donnés les droits sur l'alcool et l'imperfection des dénaturants, le pétrole est supérieur.

L'ÉCLAIRAGE DE L'AVENIR.

Malgré ses progrès rapides au cours du XIXᵉ siècle, la science de l'éclairage n'a pas encore créé la méthode idéale donnant, en même temps qu'une lumière suffisante et à bon marché, toutes les garanties aux points de vue de l'hygiène et de la sécurité.

Avec le gaz, le pétrole et l'acétylène, les dangers d'explosion et d'incendie sont toujours à craindre, l'air s'échauffe trop en salle close et les produits de combustion sont nuisibles.

L'éclairage électrique, plus favorable à l'hygiène, ne supprime pas complètement — contrairement à l'idée courante — les risques d'incendie. Sa lumière intense provoque chez beaucoup de ceux qui y sont constamment exposés un affaiblis-

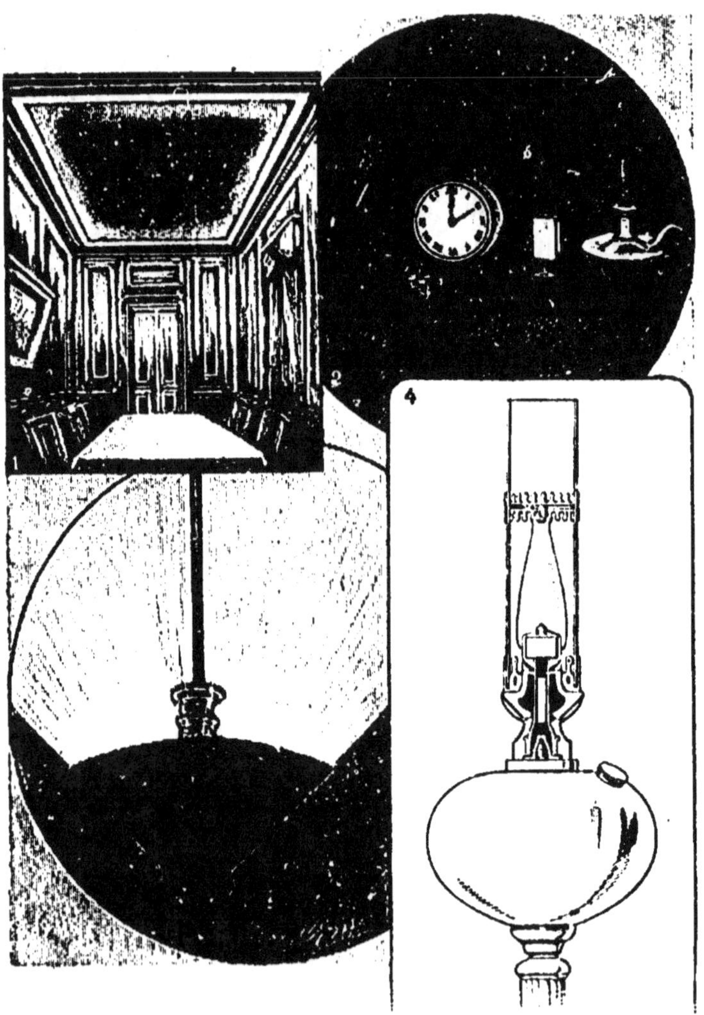

Fig. 131. — L'éclairage de l'avenir. — *1*. Éclairage Moore par la lumière froide. — *2*. Éclairage par phosphorescence. — *3*. Éclairage par réflexion. — *4*. Lampe à alcool à incandescence.

sement de l'ouïe, des insomnies, des troubles digestifs, parfois même la curieuse indisposition nommée *coup de soleil électrique.*

L'éclairage de l'avenir devra, pour être parfait, supprimer tous ces inconvénients.

L'ÉCLAIRAGE PAR RÉFLEXION.

Un perfectionnement à désirer au point de vue de l'hygiène de l'œil est l'éclairage par réflexion.

Il y a un siècle, Lavoisier recommandait déjà « d'éclairer les objets tout en dissimulant la lumière ». La méthode commence à entrer dans la pratique courante.

A l'école militaire de Saint-Cyr et dans plusieurs lycées les becs de gaz ou les lampes électriques sont placés au fond d'un abat-jour conique renversé en verre opale, faisant office de réflecteur vers le plafond (*fig.* 131 ; *3*).

L'éclairage ainsi obtenu est très régulier, très doux, ne fatigue pas les yeux, ne chauffe pas directement le crâne, enfin, et surtout, ne produit pas d'ombres gênantes.

Les Américains ont fait mieux encore. La bibliothèque de l'Université de Columbia est éclairée par une « lune artificielle ». C'est, pendue au plafond, une grosse boule blanche sur laquelle on projette les rayons de quatre puissants réflecteurs dissimulés dans le cintre. La boule prend l'aspect de la pleine lune, mais ne donne pas plus de clarté que cette dernière : c'est dire qu'on est obligé de renforcer cette poétique lumière par celle, plus prosaïque mais plus puissante, des lampes à incandescence.

LA LUMIÈRE FROIDE.

La lumière idéale, comme hygiène et économie d'énergie, est la *lumière froide*. Ce sera celle du xxe siècle.

Un Américain, M. Moore, utilise pour l'éclairage les tubes de Geissler, simples jouets jusqu'ici. Ce sont des tubes de verre, contenant un gaz très raréfié et dans lesquels l'étincelle électrique de la bobine d'induction donne des lueurs variables suivant le gaz traversé.

M. Moore, en modifiant l'interrupteur de la bobine, a obtenu avec un grand nombre de ces tubes une lumière d'une grande douceur et assez intense pour éclairer une vaste salle (*fig.* 131 ; *1*).

La phosphorescence de certains minéraux — autre lumière froide — a été utilisée pour rendre lumineux de menus objets :

porte-allumettes, bougeoirs (*fig.* 131 ; 2), des enseignes, des tableaux, etc.

L'avenir est-il là ? Il est bien difficile de se prononcer.

LA LUMIÈRE VIVANTE.

Tout le monde, même le citadin le plus sédentaire, a vu le ver-luisant, femelle aptère du *lampyre* dont la lumière bleuâtre est un appel au mâle ailé. On connaît de nom les *lucioles* aux lueurs blanchâtres, les *photures*, les *pyrolampes* et surtout ce curieux *pyrophore noctiluque* du Mexique et des Antilles, dont les trois phares émettent une lumière jaune verdâtre si puissante qu'elle éclaire tous les objets contenus dans une chambre de moyenne grandeur.

Ce qu'on ignore, en général, c'est la grande extension du phénomène. Non seulement beaucoup d'insectes, sous la forme adulte ou larvaire, ou même à l'état d'œufs, sont phosphorescents, mais encore bien des myriapodes, quelques crustacés, des vers, des astéries, de nombreux mollusques parmi lesquels la *pholade dactyle*, qui creuse dans les galets du rivage des trous à contour régulier, des cœlentérés, comme les gorgones, les pennatules, des protozoaires, comme les *noctiluques*, dont les myriades produisent la phosphorescence de la mer.

On observe même des organes photogènes chez beaucoup de poissons des grands fonds : *malacosteus*, *photonectes*, *stomias*, etc..., dont l'aspect est des plus étranges. Ces animaux, pourvus d'yeux et vivant cependant dans un milieu absolument obscur, ont besoin de ces foyers lumineux pour éclairer leur marche et peut-être pour attirer leurs proies.

Toute cette lumière était restée sans emploi jusqu'ici par l'homme, sauf peut-être celle du *pyrophore noctiluque*, lorsque M. Raphaël Dubois, l'éminent professeur de l'Université de Lyon, eut l'idée d'utiliser, pour l'éclairage, la lumière produite par les *photobactéries* parasites des poissons et autres animaux marins. Ce sont ces algues microscopiques qui produisent les vives lueurs que laissent échapper, dans l'obscurité certains poissons de mer crus ou cuits et préparés pour la table, ou bien encore les débris de crevettes, répandus sur le sol d'un jardin.

Chose curieuse, les photobactéries attendent, pour briller, la mort de leur hôte.

Au *Palais de l'Optique*, de l'Exposition de 1900, on pouvait voir des ballons de verre lumineux grâce à des colonies de ces photobactéries cultivées sur gélatine, d'après une méthode imaginée par M. Raphaël Dubois.

A la lueur vert bleuâtre d'une douceur charmante qu'émettaient ces ballons, on pouvait très distinctement voir l'heure à sa montre.

Il y a loin de cette lumière à l'éclat de l'arc voltaïque, mais qui peut affirmer que l'on ne parviendra pas à exciter la luminosité de ces algues microscopiques ! La lumière vivante est peut-être la lumière de l'avenir.

CHAPITRE XVII

L'HABITATION

L'homme primitif a des armes en silex pour la chasse ; il n'a pas d'outils pour se construire une habitation et cherche un refuge dans les excavations naturelles.

Plus tard, sachant obtenir le bronze, puis le fer, il peut façonner le bois et la pierre. L'art de la construction naît ; tous les matériaux possibles y sont appliqués ; terre pétrie, bois, calcaire, grès, granit, lave, briques, etc.

D'une manière générale, on bâtit avec les matériaux qu'on se procure aisément. Près de Vermont, aux États-Unis, le sous-sol est formé presque entièrement de marbre ; tous les habitants, même les plus pauvres, ont des *maisons de marbre*. Dans certaines parties de la Chine, le kaolin abonde à tel point qu'on en fait des briques avec lesquelles on bâtit des *maisons de porcelaine*.

Sur le versant oriental des Andes, non loin du désert d'Atacama, le calcaire est rare, le sel gemme abonde ; les maisons sont en *sel gemme*. La fusion n'est pas à craindre, il pleut très rarement. Dans l'extrême nord, on bâtit parfois des *huttes en neige* dans lesquelles la chaleur se conserve fort bien (*fig.* 134 ; 2).

LES HABITATIONS AÉRIENNES.

Pour se préserver de l'humidité ou des inondations, des insectes, des reptiles... ou des hommes, beaucoup de peuples, sur des points très différents du globe, ont pris l'habitude d'établir des abris temporaires et même de véritables habitations dans les arbres.

Le Dr Nachtigal, dans son voyage au Baguirmi, en 1872, raconte qu'il vit des huttes aériennes édifiées sur de grands arbres, dans la forêt de Kimré.

Dans la Nouvelle-Guinée on rencontre un peu partout de ces huttes, reliées au plancher des vaches par des échelles grossiè-

Fig. 132. — Hutte aérienne de la Nouvelle-Guinée.

res en rotin ou en bambou qui sont soigneusement enlevées chaque soir (*fig.* 132).

Des constructions sur pilotis, au bord de la mer ou des lacs ou même sur la terre ferme, se rencontrent dans la Guinée britannique, sur les rives du Zambèze, sur celles du Mékong, au Cambodge.

LES MAISONS MONOLITHES.

Revenons dans nos pays tempérés. Suivant une formule plaisante bien connue, pour faire une maison on prend une portion de l'espace et l'on met des pierres autour ; sur les rives du Cher on fait parfois l'inverse. On prend une pierre et l'on

Fig. 133. — Les églises monolithes d'Abyssinie : L'église d'Ammanouël.

creuse un trou dedans, et quelle pierre ! une colline. Plusieurs villages sont creusés à même le tuffeau, calcaire tendre quoique assez résistant.

Dans les cantons de Montrichard et de Saint-Aignan, dans la vallée du Cher, la majeure partie de la population vit littéralement sous terre, même les gens aisés. Le type le plus parfait du village troglodytique est celui de Bourré, voisin de Montrichard.

Dans les faubourgs de Tours, à Luynes, à Langeais, sur les bords de la Loire, en Champagne, nombre de ces habitations abondent (*fig.* 134 ; *3*).

En Abyssinie, on compte près de cinq cents églises monolithes. Pour les édifier on a creusé des carrières et on a laissé, au milieu d'elles, un bloc que l'on a ensuite travaillé extérieurement, puis intérieurement (*fig.* 133).

Tantôt le bloc ne tient plus à la montagne que par sa base, tantôt il s'y rattache encore par l'un de ses côtés.

Une patience inouïe et une somme énorme d'efforts ont été nécessaires pour tailler entièrement au pic de pareils monuments.

LES MAISONS EN CIMENT.

Monolithe aussi la *maison en ciment* édifiée en 1830, par Lebrun, de Moissac, pour son usage personnel. On a proposé

Fig. 131. — *1*. Habitation dans une vieille barque retournée. — *2*. Une hutte d'Esquimaux. — *3*. Village creusé dans le calcaire.

d'appliquer ce système économique aux habitations ouvrières. On y viendra peut-être, surtout maintenant qu'on connaît le *ciment armé*, dont la résistance à l'écrasement est formidable.

En attendant, de grandes maisons de rapport, à six étages,

ont été élevées dans Paris, en 1900 en 1901, entièrement à l'aide du ciment armé, qui se prête encore plus facilement que la pierre à la décoration extérieure.

LES MAISONS MÉTALLIQUES.

Les *maisons métalliques*, formées d'une ossature en fer et d'un remplissage en tôle ondulée, sont démontables et transportables, mais la température y varie trop. Glacières en hiver, ce sont des étuves en été.

Avec les tôles d'acier embouties et galvanisées, à doubles parois séparées par une couche d'air de 15 à 20 centimètres, on supprime les grandes différences de température et on fait des constructions solides, précieuses pour les pays sujets aux tremblements de terre, pour les terrains peu résistants, pour l'établissement d'hôpitaux temporaires, etc.

On a fabriqué pour les mineurs du Klondyke des *maisons démontables en aluminium*, à montants en acier creux étiré. Elles pèsent 55 kilogrammes et ont une contenance totale de 25 mètres cubes.

UNE MAISON DÉMONTABLE.

D'ailleurs, un grand nombre d'inventeurs ont créé des types

Fig. 135. — Maison démontable à double paroi, système Durupt.

de maisons démontables. Celle du type Durupt, du nom de son inventeur, est à double paroi, l'intérieure en bois, l'extérieure en tôle ondulée galvanisée. Le vide qui sépare les deux parois est rempli par des matières sèches isolantes : sable, terre, sciure de bois, paille, aiguilles de pin, etc. Entre les deux parois de tôle du toit, on peut faire le même remplissage. Un plancher surélevé permet d'avoir une cave ou un sous-sol.

Sur le sable ou la terre, elle n'exige pas de fondation ; en terrain marécageux, il faut la monter sur pilotis. Le transport, le montage et le démontage de tous ces panneaux d'un poids relativement faible se font aisément.

Un chalet de 40 mètres carrés de superficie, comprenant trois chambres, deux terrasses, une cabine, tient dans deux vagons et peut être monté en six jours, sans le concours d'ouvriers spéciaux.

Quel agrément aux bains de mer, de pouvoir transporter avec soi sa maison (*fig.* 135) et de distribuer les pièces suivant son désir.

MAISONS DE VERRE ET MAISONS DE PAPIER.

Les *maisons de verre* et les *maisons en papier* sont en faveur de l'autre côté de l'Atlantique, sans doute à cause de l'originalité de leurs matériaux. Les premières ne sont pas construites avec des glaces, mais avec des briques de verre creuses qu'on peut colorer et décorer par moulage.

Quant aux secondes, elles sont solides, légères, chaudes en hiver, fraîches en été. Les panneaux de carton comprimé qui les forment sont recouverts d'un vernis qui permet un nettoyage à fond chaque jour. Un corps gras les préserve de l'humidité, des sels les rendent ininflammables et des antiseptiques empêchent les ravages des insectes et des microorganismes.

La maison démontable en tôle ondulée ou en carton comprimé remplace avec avantage, aux colonies, la tente du pasteur nomade et la roulotte du forain.

LE TRANSPORT DES MAISONS.

Pouvoir transporter sa maison ailleurs quand un site a cessé de plaire serait aussi l'idéal pour nous tous.

Grâce à l'habileté de nos ingénieurs et aux moyens mécaniques puissants dont ils disposent, ce rêve est en voie de

Fig. 136. — Transport d'une maison par chemin de fer,

réalisation ; les maisons cesseront bientôt d'être des « im-
meubles. »

C'est surtout en Amérique qu'on rencontre des « maisons qui marchent »; non pas des roulottes perfectionnées, mais de vénérables habitations en pierre de taille qu'on croyait pour toujours fixées au sol qui les avait vues naître. Une compagnie, dont la seule spécialité est le transport des maisons, a pu se former et prospérer aux États-Unis.

Vos voisins vous déplaisent-ils ? Êtes-vous mécontent de votre exposition ? Vous faites un signe aux *house mowers*. Pour une somme relativement peu importante, ils démolissent la base de la construction en remplaçant au fur et à mesure la maçonnerie par des madriers entre-croisés, puis, ceux-ci étant bien savonnés, on les fait glisser sur d'autres madriers solidement établis sur le sol; un cabestan et deux chevaux peuvent suffire à l'opération.

Un habitant de San Francisco a emmené sa demeure à trois lieues de la ville parmi la verdure.

Les citoyens de l'État de Nebraska ont fait mieux encore. Ayant choisi pour nouvelle capitale la ville d'Alliance, ils décidèrent d'y transporter le Palais du gouvernement; notez que de Hemingfort, l'ancien chef-lieu, à Alliance, on compte 30 kilomètres. Une compagnie de chemin de fer voulut bien accepter le « colis » qui avait 16 mètres de hauteur sur 15 de long et 12 de large. En trois heures, traîné par une seule locomotive, il était rendu à destination. Inutile d'ajouter que la voie ne comportait pas de tunnel (*fig.* 136).

En France, le transport des maisons n'est pas encore d'usage courant. Cependant, à la gare Saint-Lazare, on a transporté, à 53 mètres de distance, un hangar pesant 150 tonnes. On a déplacé tout d'une pièce l'école communale de la rue de Patay, etc.

LES MAISONS GÉANTES AUX ÉTATS-UNIS.

Des maisons que nul n'a songé encore à transporter sont les *sky-scraver* (littéralement, *qui gratte le ciel*) de Chicago ou de New-York.

Parmi les plus remarquables, — comme taille, non comme beauté, — on peut citer, à Chicago, l'*Auditorium*, hôtel de 10 étages avec une tour de 82 mètres de haut; le temple maçonnique de 92 mètres de hauteur. Il possède 21 étages desservis par 14 ascenseurs; il a coûté dix millions de francs et peut abriter à la fois 10 000 personnes. La plupart des étages sont réservés au commerce; le loyer le plus élevé est de 6 250 francs... par mois, le moins cher de 110 francs.

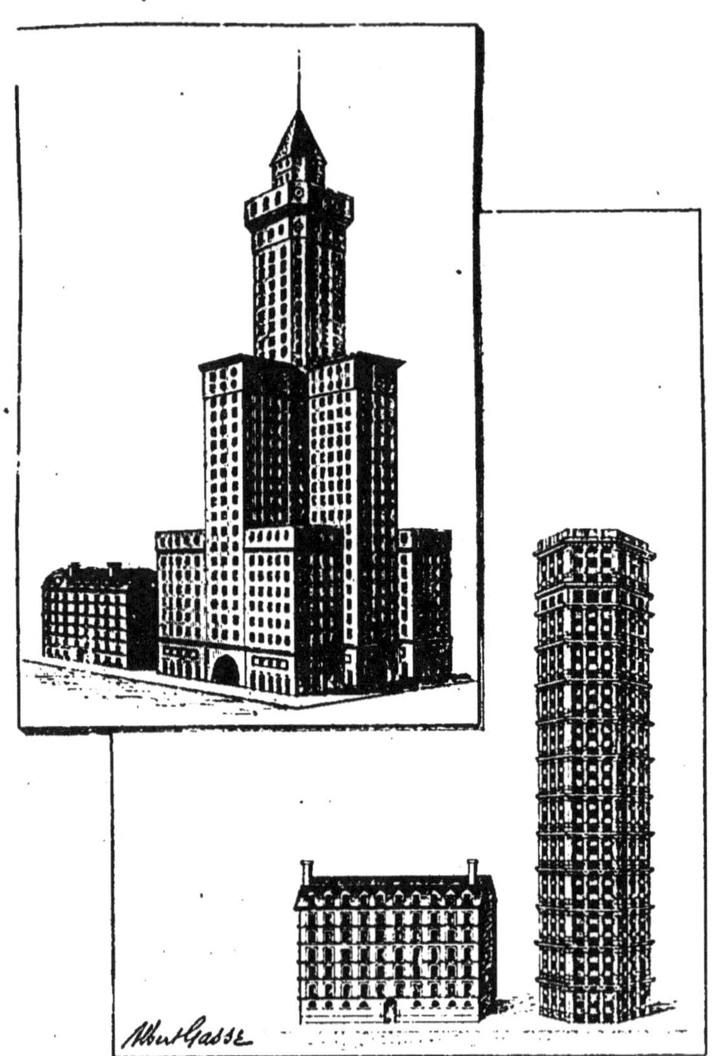

Fig. 137. — Maisons géantes. — 1. L'*Old fellows Building*. — 2. *St-Paul Building* à côté d'une maison à six étages.

New-York possède un grand nombre d'hôtels pour voyageurs à 10, 15 et 20 étages. Le *Saint-Paul Building* a 25 étages et 102 mètres de haut (*fig.* 137; *2*); une de nos maisons à 6 étages ferait maigre figure auprès d'elle comme à côté de la bizarre construction l'*Old fellows Building* (*fig.* 137; *1*).

Quelle est la raison de ces constructions gigantesques ? Tout simplement le prix exagéré du terrain qui, dans le quartier des affaires, à New-York, atteint jusqu'à 15000 francs le mètre carré. Un calcul simple montre au propriétaire qu'il lui faut tant d'étages pour payer les intérêts de la valeur du terrain, tant pour les dépenses de construction, tant pour amortir les frais d'exploitation. Son bénéfice lui est donné par la location de tous les étages en sus des premiers, aussi en fait-il le plus possible, car en l'air « le terrain » ne coûte rien.

Ces maisons, qui pèsent parfois plus de 50 000 tonnes, ont des fondations qui vont trouver le roc à 8 ou 10 mètres de profondeur ou qui s'appuient sur une forêt de pilotis. La construction comprend une carcasse en fonte d'acier très résistante, qu'on « habille » ensuite d'une « peau ».

Cette peau consiste, pour le rez-de-chaussée, en blocs épais de granit, pour les étages supérieurs en briques ou en grès. On peut commencer l'habillage par n'importe quel étage.

Ces édifices de 80 à 100 mètres de hauteur empêchent l'air et la lumière d'atteindre le sol; ils sont fort laids, anti-hygiéniques et présentent, comme une récente catastrophe l'a montré, de grands dangers en cas d'incendie. Aussi une réglementation vient-elle d'être prise, limitant leur hauteur. Dans les rues larges et sur les avenues, elle ne pourra excéder 61 mètres au-dessus du sol, ce qui est déjà fort raisonnable; les voies moins larges seront bordées de maisons ne dépassant pas 41 mètres.

LA MAISON HYGIÉNIQUE.

Pendant que les propriétaires américains rivalisent pour construire des maisons de rapport aux dimensions géantes, les médecins et les philanthropes poursuivent un beau rêve : la maison hygiénique.

Le Dr Van der Heyden a pu réaliser le sien, à Yokohama, au Japon. Les murs de sa *maison salubre* sont formés de deux panneaux de glace dépolie d'un centimètre d'épaisseur, distants l'un de l'autre de 10 centimètres. L'intervalle qui les sépare est rempli d'une solution concentrée d'alun. Le toit est formé de panneaux de verre recouverts de cendres, le tout surmonté d'une latte en bois noyée dans du ciment.

Pour entrer dans cette cage de verre, dépourvue de toute fenêtre, il faut descendre au sous-sol ; un escalier conduit à une porte qui laisse entrer le moins d'air possible quand on la franchit.

L'air nécessaire à la respiration des habitants arrive filtré par une couche d'ouate et un bain de glycérine.

La chaleur solaire ou, à son défaut, celle d'un petit poêle, suffit à déterminer le tirage. Les produits de la respiration sont retenus par des caisses filtrantes ; l'eau employée au lavage est débarrassée de tous germes avant sa sortie de la maison.

Une pareille cage, dans laquelle on est privé de la vue du ciel et de la verdure, ne ferait pas, malgré l'absence de microbes, le bonheur de beaucoup de gens. Son principal avantage est d'être à température constante.

LA MAISON A TEMPÉRATURE CONSTANTE.

M. Caron, il y a quelques années, a édifié à Chamonix (Haute-Savoie), par un procédé tout différent, une *maison à température constante* qui présente du moins l'avantage de laisser entrer l'air et la lumière.

Elle est formée — ou plutôt elle était — d'une charpente tubulaire dans laquelle on fait circuler, suivant la saison, de l'eau chaude ou de l'eau froide. Une double enveloppe de bois entoure ce squelette. Les murs sont donc toujours, si l'on règle bien l'arrivée de l'eau, à la même température.

Malheureusement, pendant l'hiver rigoureux qui suivit sa construction, l'eau s'étant congelée dans les tuyaux, le calorifère mit le feu au mur et détruisit cet intéressant édifice : décidément, la température constante, si désirée, n'est pas de ce monde !

CHAPITRE XVIII

LA LOCOMOTIVE

La voiture à vapeur fut imaginée en 1770 par le Français

Fig. 138. — Essai de la machine de Trevithick sur un chemin de fer circulaire, près du New-Road, à Londres, en 1808.

Cugnot ; il fallut trente-huit ans avant qu'on lui donnât son complément naturel, le rail.

LES ANCÊTRES DE LA LOCOMOTIVE ACTUELLE.

Trevithick, en 1808, fit courir, près de Londres, la première locomotive sur une voie circulaire de 200 mètres à la vitesse triomphale de 20 kilomètres à l'heure.

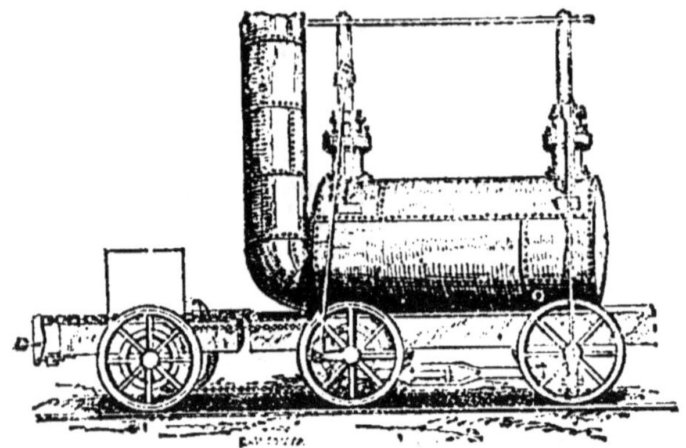

Fig. 139. — Locomotive de George Stephenson, en 1815.

Comme le montre une figure du temps (*fig.* 138), la locomotive ne remorquait qu'un seul vagon, sorte de calèche remplie de voyageurs.

Ne voyant pas l'avenir du nouveau moyen de transport, Trevithick démonta sa locomotive et l'utilisa comme moteur pour actionner une pompe.

En 1815, George Stephenson construisit une locomotive (*fig.* 139) dans laquelle l'échappement était gradué de manière à en diminuer le vacarme.

Fig. 140. — « Rocket » de George Stephenson.

En 1829, il lança dans le monde sa célèbre *Rocket* (*fig.* 140) qui, pour ses débuts, traîna avec une vitesse de 45 kilomètres une voiture chargée de trente passagers.

La puissance motrice développée par la vapeur actionnait une seule roue ; le soufflet des précédentes machines était remplacé par un appel d'air que provoquait un jet de vapeur lancé dans la cheminée. Enfin, la chaudière employée était la *chaudière tubulaire* imaginée par l'ingénieur français Seguin.

Que de progrès réalisés depuis cette époque en puissance et en vitesse ! (*fig.* 141.) Combien de milliers de locomotives parcourent le monde, véritables obus sur rails, traînant des légions de voyageurs, des montagnes de marchandises !

La *Rocket* pesait 4 tonnes et demie, eau et charbon compris ;

Fig. 141. — Type de locomotive actuelle à grande vitesse.

nos locomotives actuelles pèsent dix fois plus. Certaines mêmes, construites dans un but spécial, sont véritablement monstrueuses ; telles la machine française de 108 tonnes qui figura à la dernière Exposition de Bruxelles et la locomotive de 130 tonnes du *Mexican Central Railway*, qui est certainement encore, à l'heure actuelle, l'une des plus grandes du monde.

Ce serait une curieuse leçon de choses que de voir en tas les matières brutes, acier, fer forgé, cuivre, aluminium, étain, plomb, etc., qui entrent dans la fabrication d'un aussi merveilleux mécanisme.

LA RAPIDITÉ DU MONTAGE D'UNE LOCOMOTIVE.

Les progrès de l'industrie actuelle, la grande division du travail permettent de monter ces colosses de fer et d'acier avec une rapidité qui tient du prodige. En 1898, la Compagnie française des chemins de fer de l'Est a fait monter en soixante-six heures — représentant mille six cent six heures d'ouvriers — dans ses ateliers d'Épernay ; une locomotive-tender de 43 tonnes.

Une compagnie anglaise a fait mieux. En 1893, avec le concours de 137 ouvriers, elle a établi, en dix heures d'horloge, une locomotive. Mise en chantier à neuf heures du matin, la machine sifflait pour la première fois à sept heures du soir à la tête d'un train de marchandises. Son vernis n'était sans doute pas encore très sec.

COURSES DE LOCOMOTIVES.

En 1840, on estimait vertigineuse la vitesse de 40 kilomètres à l'heure. A soixante ans de distance, tout le monde trouve que les 70 kilomètres que parcourent la plupart des trains dans le même temps sont insuffisants. Les express « dévorent » 80 à 90 kilomètres à l'heure et on se plaint toujours de leur lenteur !

En août 1895, deux compagnies anglaises qui, depuis quelques années, rivalisaient de vitesse sur leurs réseaux respectifs, résolurent, pour vider leur vieille querelle, d'établir entre leurs trains une série de courses sur le parcours de Londres à Aberdeen (Écosse). La distance qui sépare ces deux villes est de 864 kilomètres, c'est-à-dire à peu près celle de Paris à Marseille.

Cette course insensée, qui comprit quatre épreuves, se termina le 25 août par le triomphe de la *North Western Company*, dont l'express fit le trajet en huit heures trente-deux minutes, parcourant 102 kilomètres à l'heure avec les arrêts nécessaires, en réalité 120 à 130 kilomètres à certains moments. La compagnie rivale ne perdit que de neuf minutes sur un trajet plus long de quelques kilomètres.

Auprès de ces luttes, qui n'étaient pas sans danger pour les voyageurs, la première course de locomotives nous semble une course d'escargots. Elle eut lieu en 1829, entre la *Rocket* de Stephenson et trois autres machines, sur une ligne de 3 kilomètres. Deux des machines ne purent fonctionner, une autre fit 10 kilomètres à l'heure, seule la *Rocket* fournit vaillamment 45 kilomètres à l'heure.

Les vitesses de 130 kilomètres pourraient encore être dépassées, mais les courbes actuelles, les voies et les rails ne sont pas faits pour elles ; de plus, la résistance de l'air devient formidable, puisqu'elle s'accroît proportionnellement au carré de la vitesse. On a construit des *locomotives à bec*, c'est-à-dire présentant des surfaces fuyantes ; elles réalisent une économie de puissance d'un dixième.

UN DUEL DE LOCOMOTIVES.

Une course de locomotives comme celle dont nous parlions tout à l'heure, passe encore ; mais un duel de locomotives, il

Fig. 142. — Un duel de locomotives aux États-Unis.

n'y a qu'en Amérique qu'on puisse voir cela. En octobre 1896, la Cie des chemins de fer Missouri, Kansas et Texas voulant se défaire de son vieux matériel dans des conditions nouvelles et avantageuses, fit annoncer à grand fracas que tous les amateurs d'émotions fortes pourraient prochainement assister à un véritable accident de chemin de fer. Au jour indiqué plus de 30 000 personnes étaient au rendez-vous et, ayant payé leur dollar d'entrée, s'apprêtaient à jouir, à distance respectueuse, du spectacle si intellectuel qui commença bientôt (*fig.* 142).

Les deux vieilles locomotives, trainant chacune six vagons,

Fig. 143. — Un train miniature.

vinrent d'abord lentement à la rencontre l'une de l'autre. Les mécaniciens ouvrirent en plein le tiroir à vapeur et sautèrent sur la voie sans se faire de mal. La vitesse s'accéléra et bientôt un choc épouvantable se produisit ; les vagons furent broyés avec un fracas terrible. Le spectacle était terminé, mais chèrement payé par plusieurs. Malgré l'éloignement, deux personnes avaient été tuées et quelques-unes blessées par des débris de fer. Il ne faut pas jouer avec les locomotives.

LA PLUS PETITE LOCOMOTIVE DU MONDE.

Il en est certaines cependant qui sont de véritables jouets; nous ne voulons pas parler des locomotives microscopiques, chefs-d'œuvre de patience et d'habileté qu'un dé à coudre pourrait recouvrir et qu'une goutte d'eau fait fonctionner; mais bien d'une locomotive véritable traînant des vagons en rapport avec sa taille et auprès de laquelle les Decauville sont des géantes.

Cette machine qui détient le record de la petitesse a fonctionné à l'Exposition d'Omaha (États-Unis), en 1898, sur une voie de 300 mètres dont les rails avaient 0^m,30 d'écartement.

D'une construction parfaite, elle a 2^m,20 de longueur, tender compris, sa cheminée s'élève à 0^m,63 au-dessus de la voie. Elle pèse 270 kilogrammes et le poids total du train avec ses dix vagons et les vingt enfants qu'ils peuvent contenir est de 1 800 kilogrammes (*fig.* 143).

LA DURÉE DE LA VIE D'UNE LOCOMOTIVE.

Une question pleine d'intérêt mais fort difficile à résoudre est la suivante. Quelle est la durée de la vie d'une locomotive ? Autant demander quelle est la durée de la vie humaine ! Une locomotive peut mourir d'accident quelques heures après sa naissance ; elle peut éclater, se heurter contre un obstacle, tomber d'un deuxième étage comme la fameuse locomotive de la gare Montparnasse, du haut d'un mur comme une locomotive d'un train du chemin de fer circulaire de Vienne (Autriche) (*fig.* 144), dans un bassin comme le fait est arrivé près de Strasbourg, en 1901. Que sais-je encore ! Si tout en la maintenant au repos on l'entretient avec soin, elle peut vivre des siècles ; tel est peut-être l'avenir qui attend le *John Bull*, locomotive construite en 1830 par Stephenson et qui, propriété du Musée national de Washington, a pu se transporter par elle-même en 1893 à l'Exposition de Chicago, traînant deux vagons. antiques et vénérables comme elle, et obéissant avec une docilité remarquable au mécanicien qui la conduisait.

Mais d'ordinaire, le travail qu'on exige d'une locomotive est considérable, et sa vie, très active, dure peu. Courte et bonne, telle est sa devise. Il résulte, en effet, d'expériences, qu'une locomotive peut fournir 800 000 trains-kilomètres, c'est-à-dire peut remorquer un train sur un parcours total de 800 000 kilomètres avant d'être hors d'usage. Si on la suppose animée d'une vitesse continue et régulière de 70 kilomètres à l'heure, elle mourrait d'épuisement au bout de quatre cent soixante-seize jours, après avoir fait vingt fois le tour de la terre et sans avoir

Fig. 114. — La chute d'une locomotive sur le chemin de fer circulaire de Vienne (Autriche).

pris dans sa vie d'autres repos que ceux nécessaires pour remplacer trois fois le foyer, cinq fois les bandages des roues et quatre à cinq fois les axes des manivelles.

Sans la locomotive, les transactions n'auraient jamais pu prendre l'essor qu'elles ont aujourd'hui ; il n'y aurait eu ni assez d'hommes ni assez de chevaux pour satisfaire à un trafic aussi intense à l'aide du roulage. D'après une statistique, les transports effectués par voie ferrée aux États-Unis seulement emploient 300 000 hommes et exigent 3 milliards de frais d'exploitation ; le transport d'une quantité égale de marchandises sur route nécessiterait 15 millions d'hommes, 60 millions de chevaux et une dépense de 60 milliards.

INFLUENCE DES LOCOMOTIVES SUR LA FIÈVRE INTERMITTENTE.

Abordons maintenant une question toute différente, mais non moins remplie d'intérêt, celle de l'influence des locomotives sur la fièvre intermittente.

Beaucoup d'hygiénistes admettent que, par le fait seul de leur installation, par les travaux d'art qu'ils ont nécessités pour leur construction, les chemins de fer ont exercé une influence directe des plus favorables sur la santé des populations, surtout dans les régions marécageuses. Ces travaux, canaux de desséchements, aqueducs, construits pour donner un écoulement aux eaux stagnantes et, par suite, plus de solidité aux terrassements, ont parfois débarrassé des communes entières de la fièvre paludéenne qui y régnait à l'état endémique.

Un bon Yankee, le Dr King, est persuadé que l'action des chemins de fer est surtout due aux trains qui y roulent et que le passage continuel, à travers un pays marécageux, de locomotives qui déterminent, à la fois par leurs mouvements et par la chaleur de leur foyer, de violents déplacements d'air, est suffisant pour détruire les germes infectieux. Comme dans toute communication qui se respecte, il cite même des exemples probants.

C'est égal, la locomotive guérissant les fièvres paludéennes, voilà qui est bien fait pour surprendre. Croyez-le cependant et... prenez du sulfate de quinine.

LA LOCOMOTIVE COMME HYGROMÈTRE.

Une autre application de la locomotive, sur laquelle Stephenson ne comptait guère, est son emploi comme hygromètre. Quand le panache de vapeur qui surmonte le tuyau est opaque, c'est que la vapeur tient en suspension des particules d'eau liquide ; le temps est humide. Si, au contraire, il devient rapidement invisible, c'est-à-dire transformé en vapeur sèche transparente, les chances de beau temps sont nombreuses et vous pouvez laisser à la maison votre parapluie.

Cette transformation, qui n'est qu'une évaporation, est soumise à des lois analogues à celles qui régissent l'évaporation de l'eau à la surface d'un lac. Elle sera d'autant plus rapide que l'air sera plus sec et plus chaud. C'est donc par les beaux jours d'été que la vapeur provenant d'une locomotive se dissipera le plus rapidement, la vapeur d'eau contenue dans l'atmosphère étant, en général, beaucoup plus éloignée de son point de saturation qu'en hiver. Par certains temps de brouillard, il n'est pas rare, au contraire, de voir de longues traînées de vapeur stationner pendant assez longtemps au-dessus de l'endroit où un train vient de passer.

En tout cas, la prévision du temps par la fumée des locomotives vaut bien la consultation du vol des hirondelles ou de l'échelle à rainettes.

LA LOCOMOTIVE-ORCHESTRE.

Nous avons gardé pour la fin la locomotive-orchestre.

Lorsqu'une machine lancée à toute vitesse croise en sifflant le train dans lequel nous sommes, le son du sifflet est plus haut que le son réel de l'appareil au repos, pour s'abaisser ensuite dès que la locomotive nous dépasse et s'éloigne. L'explication est simple.

La hauteur d'un son dépend du nombre des vibrations exécutées en un temps donné par le corps sonore ; plus ce nombre est considérable, plus le son est aigu. Ces vibrations initiales du corps sont transmises à l'air et se propagent avec une égale vitesse dans toutes les directions autour du centre d'ébranlement si l'atmosphère est absolument calme et si aucun obstacle n'arrête leur marche. Ces ondes sphériques sont recueillies par le tympan et transformées en sensations sonores.

Supposons que le son émis par le sifflet de la locomotive soit produit par n vibrations à la seconde. La locomotive et l'auditeur étant immobiles, ce dernier percevrait n vibrations à la seconde, mais s'ils marchent l'un vers l'autre avec une vitesse totale de 30 mètres à la seconde, l'observateur recueille plus de n vibrations à la seconde, car il marche au-devant des ondes sonores. Le son lui paraît donc plus aigu.

Dans la seconde période, au contraire, les vibrations parviennent à son oreille moins nombreuses dans le même temps ; le son lui semble plus grave.

C'est ainsi qu'un promeneur qui regarde défiler devant lui des soldats à raison de cinq cents hommes par minute, en rencontrera, dans le même temps, un bien plus grand nombre s'il marche parallèlement à la colonne et en sens inverse.

Il résulte de là que, *théoriquement*, pour un observateur au repos, le sifflet d'une locomotive, tout en donnant toujours la même note, semblerait jouer la *Marseillaise*, par exemple, si la machine se déplaçait autour de lui, tantôt s'approchant, tantôt s'éloignant avec une vitesse vertigineuse dépassant 150 mètres à la seconde, sur une courbe irrégulière dont tous les éléments seraient calculés sur la hauteur de chaque note et sur sa durée relative qui caractérise le rythme et la mesure.

Le sifflet étant fixe et l'observateur placé dans un train qui parcourrait la voie, le résultat serait le même pour l'oreille.

La première méthode serait plus prudente, la crainte des déraillements étant le commencement de la sagesse.

CHAPITRE XIX

LES CHEMINS DE FER

On ferait un volume fort amusant en réunissant les inventions se rapportant aux moyens de transport et particulièrement aux chemins de fer. Quelques vagues idées scientifiques, beaucoup d'imagination, suffisent à plusieurs pour établir — sur le papier — un système extraordinaire, évitant tout danger.

Ce n'est pas de cette catégorie d'inventions par trop fantaisistes que nous voulons nous occuper, mais seulement de celles qui présentent une idée neuve, susceptible d'applications dans l'avenir ou ayant même déjà subi le contrôle de l'expérience.

CHEMINS DE FER ATMOSPHÉRIQUES.

Sur le chemin de fer de Paris à Saint-Germain, l'un des premiers établis en France, fonctionna, à partir de 1850, sur une rampe de 1 800 mètres allant du bois du Vésinet au point terminus, un système atmosphérique qui nous semble bien curieux aujourd'hui.

Un tube établi au milieu de la voie renfermait un piston qui, chassé par l'air comprimé, entraînait toutes les voitures du convoi avec lesquelles il était relié. Ce système, peu économique, fut abandonné en 1861.

Placer un piston dans un tube à air comprimé ou raréfié est une idée heureuse qui a reçu une importante application pour la poste atmosphérique ou télégraphe pneumatique des grandes villes ; y placer des vagons et des voyageurs est plus scabreux.

Dès 1821, cependant, un inventeur du nom de Vallance fit breveter en Angleterre l'emploi d'un tube atmosphérique appliqué au transport des colis et des voyageurs. L'essai en fut fait sur la route de Brighton dans un tunnel en bois de 2 mètres de diamètre. L'air était aspiré en avant du vagon-piston.

En 1861, l'idée fut reprise par un Anglais, Rammel, et des

Fig. 115. — Essai de chemin de fer atmosphérique en Angleterre.

expériences eurent lieu à Battersea dans un tube en briques, haut de 3 mètres, large de 2ᵐ,50, long de près de 2 kilomètres et présentant des pentes et des courbes extraordinaires. Le piston, placé à une des extrémités du vagon, était rendu hermétique par une sorte de frange serrée dont son pourtour était garni.

L'une des extrémités du tunnel était munie de portes qu'on pouvait ouvrir ou fermer selon les besoins ; la force propulsive était obtenue à l'aide d'un grand ventilateur que l'on aperçoit sur notre gravure (*fig.* 145), reproduction d'une gravure de l'époque.

A chaque course, un homme placé dans un local spécial entre le tunnel et le ventilateur intervertissait, au moyen de vannes, le sens du courant d'air. Un appareil télégraphique lui indiquait quand le train était près d'arriver à destination.

La vie des voyageurs reposait donc sur la vigilance de ce seul employé, car s'il oubliait de changer la propulsion en aspiration, le train venait se briser à la vitesse de 40 kilomètres à l'heure contre le fond du tunnel.

Les choses en sont restées là depuis en Angleterre et ailleurs. Le système est évidemment peu pratique ; la construction d'un tunnel serait très coûteuse, le moteur peu économique, l'agrément des voyageurs des plus faibles et leur sécurité rien moins qu'assurée. Bon pour les « petits bleus », le chemin de fer atmosphérique n'est pas encore mûr pour l'humanité.

CHEMINS DE FER A TUNNELS INCLINÉS.

Dans une autre invention, les *tunnels inclinés* de Planavergne, qui vit le jour vers la même époque, il y a utilisation à la fois de la pesanteur et de l'air comprimé.

Dans le tunnel incliné, le convoi descend de lui-même en éprouvant une résistance due au déplacement de l'air qui s'écoule de l'avant à l'arrière des vagons par un espace circulaire ménagé autour de ceux-ci.

En réglant convenablement la distance qui sépare les vagons de la paroi du tunnel, l'inventeur *espérait obtenir* une vitesse modérée pour la descente, l'air servant de frein.

Nous voyons bien comment on descend à l'aide des tunnels inclinés, mais nous ne voyons pas trop comment on monte.

CHEMIN DE FER A GRAVITÉ.

Dans le système de M. Halford, de Londres, la pesanteur seule opère.

Le *chemin de fer sans locomotive* ou *à gravité*, dont il présenta en 1900, à l'Institution Britannique, un modèle réduit de 45 mètres de long, comprend une ligne divisée en sections dont les extrémités peuvent être relevées ou abaissées à volonté, au moyen de moteurs hydrauliques, par exemple, de manière à donner à la voie la pente nécessaire.

La vitesse serait considérable, elle augmenterait avec la charge ; il n'y aurait plus besoin d'arrêts pour prendre de l'eau ou du charbon.

Cette ligne, du type suspendu, est à un seul rail, à droite et à gauche duquel sont les vagons, à la façon des cacolets fixés des deux côtés du bât d'un mulet. Le bât est ici remplacé par un vagonnet contenant la cabine du mécanicien. Chaque section de la voie consiste en une poutre métallique qui peut être soulevée à chacune de ses extrémités de manière à présenter une pente de 1/72, au moyen d'une presse hydraulique dont la tige supporte l'extrémité de la poutre. Afin d'éviter les ressauts, le soulèvement du bout d'une poutre produit toujours le soulèvement de l'extrémité adjacente de la poutre voisine.

Le train étant arrêté, la voie est horizontale. Pour se mettre en marche, le mécanicien manœuvre un levier et des fils électriques transmettent à la première presse située en arrière du train, un courant qui soulève la section. Il se forme donc un plan incliné et le train roule. Même manœuvre en arrivant sur la deuxième section, etc., pendant que la section que le train vient de quitter retourne automatiquement à l'horizontalité.

Des freins puissants permettent d'arrêter le train ; de plus, en cas de descente trop rapide, le mécanicien peut toujours, par un levier, abaisser partiellement ou complètement la presse qui se trouve derrière lui, afin de diminuer la pente.

En somme, c'est un peu le système des montagnes russes avec des pentes à grande longueur et le relèvement continu des paliers de départ.

LES CHEMINS DE FER DE MONTAGNE.

Malgré tous les avantages indiqués par son inventeur, cette méthode n'a pas encore été expérimentée.

Les montagnes sont couvertes aujourd'hui d'un grand nombre de voies ferrées, plus de 1 000 kilomètres !

Les premières voies ferrées de montagne ont été construites

par les méthodes ordinaires, leur pente est relativement faible et elles ne franchissent que des cols bas. La première fut la ligne du Sœmmering, construite en 1853, entre Vienne et Gratz; elle franchit la chaîne à l'altitude de 881 mètres.

On n'osa pas franchir les grandes Alpes, et pour vaincre l'obstacle qu'elles présentaient aux relations internationales, on préféra passer dessous; on creusa des tunnels : celui du mont Cenis (12 kilomètres) en 1857; celui du Saint-Gothard (14912 mètres), en 1870; celui du Simplon (19731 mètres), en 1898.

Des chemins de fer à voie normale se rencontrent à l'altitude de 1359 mètres sur la ligne de Bayonne à Madrid, de 2400 mètres au Pérou !

Mais aujourd'hui, les chemins de fer ont réussi à escalader les sommets les plus abrupts, par deux méthodes différentes : la *crémaillère* et le *câble*.

CHEMINS DE FER A CRÉMAILLÈRE.

En plus des deux rails sur lesquels reposent les roues des vagons, ils comportent un rail central portant, à intervalles égaux, de petites barrettes transversales de manière à former une suite de crans réguliers. La locomotive porte une roue dentée dont toutes les saillies s'emboîtent régulièrement dans les cavités du rail central. C'est le principe de la crémaillère appliqué pour la première fois par l'Alsacien Nicolas Riggenbach.

Il a l'avantage énorme d'assurer l'adhérence ; à la montée, la machine trouvant un point d'appui solide sur chaque dent, emploie toute sa puissance à gravir l'échelon suivant ; à la descente les dents retiennent le convoi et ralentissent sa vitesse.

La première voie ferrée à crémaillère a été celle du Righi, en Suisse, près des bords du lac des Quatre-Cantons. En 7 kilomètres elle s'élève de 1363 mètres. Depuis, toutes les cimes intéressantes à escalader l'ont été par la crémaillère. On peut citer la ligne du mont Pilate, en Suisse, l'une des plus hardies, celles du Gornergratt, de Visp, dans la vallée du Rhône, de Sarajevo, en Bosnie.

Aujourd'hui même, la conquête de la *Jungfrau*, la cime la plus imposante des Alpes Bernoises, est entreprise.

Le projet est dû à un ingénieur de Zurich, Guyer Zoller. La

Fig. 116. — Le chemin de fer de la Jungfrau.

voie est unique et à crémaillère, avec quelques garages. Le
train se compose d'une seule voiture, très légère, et marchant

à l'électricité avec prise de courant sur câble au moyen d'un trolley (*fig.* 146). La force motrice est fournie par le captage d'un torrent qui court dans le fond de la vallée de Lauterbrunnen et sur lequel sont des turbines.

La ligne a une longueur de 12300 mètres, dont 10 545 souterrains, avec stations assez nombreuses. Chaque station est disposée de façon à permettre la vue d'un splendide panorama. L'altitude du point de départ à la station de Scheidegg, sur une ligne déjà existante, est de 2 068 mètres; l'arrêt terminus se trouve à 4 100 mètres. Il reste à gravir 66 mètres, soit par un ascenseur, soit par un escalier à pente très douce. Le voyage dure deux heures environ.

CHEMINS DE FER FUNICULAIRES.

Pour les courtes distances à fortes rampes, on préfère souvent employer les chemins de fer funiculaires, dont le principe est le suivant: Une machine fixe actionne un fort câble d'acier auquel sont fixés les vagons.

Trois types différents sont en usage : ceux *à câble sans fin*, ceux *à câble à deux bouts*, ceux *à crémaillère centrale*.

Au premier système appartiennent le funiculaire de Belleville et celui de Montmartre, à Paris. La force motrice est un câble d'acier sans fin qu'une machine fait constamment mouvoir; la voiture saisit ce câble avec une pince pour marcher; la pince lâche le câble pour l'arrêt.

Le second type est constitué par un câble ayant, attachées à chaque extrémité, la voiture qui monte et celle qui descend. Après avoir passé sur des poulies de renvoi, le câble s'enroule sur un tambour mû par une machine. Chaque voiture est munie d'un frein automatique puissant qui, en cas de rupture du câble, saisit le rail et s'oppose à tout mouvement,

A ce type appartiennent le funiculaire de la Croix-Rousse, à Lyon, celui du Vésuve et celui de Bellevue, tout près de Paris.

Dans le troisième type, les deux brins du câble soutiennent chacun une voiture, l'une descendante, l'autre montante. Comme moteur, une masse d'eau dont on emplit un réservoir placé dans la voiture descendante et qui, par cet excès de poids, entraîne la voiture montante. La première application de ce système a été faite, en 1879, au funiculaire de Giessbach, en Suisse.

L'un des funiculaires les plus hardis du monde entier est

Fig. 147. — Le funiculaire du mont Lowe.

celui du mont Lowe, au Colorado (*fig.* 147); il fait partie d'une ligne reliant Pasadena, près de Los Angeles, au sommet du mont Echo, à 1 166 mètres au-dessus du niveau de la mer.

Fig. 118. — Un nouveau chemin de fer de montagne : Ballon captif monté sur rail.

CHEMIN DE FER PAR BALLON CAPTIF.

Emprunter aux chemins de fer leurs rails, aux ballons leur force ascensionnelle, voilà, semble-t-il, le mode de transport idéal pour gravir une montagne.

Dès 1863, un inventeur, du nom de Robin, proposait d'établir, du lac des Quatre-Cantons au sommet du Righi, un chemin de fer aérien consistant en deux doubles lignes de rails en fer reposant sur des échafaudages en bois. Des roulettes rouleraient sur les rails. Un ballon serait attaché à l'essieu des roulettes, et au-dessous des rails serait la nacelle avec les voyageurs et les bagages. Pour la descente, il suffirait d'augmenter le poids de la nacelle par de l'eau.

Le croirait-on, cette idée a été reprise en 1898 par deux ingénieurs allemands, MM. Volderaner et Brackebusch, qui ont fait des essais très satisfaisants... sur un modèle réduit.

Ce train-ballon devait franchir un pic élevé, le Hochstauffen, en Bavière, en suivant toutes les sinuosités de la montagne. Il devait se composer d'un ballon captif relié à un chariot mobile sur un rail en forme de double T. Les voyageurs seraient dans la nacelle (*fig.* 148).

Pendant la montée le ballon sert de propulseur, grâce à sa force ascensionnelle. Arrivé au sommet, il y dépose ses voyageurs, il prend une charge d'eau qui permet la descente, pendant laquelle il sert de frein.

Mais les inventeurs avaient compté sans un facteur important dans l'espèce : les jours de tempête, le ballon moteur aurait à subir des secousses qui mettraient en péril l'intégrité du système. On pourrait, il est vrai, ne mettre en service l'appareil que les jours de grand calme.

LE CHEMIN DE FER GLISSANT.

Quittons les hautes cimes pour la plaine, qui sera toujours le lieu de prédilection des voies ferrées.

Le *chemin de fer glissant*, imaginé par Dominique Girard en 1852, est tout à fait original. Les voitures, munies de larges patins plat, reposent sur des rails également plats. On injecte entre les deux une mince couche d'eau au moyen d'une pompe à vapeur transportée par le train, de sorte que chaque voiture est légèrement soulevée et flotte sur la mince couche liquide.

La propulsion est aussi hydraulique. Une conduite d'eau centrale suit toute la voie. Des ajutages fixes, espacés de la

Fig. 149. — Chemin de fer glissant, à la Jonchère.

longueur du train, s'ouvrent automatiquement quand le train les rencontre, se ferment quand il les quitte et lancent un jet sous pression contre des panneaux disposés sous chaque voiture.

En poussant à l'épaule, un seul homme peut déplacer un train de 50 tonnes, ainsi suspendu sur l'eau comprimée, en voie horizontale.

La voie est disposée de façon à recevoir et conserver toutes les eaux pour les conduire aux points bas où des machines fixes doivent les reprendre pour les remettre sous pression. Les vagons portent extérieurement, et sur toute la longueur du train, des tôles qui descendent à quelques centimètres de la voie, afin d'empêcher la moindre goutte d'eau d'être projetée au dehors. C'est donc toujours la même eau qui tombe sur la voie et qui est reprise indéfiniment par les machines et les pompes de compression.

En 1862, pendant tout l'été, Girard fit ses essais au village de La Jonchère, près de Bougival. Deux voies avaient été construites; l'une horizontale, de 40 mètres, l'autre de 50 mètres, avec une inclinaison de 5 centimètres par mètre. Cette dernière voie était parcourue par les vagons avec une vitesse considérable, même en remontant la rampe (*fig.* 149).

Girard fut tué en 1870, par une balle prussienne, peu de temps après avoir obtenu la concession d'une ligne de Paris à Argenteuil.

A l'Exposition de 1889, M. Barre, son collaborateur, reprit l'œuvre commencée et fit fonctionner à l'Esplanade des Invalides, grâce au concours financier de quelques amis, le chemin de fer glissant sur une voie de 200 mètres.

Le train d'essai était formé d'une voiture de manœuvre et de quatre vagons.

Toutes les personnes qui ont employé ce mode de locomotion le déclarent idéal; pas de secousse, aucun bruit, grande rapidité. Mais à côté de ces avantages, il faut constater l'installation coûteuse de toutes ces conduites d'eau, les fuites fréquentes et surtout les gelées de l'hiver, malgré la possibilité de mêler à l'eau de la glycérine ou du chlorure de magnésium qui en retardent la congélation.

MÉTROPOLITAIN SANS RAILS, NI VAGONS, NI PONTS, NI TUNNELS.

Le train glissant a presque autant de rapport avec la navigation qu'avec les chemins de fer : c'est un véritable navire voguant sur une mince lame d'eau.

Dans le système préconisé par M. Édouard Mazet, en 1881, il s'agit de quelque chose de bien plus curieux encore : d'un navire voguant sur des becs de gaz. Ce chemin de fer qui enfonce tous les autres est le *métropolitain sans rails, ni vagons, ni ponts, ni tunnels.*

La voie se compose de fortes colonnes servant de becs de gaz et hautes de 5 mètres, espacées de 15 en 15 mètres, et le train, d'un bateau en fer assez long pour s'appuyer toujours

Fig. 150. — *1*. Métropolitain sans rails, ni vagons, ni ponts, ni tunnels. *2*. Détail du mode de soutien.

sur deux colonnes à la fois. Le fond du navire-vagon glisse, par l'intermédiaire de galets, dans des rainures des poteaux (*fig.* 150; *1* et *2*).

Des dispositions spéciales sont prises — sur le papier — pour les courbes, les montées, les descentes, les bifurcations. Quant au moteur, il peut être quelconque, mais, de préférence, électrique, l'énergie étant fournie par une usine centrale.

Ce beau projet n'a pas été réalisé. La municipalité parisienne a préféré le métropolitain avec rails, vagons et tunnel, moins gai d'aspect, mais plus sûr.

LES CHEMINS DE FER AÉRIENS.

Les métropolitains aériens existent dans plusieurs grandes villes; ils sont moins audacieux que celui que préconise

Fig. 151. — Le chemin de fer aérien de Boston.

M. Édouard Mazet, mais ils ont cependant sur ce dernier système une grande supériorité : ils fonctionnent. On peut voir le métropolitain aérien à New-York, à Berlin, à Paris même sur une des lignes.

Celui de Boston est l'un des plus curieux.

Cette ville, capitale du Massachusetts a, aujourd'hui, plus de 500 000 habitants. C'est un centre commercial et, en même temps, scientifique d'une grande importance.

Son métropolitain, construit en 1895, sur les plans de l'irgénieur Meiggs, a sa voie soutenue par une longue série de piliers en fer n'encombrant pas les rues. Elle consiste en deux rails superposés. Le rail inférieur supporte le train; il a la forme d'un T renversé dont les angles droits seraient arrondis. Les roues des vagons sont inclinées de haut en bas et de dehors en dedans, de façon à venir s'appuyer dans la rigole arrondie formée de chaque côté de la branche verticale.

C'est sur ce rail que les vagons reposent et roulent. Le second rail, beaucoup moins fort que le premier auquel il est relié par une charpente en fer, constitue un moyen de direction et assure l'équilibre du convoi, grâce à deux bras verticaux fixés au plancher des vagons.

Quant à ces derniers, ils sont cylindriques et à roues obliques. Dans la marche, le train, sauf aux courbes, ne frotte pas sur le rail supérieur ou guide; il est en équilibre sur ses roues obliques roulant sur le rail inférieur (*fig.* 151).

Les gares sont aériennes et on y accède par des escaliers situés de place en place.

LES CHEMINS DE FER SUSPENDUS.

La différence entre un chemin de fer aérien, comme le métropolitain de Boston, et un chemin de fer suspendu n'est pas considérable; cependant on réserve le nom de chemins de fer *suspendus* aux chemins de fer aériens dont les vagons pendent *au-dessous* des rails.

Le chemin de fer de Loschwitz (Saxe), qui part de l'église de cette ville, se développe sur une longueur de 300 mètres; les deux terminus sont à une différence de 83 mètres (*fig.* 152).

La salle des machines, établie au sommet, contient deux grandes locomobiles à vapeur qui font la traction funiculaire.

La structure, entièrement métallique, comprend des chevalets en fer supportant des poutres d'acier à 9 mètres de hauteur.

Sur ces poutres roulent les roues de l'équipage de suspension, solidaire avec le corps de la voiture. Le trajet s'effectue en deux ou trois minutes. L'une des voitures descend quand l'autre monte. Chacune peut contenir cinquante personnes.

Un puissant système de freins à main et automatiques permet de parer à tout accident.

En 1900, les deux villes allemandes d'Eberfeld et de Barmen, distantes de 13 kilomètres, ont été reliées par un chemin de fer

Fig. 152. — Chemin de fer suspendu de Loschwitz.

suspendu qui présente cette curieuse particularité d'être établi au-dessus d'une rivière, la Wupper, sur 10 kilomètres; au-dessus des rues, pendant 3 kilomètres.

Des chevalets métalliques écartés de 20 à 30 mètres sont dressés en surplomb des eaux; leurs pieds sont de part et d'autre scellés dans la maçonnerie des murs du quai. Il y a deux voies à un rail. Les vagons sont suspendus librement à des châssis pivotants; les rebords des roues s'emboîtent dans le rail à la partie supérieure.

La traction est électrique; la vitesse atteint 40 kilomètres à l'heure; certaines courbes n'ont qu'un rayon de 30 mètres. Cette ligne a coûté plus de 12 millions de francs.

LES CHEMINS DE FER SOUTERRAINS.

La circulation étant devenue très difficile dans la plupart

Fig. 153. — Entrée de l'un des tunnels métalliques du chemin de fer souterrain de Londres.

des grandes villes, piétons, cyclistes, voitures, omnibus et tramways encombrant de plus en plus la rue, il ne restait que deux moyens permettant les transports rapides : créer une voie ferrée en l'air, ce qui a été fait dans plusieurs villes comme nous venons de le voir, ou sous le sol ; c'est à ce dernier parti qu'on s'est arrêté à Paris et à Londres.

A Londres, le métropolitain électrique souterrain comprend deux tunnels distincts, un pour la voie montante, l'autre pour la voie descendante. Ces deux tunnels métalliques sont tantôt juxtaposés, tantôt superposés, suivant les conditions que présentent les terrains traversés. Ils sont situés à une profondeur moyenne d'environ 25 mètres en dessous du sol des rues ; ils sont formés de tubes en acier de 2 centimètres d'épaisseur et de 3^m,50 de diamètre (*fig.* 153). Aux stations, sur une longueur de 115 mètres, le diamètre a été porté à 6^m,40.

Pour permettre l'accès aux gares, il y a trois puits : l'un renfermant deux escaliers en spirale ; les deux autres, chacun un ascenseur pouvant contenir 100 voyageurs.

Chaque train comprend quatre voitures, dont deux motrices aux extrémités et, entre elles, deux remorquées : le nombre des places est de 304.

Les trains se succèdent à cinq minutes d'intervalle et circulent à la vitesse de 35 kilomètres à l'heure.

L'énergie motrice est engendrée dans une usine.

La vapeur, produite par des batteries de chaudières, fait tourner des dynamos ; le courant est transmis à un rail central.

Les trains arrivent aux plates-formes des gares par une rampe qui ralentit leur marche avant l'arrêt ; au contraire, au démarrage, ils descendent tout de suite une pente et atteignent très promptement leur vitesse normale.

LES TRAINS SANS ARRÊT.

Quelle que soit la nature de leur voie et de leur énergie motrice, tous les trains mis en service jusqu'ici ont un même inconvénient, qui semble cependant inévitable, celui de s'arrêter pour laisser monter et descendre les voyageurs.

Ces arrêts, fréquents surtout dans les métropolitains, causent une grande perte de temps et une forte dépense d'énergie. Aussi a-t-on songé à les supprimer.

Remplacer les trains par des *trottoirs roulants* analogues à celui qui fonctionna à l'Exposition de 1900 serait une solution, mais combien bruyante, grinçante et trépidante, même en tunnel.

Un ingénieur, M. Thévenet-Leboul, a proposé de remplacer chaque station par une vaste plaque tournante ou embarcadère rotatif ayant justement la vitesse du train à desservir. Ce train est continu, c'est une chaîne sans fin de vagons. Un escalier central amène le voyageur sur un plancher fixe en couronne d'où il passe aisément sur la plate-forme mobile, animée sur le bord de cette couronne d'une vitesse très faible. Il gagne la périphérie et se trouve à la vitesse même du train dans lequel il monte pendant, qu'en même temps, d'autres voyageurs descendent.

Une plate-forme de 20 mètres de rayon a 125 mètres de développement sur lesquels 80 au moins peuvent être utilisés pour l'embarquement, ce qui représente environ une demi-minute; temps suffisant, étant donné qu'il ne peut jamais y avoir encombrement de voyageurs, tout au moins au départ, puisque le train est continu.

LE CHEMIN DE FER A COLIMAÇON.

Il y a des trains qui circulent sous le sol; d'autres en l'air, les vagons suspendus au rail; certains roulent sur la glace ou au-dessus des flots; beaucoup gravissent les montagnes, mais ce qu'on n'avait jamais vu, c'est un train grimpant le long d'une tour; les ascenseurs avaient suffi jusque-là.

Cette merveille s'est accomplie, aux États-Unis. Le *snail-railway* ou *chemin de fer à colimaçon* a fonctionné, paraît-il, en 1898, dans l'île Cayuga, tout près des chutes du Niagara. Il serpentait le long d'une tour de 125 mètres de hauteur, avec 24 mètres de diamètre à la base et 15 au sommet. Une ascension comportait dix tours de spire et le train circulait en corniche sur une plate-forme, à 125 mètres de hauteur, avant de redescendre avec une vitesse vertigineuse. Le voyageur éprouvait à la fois la sensation du mal de mer et celle d'une chute dans le vide.

Beau mode de locomotion pour les amateurs d'émotions fortes ! Le train en escargot pour la troisième plate-forme de la tour Eiffel manque décidément à notre bonheur.

UN CHEMIN DE FER A TRACTION MIXTE.

Nous avons décrit dans un précédent chapitre un chemin de fer à voile (1) ; la plus ancienne ligne allemande, celle de Nuremberg-Furth, ouverte en 1835, fonctionna jusqu'en 1860 à l'aide de chevaux le matin, par la vapeur le soir. Détail amusant, le salaire payé au mécanicien était supérieur au traitement du directeur de la Compagnie.

Il y aurait encore beaucoup à dire. Les curiosités ne manquent pas en matière de chemins de fer.

Les *chemins de fer à un rail*, ceux *à trois rails* permettant successivement les deux trafics à voie large et à voie étroite sur une même ligne, ceux *à rails volants* venant se placer d'eux-mêmes en avant de la locomotive, voire les chemins de fer... en bois mériteraient quelques mots.

Nous nous bornerons, pour terminer le chapitre, à indiquer quelques chiffres relatifs aux chemins de fer.

STATISTIQUE DES CHEMINS DE FER.

Le premier chemin de fer a été construit en Angleterre en 1825. L'Autriche, la France, les États-Unis ont suivi d'assez près ; les autres nations plus lentement.

A la fin de l'année 1900, les six plus grands réseaux ferrés du monde étaient :

Les États-Unis avec	280.000 kilomètres.
L'Allemagne....................	50.000 —
La France........	42.000 —
La Russie d'Europe.............	41.000 —
L'Angleterre ..../........	35.000 —
L'Inde Britannique.............	32.000 —

Notre gravure (*fig.* 154), où l'importance des réseaux est représentée par des locomotives proportionnellement décroissantes, parle mieux à l'esprit que ces chiffres.

(1) Voir p. 167.

Fig. 154. — Importance comparée des six grands réseaux du monde. — 1. Etats-Unis. — 2. Allemagne. — 3. France. — 4. Russie d'Europe. — 5. Angleterre. — 6. Inde Britannique.

CHAPITRE XX

LES TRAMWAYS

Les tramways sont de petits chemins de fer sur route — ou mieux sur rue — affectés au service des voyageurs et astreints théoriquement à ne pas gêner la circulation des voitures et des piétons sur les voies qu'ils empruntent.

L'extension considérable acquise par ce moyen de locomotion date à peine d'une vingtaine d'années. Tous les modes de traction connus y ont été et y sont encore appliqués, dont quelques-uns fort originaux.

TRAMWAYS A TRACTION HUMAINE.

Le plus petit tramway du monde, celui de Beïra, dans la province de Mozambique, est à *traction humaine*. Sa voie, large de 60 centimètres, est longue de 3 kilomètres. Son matériel roulant comprend un petit vagon plate-forme où peuvent s'asseoir seulement quatre personnes et qui est traîné par deux Cafres à la fois cochers, receveurs et... chevaux.

Nous serions curieux de connaître les dividendes que touchent les actionnaires de la société. Il est vrai que les indemnités à payer pour les accidents résultant de l'excès de vitesse ne doivent pas être très fortes.

Ce même mode de traction existe aussi au Japon, sur une ligne de 12 kilomètres reliant Atami et Yoschoma, deux villes assez importantes du littoral.

Deux robustes coolies s'attellent dans les brancards ou poussent par derrière, parfois même, au grand émoi des voyageurs lancés à toute vitesse, s'accrochent aux marchepieds dans les descentes. Le trajet total s'effectue en deux heures.

LES DIFFÉRENTS MODES DE TRACTION DES TRAMWAYS.

Nous ne citerons que pour mémoire la *traction par chevaux*, méthode primitive et barbare, supérieure cependant à la traction par Cafres !

Les *moteurs à vapeur, à air comprimé, à gaz, à pétrole, à éther, à ammoniaque, à acide carbonique comprimé* sont employés un peu partout, surtout les deux premiers, mais le tramway de l'avenir est le *tramway électrique*.

Il en existe deux systèmes. Dans le premier, le moins économique, la voiture porte elle-même, sous forme d'accumulateurs, la source d'électricité; dans le second, une usine produit le courant et le transporte par un fil au moteur du véhicule.

Ce fil est *souterrain* et le contact a lieu par une tige de fer reliant la voiture à la rainure du sol dans laquelle il est placé (*fig.* 155 ; 2) ou par des pièces métalliques ou *plots* placés de distance en distance ; ou bien il est *aérien*, et une grande perche terminée par le *trolley*, qui se dresse au-dessus de la voiture comme un grand bras, frotte constamment sur lui (*fig.* 155 ; *3*).

En terrain accidenté on emploie surtout les *tramways funiculaires* ou *à crémaillère* mus par la vapeur ou l'électricité, mais on utilise souvent aussi la pesanteur de façon plus ou moins directe.

Par exemple, dans beaucoup de funiculaires il y a toujours deux départs simultanés, l'un du bas de la ligne, l'autre du haut ; la voiture qui descend facilite par son poids l'ascension de la voiture montante.

Sur d'autres voies on utilise un contrepoids pesant plusieurs tonnes disposé dans un caniveau et monté sur des roues qui suivent des rails. Quand la voiture descend, elle fait monter le contrepoids. Quand elle monte, elle est aidée par la chute de ce dernier.

LE PRINCIPE DE LA RÉCUPÉRATION APPLIQUÉ AUX TRAMWAYS.

On tend aussi de plus en plus, dans les tramways de montagne mus par l'électricité, à appliquer le principe de la récupération. Quand la pente de la voie est assez forte pour que le travail dû à la pesanteur soit plus grand que la résistance des frottements, les véhicules se mettent en marche par la seule force de la pesanteur. Si les essieux sont munis de moteurs électriques, leur rotation pendant la descente engendre un

Fig. 155. — La traction des tramways. — *1*. Tramway qui charge ses chevaux en descendant la côte. — *2*. Tramway à canalisation souterraine. — *3*. Tramway à trolley.

courant qui peut être utilisé dans des accumulateurs ou lancé sur la ligne, ce qui diminue d'autant la dépense de la station centrale.

TRAMWAY UTILISANT LA PESANTEUR.

Un petit tramway qui sait mettre à profit de façon originale la pesanteur comme force motrice est celui de Denver, aux États-Unis. Suivant une rue de 2 kilomètres et demi de longueur en pente continue, il est tiré à la montée par deux chevaux, mais arrivés en haut de la côte, les chevaux montent en voiture comme les voyageurs — dans un compartiment spécial que montre notre gravure (*fig.* 155; *1*) — et le véhicule descend tout seul sous la sauvegarde du conducteur et de ses freins. Les administrateurs de cette exploitation ont bien mérité, n'est-il

Fig. 156. — Un tramway sur la glace. — La gare du départ.

pas vrai, de la Société protectrice des animaux. Ajoutons que l'exemplaire n'est pas unique. Il existe un tramway du même genre dans la banlieue d'Ontario, en Californie.

UN TRAMWAY SUR LA GLACE.

Tous les tramways dont nous avons parlé jusqu'ici roulent sur le plancher des vaches. A Saint-Pétersbourg, il existe, pendant l'hiver, un curieux tramway qui franchit la Néva sur la glace. Il fonctionne par la pesanteur seule, comme il sied au pays qui a vu naître les montagnes russes, et il comprend une double voie inclinée supportée par des poutres en bois reposant

Fig. 157. — Un tramway sur la glace. — Vue d'ensemble.

sur la glace (*fig.* 157). Une voie sert à l'aller, l'autre au retour. A l'extrémité, les chariots vides sont montés au sommet des cabines de départ, d'où ils se laissent descendre ensuite (*fig.* 156). La traversée du fleuve dure cinquante secondes.

Une voiture part toutes les trois minutes ; d'un bout de la journée à l'autre, elle ne désemplit pas.

Au fond, c'est une montagne russe sans montées et descentes successives, sans les ressauts que présente ce jeu dans toutes les foires.

L'idée est due au directeur d'une compagnie de bateaux à vapeur qui, par ce moyen, peut occuper pendant l'hiver une partie de son personnel et réaliser une recette assez forte en morte-saison.

UN TRAMWAY SUR MER.

Les tramways de la Néva se bornent à remplacer les bateaux quand ces derniers ne peuvent plus naviguer; celui de Brighton

à Rottingdean, qui fonctionna pendant quelque temps, leur
faisait concurrence dans leur propre élément. Il était établi en
pleine mer sur une longueur de 5 kilomètres.

Fig. 158. — Un tramway électrique en pleine mer, de Brighton à Rottindgean.

Les rails, distants de 5 ^{m},50, étaient posés sur des blocs de
béton espacés d'environ un mètre et de hauteur variable avec

la configuration du terrain, mais assez élevés pour parer aux inconvénients des agglomérations de sable.

La voiture, actionnée par l'électricité, était montée sur des colonnes de 10 mètres de hauteur, de façon à être au-dessus du niveau de l'eau, même par les plus fortes marées et les plus mauvais temps. Elle consistait en une plate-forme de 15 mètres de long sur 7 mètres de large et pouvant contenir 200 personnes. Le courant lui était transmis par un fil aérien (*fig.* 158).

La station génératrice d'électricité était située sur le quai d'embarquement de Rottingdean ; elle comportait une machine à vapeur d'une puissance de 160 chevaux, actionnant une dynamo. Le retour du courant s'effectuait, à marée basse, par les rails, à marée haute par l'eau salée.

L'ensemble de l'installation, y compris les quais d'embarquement, avait coûté 750 000 francs ; la vitesse ne put jamais dépasser 6 kilomètres à l'heure.

En décembre 1896, quelques mois après son inauguration, une tempête formidable détruisit la voie de ce tramway amphibie.

LES TRAMWAYS AÉRIENS.

Après les tramways maritimes, les *tramways aériens* qui rivalisent avec les ballons dans leur vol. La voie consiste en un ou deux câbles tendus à travers l'espace entre deux points donnés et qui servent de rails aux roues de la voiture. La traction a lieu par le système funiculaire. Si la ligne est en pente, la pesanteur seule suffit pour la descente ; pour la montée on utilise une force motrice quelconque.

Il en existe plusieurs au Mexique et un à Knoxville (États-Unis), depuis 1891. Il franchit le Tennessee et aboutit au sommet d'une colline de 107 mètres d'altitude : Le trajet est de 325 mètres. Il exige trois minutes pour la montée, une demi-minute pour la descente. Seize voyageurs assis peuvent être transportés à la fois.

C'est un tramway comme tous les autres, mais ses roues sont en l'air.

Ces tramways suspendus, qui ne sont qu'une extension des *transporteurs aériens pour fardeaux* ou pour voyageurs isolés, servent pour traverser des torrents, des ravines.

Les *ponts transbordeurs*, comme ceux de Bizerte, de Rouen,

de Martrou, sur la Charente, ne sont en somme que des tramways aériens destinés à franchir des fleuves ou des bras de mer.

LES TRAMWAYS AUX ÉTATS-UNIS.

Qui veut se faire une idée de l'intensité de trafic atteinte par les lignes de tramways, des services variés qu'elles peuvent rendre, doit quitter la vieille Europe où leur exploitation est encore dans l'enfance, et faire un voyage aux États-Unis.

Dans leurs villes immenses, aux rues droites, perpendiculaires entre elles, mal pavées ou non pavées, munies de trottoirs en planches, les moyens de transport sont non seulement utiles, mais indispensables. Toutes les rues sont sillonnées de voies ferrées sur lesquelles circulent, à intervalles rapprochés, de véritables trains formés de trois à quatre voitures toujours complètes, non comme nous l'entendons à Paris, mais véritablement submergées sous le flot des voyageurs qui, aux heures de presse, restent debout dans les couloirs, sur les plates-formes, les marchepieds, ou grimpent même jusque sur la toiture.

Cette circulation est si active que les voituriers, à l'inverse des nôtres, n'ont même pas l'idée de suivre les rails où ils seraient constamment dérangés, et passent sur les bas côtés ; les piétons font de même, bien entendu.

Il en résulte une conséquence inattendue : c'est que l'herbe pousse entre les pavés et forme dans certaines villes un tapis de verdure, courant entre les rails des tramways électriques, sauf aux croisements des rues.

Les Américains, gens pratiques, fixeront peut-être à la partie inférieure de leurs tramways des tondeuses de gazon derrière lesquelles passeront des ratisseuses. Pourquoi non ? Ils emploient déjà leurs tramways pour l'arrosage, le balayage, pour l'enlèvement des neiges.

EMPLOI DES TRAMWAYS POUR LE NETTOIEMENT DES RUES.

Les *tramways d'arrosage*, auprès desquels nos tonneaux municipaux feraient triste figure, contiennent un grand réservoir à eau qui communique avec des rampes percées sur le devant et sur les côtés de manière à mouiller la rue d'un seul coup.

Très américain, ce procédé, mais très dangereux pour les paisibles promeneurs (*fig.* 159 ; *1*).

Les *tramways balayeurs* portent des brosses rotatives de près d'un mètre de diamètre actionnées par un moteur spécial, de

Fig. 159. — *1*. Tramway pour l'arrosage des rues aux États-Unis.
2. Tramway pour le balayage.

façon que leur vitesse de rotation soit indépendante du mouvement de la voiture (*fig.* 159 ; *2*).

Les *chasse-neige* sont de systèmes variés. Les uns sont munis de véritables dragues, d'autres, de racloirs en planches inclinés par rapport à l'axe de la voie et qui rejettent la neige sur les côtés des rails.

TRAMWAYS MACABRES ET TRAMWAYS JOYEUX.

Les tramways sont utilisés pour le *service postal*, pour le *transport des marchandises*, pour les *déménagements*. Il existe des *tramways-ambulances* pour l'enlèvement des blessés, et même des *tramways funéraires* qui mènent gaillardement leur mort à la vitesse de 20 kilomètres à l'heure. Peintes en noir, les voitures destinées à ce voyage pour lequel il n'est pas besoin de correspondance sont divisées en deux compartiments. L'un reçoit le corps et les personnes qui tiennent les cordons du poêle; dans l'autre peuvent s'asseoir une trentaine d'invités. Très appréciés aux États-Unis, au Mexique, les tramways funéraires existent aussi en Italie. Nous n'en sommes encore qu'aux omnibus funéraires.

Si les compagnies américaines de tramways sont soucieuses du « bien-être » des morts, elles ne songent pas moins aux besoins des vivants, voire même des bons vivants. Elles ont créé un peu partout des voitures de luxe, destinées aux *trolley-parties*.

Un groupe de personnes en relations d'amitié loue une de ces voitures pour un déjeuner sur l'herbe ou pour une promenade. Le parcours total atteint parfois 60 kilomètres et se fait à grande vitesse, sans aucun ennui. Les voitures sont ornées de drapeaux, de banderoles, et, le soir, de lanternes vénitiennes; on y joue de la musique; on y sert des rafraîchissements. Que sont auprès de ces luxueux et rapides véhicules, nos lourdes tapissières dans lesquelles s'époumonnent de joyeux bigophonistes!

LES TRAMWAYS ET LES CYCLISTES.

Les compagnies françaises de tramways ne font rien pour la bicyclette, qu'elles traitent en ennemie. Certaines compagnies américaines, plus pratiques et comprenant mieux leurs intérêts, ont fait placer tout autour de la caisse des voitures conduisant aux promenades favorites, une série de crochets auxquels les bicyclistes suspendent leur machine moyennant une légère rétribution.

Au lieu d'écraser le cycliste, elles le transportent lui et sa bécane, et en tirent profit.

Notre gravure (*fig.* 160) représente l'installation des tramways de la ville américaine de Butte (Montana). Il doit être rare qu'une voiture soit accaparée par un nombre de cyclistes aussi considérable que le montre le dessin.

CE QUE DEVIENNENT LES VIEUX TRAMWAYS.

Les vieilles voitures qui ont rendu tant de services pendant leur période d'activité sont très recherchées comme maisons de campagne, en Amérique, par les ouvriers aisés et les petits bourgeois. Leur succès a été tel, dans le Connecticut, que des personnes n'en pouvant trouver de vieilles en ont acheté des neuves.

LES MÉFAITS DES TRAMWAYS.

Depuis le début de ce chapitre nous célébrons les louanges des tramways, mais toute médaille a son revers. Si nous parlions un peu de leurs méfaits.

Leurs conducteurs souterrains, en cas d'isolement défectueux, peuvent occasionner des accidents électriques, dangereux surtout pour les chevaux à cause des fers, l'homme étant protégé, en général, par sa chaussure de cuir, isolante quand elle n'est pas mouillée. Les courants sont aussi fort préjudiciables aux conduites d'eau et de gaz, peut-être même aux ancrages métalliques des ponts.

Un autre inconvénient des tramways électriques est de gêner les observations magnétiques, non seulement au moment du passage des voitures, mais toute la journée, à cause du retour du courant par les rails. Les dérivations de ce courant parviennent jusque dans les maisons par les conduites d'eau et de gaz. Leur action sur l'aiguille aimantée est sensible jusqu'à 2 kilomètres, aussi les observateurs sont-ils forcés maintenant de faire, de nuit, les recherches délicates.

Les tramways peuvent se rencontrer, se télescoper; ils peuvent même dérailler comme des express; tel ce tramway de Besançon qui, le 31 mai 1899, dérailla sur un pont, enfonça le parapet et vint tomber dans le Doubs, d'une hauteur de 8 mè-

Fig. 160. — Tramway avec supports pour bicyclettes, dans la ville de Butte (Montana).

tres, tuant trois de ses voyageurs et en blessant dangereusement quatre.

LES RAMASSE-CORPS POUR TRAMWAYS.

Ce genre d'accidents est heureusement rare; un qui l'est moins, est la rencontre d'une voiture et d'un piéton, au grand dommage de ce dernier. Beaucoup de tramways électriques portent à leur avant un ramasse-corps, sorte de cadre en fer supportant un filet; il recueille les personnes qui se trouvent imprudemment sur la voie, leur donnant, il est vrai, une forte bourrade, mais les empêchant d'être écrasées en attendant que le mécanicien puisse amener l'arrêt.

D'autres tramways ne ramassent pas les promeneurs imprudents; ils les balaient. Ils sont pourvus, en effet, d'une vaste brosse circulaire à fibres végétales, montée sur un axe, mis en rotation au moyen d'une chaîne sans fin actionnée par les roues de la voiture.

Un ressort maintient la brosse à quelques centimètres du sol, mais si un obstacle se présente, le conducteur pose le pied sur

Fig. 161. — Une défense pour tramway.

l'axe qui est en saillie; le poids de son corps comprime le ressort et la brosse s'abaisse jusqu'au sol. Les obstacles sont rejetés de côté (*fig.* 161).

Si c'est un homme, il est pris par les pieds, culbuté hors de la voie.

En cas de neige, la voie est rapidement déblayée par la succession des voitures à balai.

LES VOLEURS DE TRAMWAYS EN AMÉRIQUE.

En Amérique, les voyageurs de tramways sont encore exposés à un autre genre de dangers qui nous paraît invraisemblable, l'attaque à main armée par des voleurs masqués. Ce désagrément est pourtant assez fréquent, même dans une ville comme Chicago. Pendant que deux malandrins, le revolver au poing, forcent les voyageurs à lever les bras en l'air, d'autres visitent les poches.

Sans franchir l'Atlantique, on a vu à plusieurs reprises, à Paris même, sur les lignes peu fréquentées, des rôdeurs sauter sur la plate-forme d'un tramway, couper la sacoche contenant la recette du conducteur et fuir avec.

Voler les voyageurs ou le conducteur, cela se conçoit, à la rigueur ; voler un tramway électrique est plus drôle.

Le fait s'est cependant produit à Cincinnati ; il y a quelques années, à une tête de ligne, pendant que le wattman et le receveur se chauffaient tranquillement dans la salle d'attente.

Deux individus filèrent avec la voiture, mais pourchassés par une seconde, ils furent rejoints et n'eurent d'autre ressource que de sauter à terre et de détaler à toutes jambes.

Ils ne pouvaient songer évidemment à vendre le produit de leur vol, — on ne se débarrasse pas d'un tramway comme d'une bague — mais ils voulaient probablement faire une course sur la ligne, empocher la recette et se sauver à la première alerte.

L'absence de costume spécial chez les employés de tramways rend seule possible un tel larcin.

Les voyageurs suédois n'ont pas à redouter pareille aventure. Le vol est chose à peu près inconnue dans leur pays. A Stockholm, dans la plupart des tramways, on a supprimé les receveurs comme inutiles. Chaque voyageur va déposer lui-même le prix de sa place dans une petite tire-lire située au fond de la voiture, derrière le dos du cocher. Nul n'y manque, même le plus pauvre. Heureux pays !

CHAPITRE XXI

COMBUSTIONS SPONTANÉES

ET EXPLOSIONS DE POUSSIÈRES

Personne aujourd'hui ne songe plus à nier les combustions spontanées, c'est-à-dire déterminées par l'élévation de température résultant de l'oxydation lente de certaines substances. Une expérience classique montre la possibilité d'une grande production de chaleur par oxydation : celle du fer pyrophorique (1).

Les incendies qui ont pour causes des phénomènes chimiques analogues sont beaucoup plus communs qu'on ne le croit d'ordinaire ; à tel point que les compagnies d'assurances ont établi, pour les substances qui y sont sujettes, des tarifs spéciaux.

COMBUSTION SPONTANÉE DES FOURRAGES.

Au premier rang figurent le foin et tous les fourrages mis en tas avant d'être secs. En présence de l'eau, les microbes qui adhèrent au foin attaquent les plantes, se multiplient rapidement dans ces conditions favorables ; mais cette fermentation ne va pas sans une augmentation de chaleur d'abord localisée, à cause de la mauvaise conductibilité des plantes.

Cette attaque microbienne modifie la couleur et l'odeur du fourrage, lui donne une qualité appréciée des bestiaux ; aussi, dans les Vosges, a-t-on l'habitude de rentrer le foin alors qu'il conserve encore un peu d'humidité. Cette pratique n'est pas toujours sans inconvénients.

Bientôt, en effet, les microbes sont tués par l'élévation de température dont ils sont cause, et l'oxydation, succédant à la fermentation de ces matières modifiées, peut déterminer l'in-

(1) Voir F. Faideau, *La chimie amusante*. Jules Tallandier, éditeur.

flammation de la masse, surtout si l'on établit un courant d'air dans le grenier qui la renferme.

Pour parer à ce danger, en Hollande, on enfonce dans chaque meule de foin une longue aiguille de fer garnie d'un fil de laine blanche, et on la visite de temps en temps. Tant que la laine reste blanche il n'y a rien à craindre, mais quand elle jaunit, c'est que la chaleur est trop forte ; on démonte la meule.

En Autriche, on emploie une longue fourchette en fer qu'on enfonce dans le fourrage, on l'y laisse pendant dix minutes ; puis on ramène un échantillon dont l'aspect et la température indiquent l'état du foin.

On recommande, comme mesure de précaution, de saupoudrer le fourrage avec du sel.

Les graines de toutes sortes, les écorces, le fumier, le tabac, le coton peuvent subir le même sort. Une enquête, faite à Liverpool, a montré que, de 1882 à 1887, près de 50 navires faisant le transport des balles de coton ont brûlé, soit en mer, soit au port de débarquement. On ne saurait admettre que tous ces sinistres soient dus à des étincelles provenant de la cheminée du navire pendant l'embarquement ou à l'imprudence d'un fumeur.

COMBUSTION SPONTANÉE DU CHARBON.

Plus fréquents encore sont les incendies dus à la combustion spontanée du stock de charbon. De 1870 à 1880 on a enregistré, pour cette seule cause, la perte de 318 navires charbonniers. Depuis, ces accidents ont été étudiés avec soin par des commissions scientifiques en différents pays ; des mesures de précautions ont été indiquées et ils sont devenus moins fréquents.

Le principal agent de cette combustion est la chaleur produite par l'oxydation des pyrites de fer que tous les charbons contiennent en plus ou moins grande proportion. Il y a, en même temps, formation de produits gazeux qui, divisant la masse, favorisent l'action de l'oxygène et, par leurs propriétés inflammables et explosibles, augmentent le danger. La présence, dans les cales, d'une grande quantité de poussière de charbon est encore un risque de plus.

Les longues traversées, les grandes masses de houille, les

températures élevées subies au cours du voyage accroissent, dans des proportions considérables, les risques d'incendie.

Les précautions recommandées sont les suivantes : suppri-

Fig. 162. — *1.* Inflammation d'un tampon de coton imprégné d'huile siccative. *2.* Combustion spontanée d'un tapis frotté avec un chiffon imbibé de pétrole.

mer la ventilation sauf à la surface ; éloigner les tuyaux de vapeur, éviter de charger les navires, en plein été, avec du charbon échauffé au soleil ; cloisonner les cales pour éviter les déplacements de la cargaison et, par suite, les frottements producteurs de chaleur. Il est téméraire d'embarquer du charbon pyriteux humide ou du charbon menu.

Ajoutons enfin qu'on a proposé de munir tous les navires

charbonniers de cylindres d'acide carbonique liquide et d'en ouvrir un de temps en temps dans les cales pour empêcher l'action de l'oxygène sur le charbon.

COMBUSTION SPONTANÉE DES CHIFFONS GRAS.

On a aussi à déplorer fréquemment des incendies d'usines par la combustion spontanée de chiffons et d'étoupes imprégnés d'huiles végétales ou animales et de graisses. Ces matières s'oxydent rapidement, surtout si elles sont exposées à l'action des rayons solaires à travers des vitres dont certaines portions renflées jouent parfois le rôle de lentilles, ou si on a eu l'imprudence de les placer au voisinage d'une chaudière ou d'un tuyau de vapeur.

De toutes les huiles, les plus oxydables sont les huiles siccatives (lin, chènevis, œillette). On a vu s'enflammer, dans un court passage dans l'air, une bourre de coton imprégnée d'huile siccative qu'un peintre jetait après en avoir essuyé sa palette (*fig.* 162; *1*).

COMBUSTION SPONTANÉE DU BOIS.

La combustion spontanée du bois, plus discutée, n'en est pas moins réelle. Des tuyaux de bois, entourant des conduites d'eau chaude ou de vapeur, peuvent prendre feu spontanément.

Au contact de la conduite, le bois s'échauffe, commence à fumer, c'est-à-dire s'oxyde rapidement en dégageant assez de chaleur pour amener une température de 350° nécessaire à son inflammation.

COMBUSTIONS DUES A DES ÉTINCELLES ÉLECTRIQUES.

Certaines combustions, d'apparence spontanée, sont dues, en réalité, à des étincelles électriques.

Celle des aérostats, dont on a enregistré jusqu'ici trois cas, s'est toujours produite au moment du dégonflement quand l'aéronaute approchait la main de la soupape métallique pour la détacher : une étincelle électrique enflammait le gaz.

Le 26 juin 1888, lors de l'atterrissage d'un ballon militaire allemand, un des soldats ayant porté la main à la soupape pour accélérer le dégonflement, il jaillit une étincelle qui détermina l'inflammation du gaz. Le ballon brûla en un instant; le soldat fut tué.

Fig. 163. — Combustion d'un ballon provoquée par une étincelle tirée de la soupape.

En mars 1893, un aérostier allemand, M. Gross, pendant l'opération du dégonflement, marchait sur son ballon, le *Humboldt*, pour écraser les boules de gaz qui restaient çà et là.

Après être parvenu à réunir l'hydrogène dans le voisinage de la soupape, il appuyait la main pour l'ouvrir (*fig.* 163), lorsqu'une terrible détonation se produisit. Il fut lancé à quelque distance et retomba sur le sol, pendant que le ballon brûlait avec une extrême rapidité. En moins de quarante secondes, il ne restait plus que quelques débris.

Ces accidents prouvent que les aéronautes feraient bien de renoncer aux soupapes métalliques.

Des expériences ont montré que la charge électrique du ballon, cause de la catastrophe, provient de la traversée de nuages orageux ou, tout simplement, du frottement du filet sur l'étoffe ou du plissement de celle-ci sur elle-même.

On peut rapprocher de ce genre d'accident, le fait suivant, signalé en 1893 par les journaux américains :

Dans une ville du Minnesota (États-Unis), une servante passait sur un tapis qu'elle voulait nettoyer un chiffon imprégné de pétrole et frottait vigoureusement. Le chiffon prit feu et le tapis brûla (*fig.* 162 ; 2).

M. Shephard, professeur de l'Université de Minnesota, a montré que, sous le climat froid et sec de cette région, tout frottement produit de l'électricité en abondance (1). Il est donc probable que, dans le cas qui nous occupe, une étincelle aura mis le feu au tapis.

(1) Voir *Un pays électrique*, p. 125.

COMBUSTIONS HUMAINES SPONTANÉES.

Quant aux combustions humaines spontanées dont on a tant parlé à différentes reprises, il faut les reléguer dans le domaine de la fable ou de la mystification. On nous fera croire difficilement qu'un homme, même très gras et très alcoolique, puisse prendre feu aussi aisément qu'une botte de foin ou une allumette. Il faudrait le voir pour le croire, et encore !

LES POUSSIÈRES EXPLOSIBLES.

La poussière est la terreur des hygiénistes modernes. Non seulement, en effet, elle irrite les bronches et les poumons, mais elle contient — ou peut contenir — les germes de la plupart des maladies infectieuses.

Les poussières organiques, répandues abondamment dans l'air de certaines usines, présentent des dangers d'une autre nature : elles sont capables, au contact d'une flamme, de produire une explosion aussi violente qu'un mélange gazeux. Le cri de guerre que pousse l'hygiéniste contre les poussières est donc répété, avec juste raison, par l'ingénieur.

EXPLOSIONS DES FARINES.

Dans la nuit du 2 mai 1878, l'un des plus grands moulins à farine du monde entier, établi à Minneapolis (États-Unis), sur une chute du Mississipi, fit explosion. Des centaines de tonneaux de farine s'enflammèrent subitement, renversant des murs en maçonnerie de 2 mètres d'épaisseur, détruisant des machines et projetant en l'air les feuilles de tôle du toit qui ne furent retrouvées qu'à 3 kilomètres du lieu du sinistre. L'effet de l'explosion s'étendit aux moulins voisins, dont cinq furent détruits. Un grand nombre d'ouvriers périrent.

Beaucoup de faits analogues avaient déjà été enregistrés, mais aucun n'avait causé tant de dégâts et de victimes.

Le 1er mars 1869, une explosion eut lieu dans un moulin à Buda-Pesth, blessant plusieurs ouvriers et détruisant une salle.

La même année, à Paris, rue de la Verrerie, un sac d'amidon s'étant crevé dans un grenier, un nuage de poussière s'engouffra dans la cage de l'escalier et s'enflamma au contact d'un bec de gaz avec une explosion formidable.

A New-York, une manufacture de sucre candi, dans l'at-

Fig. 164. — Appareil de laboratoire montrant la force explosive de l'air chargé de poussières.

mosphère de laquelle flottaient des poussières d'amidon, fut détruite; une scierie remplie de fine sciure de bois subit le même sort.

Après l'explosion des moulins de Minneapolis une commission scientifique fut chargée d'étudier les conditions dans lesquelles ces accidents peuvent se produire. Des expériences furent faites avec des farines et des poussières de moulin, dites *folles farines*.

Dans des boîtes en bois, dont certaines avaient jusqu'à un demi-mètre cube, on lança, à l'aide de soufflets, des mélanges d'air contenant de 30 à 50 grammes de ces poussières. Une petite lampe allumée étant placée dans la boîte, une explosion eut toujours lieu (*fig.* 164).

Avec une de ces caisses, le couvercle fut soulevé malgré le poids d'un homme posé dessus et des flammes s'échappèrent dans toutes les directions.

Dans une autre expérience, un cube de bois, attaché à une corde de façon à ne pas frapper le plafond, fut lancé à 4 mètres de hauteur, au bout d'une à deux minutes d'insufflation.

L'explosion peut être provoquée, non seulement par une flamme de lampe, mais encore par les meules, tournant mal, sans avoir de farine entre elles.

On pense que l'explosion de Minneapolis eut pour cause un clou qui, au contact de la meule, produisit une série d'étincelles comme pourrait le faire une roue de rémouleur.

Les précautions indiquées par la commission américaine sont les suivantes : Il faut rendre l'air humide par un jet de vapeur, puis ventiler, supprimer complètement les lumières à feu nu. Les chambre à poussières et les manches à farine doivent être en briques et non en bois ; toutes les portes et trappes de communication doivent être métalliques.

EXPLOSIONS DE POUSSIÈRES DE CHARBON.

Dans les mines de houille, les fines poussières de charbon en suspension ont provoqué aussi de nombreuses catastrophes souvent, à tort, imputées au grisou.

La plus terrible est celle de la houillère de Mardy, dans le pays de Galles, en 1885. Plus de 80 ouvriers périrent.

Ces accidents sont rendus aujourd'hui moins fréquents dans les mines au moyen d'arrosages répétés, soit à l'aide de vagons analogues aux tonneaux d'arrosage des rues, soit par des pulvérisateurs alimentés par une canalisation spéciale.

EXPLOSION DE POUDRE DE BRONZE D'ALUMINIUM.

Signalons aussi les explosions dues à la poudre de bronze d'aluminium. Au contact de l'humidité, le bronze provoque la décomposition de l'eau et le dégagement d'hydrogène en quantité suffisante pour déterminer une explosion au contact d'une flamme; 5 kilos de poudre de ce bronze peuvent mettre en liberté 40 à 50 litres d'hydrogène.

Une enquête, faite à la suite de plusieurs accidents survenus dans des manufactures de ce produit, a montré la nécessité d'assurer la dessiccation de l'air ambiant.

THÉORIE DES EXPLOSIONS DE POUSSIÈRES.

La théorie de ces phénomènes est facile à concevoir. D'après notre illustre chimiste, M. Berthelot, un mélange intime d'air et de poussière ténue peut être assimilé à un mélange d'air et de gaz combustibles. Chaque grain de poussière, dès l'origine de la combustion accidentelle, s'entoure aussitôt d'une atmosphère en ignition qui communique le feu aux grains voisins; si les grains sont assez rapprochés, le même phénomène peut être assez rapide pour que toute une masse gazeuse éprouve ces effets de dilatation brusque qui caractérisent l'explosion du gaz.

UN MOTEUR A EXPLOSIONS DE POUSSIÈRES.

Les explosions de poussières sont connues depuis longtemps; elles ont même été utilisées à cause de leur puissance motrice.

C'est là, on peut le dire, un moteur ignoré des générations actuelles.

Monge avait, en effet, imaginé une machine fonctionnant par l'inflammation du mélange explosif de l'air avec la poussière de charbon.

Ce moteur fut employé dans certaines industries jusqu'à l'invention du moteur à gaz, en 1859, par Lenoir.

CHAPITRE XXII

LE CANON

Loin de nous la pensée de retracer l'histoire du canon, de décrire sa fabrication, d'étudier les perfectionnements qu'il a subis. Nous conformant au titre de ce livre, nous voulons simplement noter quelques points curieux concernant cet engin de destruction.

CANONS EN CUIR.

Tout le monde connaît les canons de bronze et les canons d'acier, mais on ignore généralement le *canon en cuir*. Il n'est pas nouveau cependant, car l'arsenal de Venise en possède un datant de 1349. Gustave-Adolphe employa pour la guerre en rase campagne des canons de cuir pesant seulement 40 kilogrammes, mais il dut y renoncer à cause de leur facile échauffement.

Un ingénieur américain a eu récemment l'idée de les remettre en honneur. Son nouveau canon, qui ne fera sans doute qu'une bien faible concurrence à ceux du Creusot ou de Krupp, est formé d'une épaisse couche de lanières de cuir enroulées avec du ciment qui les fait adhérer entre elles autour d'un tube mince d'acier; une gaine de fils de cuivre le protège extérieurement.

Essayée sur le champ de tir de Sandy-Hook, s'il vous plaît, cette bouche à feu nouveau modèle a supporté de façon supérieure l'envoi de trois boulets à pleine charge de poudre. Quel dommage que le canon de cuir n'ait pas été employé pendant les guerres de la Révolution; nos volontaires en sabots se seraient certainement fait confectionner de bons souliers avec les canons pris à l'ennemi !

CANONS EN PAPIER.

Quant au canon en papier, un inventeur anglais, du nom de Szerlemy, y songea dès 1864. Il jugeait même son papier assez résistant pour en faire des cuirasses de vaisseaux. Sa formule de préparation a été soigneusement tenue secrète. Personne aujourd'hui ne songe à la lui demander.

Le croirait-on, en 1895, la maison Krupp a fabriqué un modèle de canon de montagne en papier.

D'un calibre de 5 centimètres, cette pièce en papier comprimé, protégée par une couche externe de fils d'acier fortement serrés, a une résistance supérieure à celle du canon d'acier de même calibre.

Pour tout dire, c'est un canon pour fantassins. Porté sur les épaules des soldats (*fig.* 165; *1*), il pourrait rendre des services sur certains champs de bataille accidentés, inaccessibles à l'artillerie.

CANON SANS BRUIT, SANS FLAMME ET SANS RECUL.

Dans le papier comprimé est peut-être la solution future du canon léger; la poudre sans fumée a rendu le canon invisible, du moins à longue distance, mais qui résoudra le problème du canon silencieux?

M. le colonel Humbert a eu l'honneur de l'essayer; il y a réussi en partie. Son *canon sans bruit, sans flamme et sans recul* est réalisé d'une façon très simple. Dès que le projectile est sorti, un obturateur facile à exécuter pour tous les canons en usage ferme l'extrémité de la pièce, de façon à n'avoir aucune flamme au dehors et à empêcher l'air de rentrer brusquement, ce qui est l'une des causes de la détonation. On n'entend plus «parler la poudre»; à peine se permet-elle un doux murmure (*fig.* 165; *3*).

Aux cris excitants des combats corps à corps du moyen âge, au bruit strident de la mousqueterie, au tonnerre des canons, succédera dans la bataille de l'avenir un silence de mort; pas une flamme, pas un bruit pour guider la riposte; des régiments entiers seront décimés sans que l'ennemi surpris puisse rendre coup pour coup. L'énorme portée des canons futurs augmentera encore cette épouvantable angoisse de la mort invisible.

LA PORTÉE DES CANONS MODERNES.

Au cours de récentes expériences, un canon de 24, incliné
à 45°, a lancé un boulet de 250 kilogrammes à 6540 mètres de

Fig. 165. — 1. Canon en papier. — 2. La trajectoire d'un canon moderne.
3. Canon sans flamme, sans bruit et sans recul.

haut. Si, comme l'indique notre figure (*fig.* 165; 2), cette
pièce eût été placée à Pré-Saint-Didier, sur le versant italien
du mont Blanc, le boulet, passant au-dessus de tout le massif,
fût venu tomber à Chamounix, à 20 kilomètres de là.

LA PUISSANCE DES CANONS.

M. E. Hospitalier a eu l'idée de calculer la puissance d'un de nos canons modernes qui lancent avec facilité des projectiles de 1 000 kilogrammes à la vitesse initiale de 600 mètres à la seconde.

La poussée exercée par les gaz provenant de l'inflammation de la poudre ne durant que moins d'un centième de seconde, il en résulte que, pendant la période active du travail de la poudre, la puissance moyenne est égale à 18 millions de kilogrammètres, ou 1 800 millions par seconde, soit *24 millions de chevaux-vapeur.*

Mais la pièce est incapable de soutenir pendant longtemps ce travail colossal ; elle se tue à la tâche ; au bout de 100 coups elle est bien malade ; sa vie active a duré *une seconde.*

Une locomotive développe une puissance beaucoup moins grande, mais elle peut fonctionner pendant vingt ans régulièrement et produire, au total, un travail infiniment plus considérable.

CE QUE COUTE UN COUP DE CANON.

Si, au point de vue purement mécanique, le moteur à poudre, engin de guerre et de destruction, est comparable comme perfection au moteur à vapeur, instrument de paix et de progrès, il n'en est pas moins vrai que le travail de la locomotive est à meilleur marché.

Chaque coup d'un canon de marine de 110 tonnes revient à 8 500 francs ; savoir, 1 900 francs pour les 400 kilogrammes de poudre blanche, 2 260 francs pour un projectile de 900 kilogrammes, auxquels il faut ajouter 4 340 francs pour frais d'usure du canon.

C'est beaucoup d'argent pour une méchante besogne !

Un calcul analogue montre que le coup d'un canon de marine de 37 millimètres revient à 10 francs (charge et projectile, 9 francs ; usure du canon, 1 franc) ; celui d'un canon de 305 millimètres à 2 600 francs (charge et projectile, 1 600 francs ; usure par coup, 1 000 francs).

Le 37, pouvant tirer 20 coups par minute, dépensera, en une

heure de combat, 12 000 francs. Le 305, à un coup par minute, en dépensera 156 000.

Un cuirassé, pourvu de quatre gros canons de 305 et d'une trentaine de petits, dépenserait donc, chiffre rond, en une heure de combat, *un million de francs en munitions,* en admettant le tir au maximum de vitesse pendant toute la durée de la lutte et pour toutes les pièces. Un joli denier, comme on voit!

LE CANON ET LES PROGRÈS DE LA SCIENCE.

Le canon d'aujourd'hui, a-t-on dit, est un des laboratoires les plus instructifs que possède la science.

C'est du canon moderne que sont sorties les machines à pétrole ou à gaz tonnant. C'est lui qui a appris à obtenir des fermetures simples contre les plus hautes pressions.

Cet engin de mort a reçu des applications pacifiques d'une importance fort inégale, que nous nous proposons de passer en revue.

Dès 1660, Huygens, l'inventeur du balancier, crut avoir trouvé un moteur puissant et d'un emploi universel dans le canon ou plutôt dans la poudre qu'on y enflamme. Dans un cylindre parcouru par un piston, il enfermait une certaine quantité de poudre qu'il enflammait au moyen d'une mèche d'amadou allumée. Malheureusement, il ne savait comment enflammer de façon régulière la poudre dans ce cylindre sans communication avec l'extérieur. A cette époque l'électricité était à peine connue de nom.

Trente ans plus tard, Denis Papin, qui avait beaucoup connu Huygens, reprit ce cylindre, ce piston mobile, et remplaça la poudre à canon par la vapeur d'eau. Voilà comment la machine à vapeur est issue du canon.

LE CANON POUR RENVERSER LES MONTAGNES.

Sa force brutale a été mise à profit à différentes reprises pour provoquer la chute, dans une direction déterminée, d'une portion de montagne dangereuse pour les lieux habités. En 1881, une arête du fameux Risikopf, qui menaçait le village suisse d'Elm d'un éboulement d'un million de mètres cubes, fut bombardée, pendant plusieurs jours, par un canon placé à 850 mètres, et s'effondra sans détruire de maisons, grâce à la position de la crevasse déterminée par les projectiles.

LA MÉTÉOROLOGIE A COUPS DE CANON.

L'influence que peuvent exercer de violents ébranlements de l'air sur la production de phénomènes météorologiques n'est pas douteuse *a priori*. Les dénivellations du baromètre sont accompagnées fréquemment d'orages, le vent chasse la pluie ou l'amène, etc.

Étudions donc les rapports déjà anciens de l'artillerie et de la météorologie.

On a canonné le ciel pour chasser les orages, pour amener la pluie (1), pour dissiper le brouillard, rompre les trombes marines, arrêter les cyclones.

Le bombardement des trombes marines par des canons tirant à boulets sur le col a donné des résultats positifs.

En 1900, un Américain du Sud a lutté — du moins à ce qu'il affirme — contre trois cyclones à coups de canon et prétend les avoir vaincus. Rien d'impossible, en somme, un brusque ébranlement de l'atmosphère ayant certainement une action sur un tourbillon d'air.

Malgré tout, les résultats obtenus étaient plutôt maigres ; la météorologie à coups de canon semblait avoir vécu, quand on découvrit que ce qui était impuissant à provoquer sûrement des averses pouvait être excellent pour détourner la grêle, ravageuse des récoltes.

Dès 1880, M. Bombicci, professeur à Bologne (Italie), conseillait de lutter contre la grêle en empêchant sa formation ou plutôt en s'opposant au grossissement des grêlons.

En 1896, M. Albert Stieger, propriétaire de vignobles, bourgmestre de Windisch-Freistritz (Styrie), ayant renouvelé une partie de ses plantations sur le Schmitzberg, prit les dispositions suivantes pour garantir les jeunes plants contre les orages à grêle auxquels cette contrée, déboisée sans ménagements en 1870, est aujourd'hui fort exposée :

Sur une étendue d'environ 6 kilomètres, et en des points élevés, il établit six mortiers en fonte du poids de 80 kilo-

(1) Voir p. 152.

grammes chacun. L'arme avait 3 centimètres de diamètre, la longueur était de 50 centimètres. M. Stieger organisa un corps de volontaires composé des habitants de l'endroit.

Lors de la première expérience, des masses nuageuses noires

Fig. 166. — Le tir d'un mortier paragrêle.

et menaçantes s'avançaient des montagnes voisines. Le tir des mortiers commença et, après quelques minutes, on put voir les nuages s'arrêter, se déchirer et se disperser sans verser de grêle ni d'ondées sur la région protégée.

L'expérience, renouvelée six fois dans le cours de l'été, fut toujours suivie du même succès.

Aussi en 1897, le nombre des stations fut augmenté. Il y en avait 33, et 56, en 1898, dans la même région.

On s'explique l'efficacité d'un violent ébranlement de l'air dans le cas d'un orage à grêle, si l'on admet que la surfusion de l'eau joue un rôle dans la formation de ce météore. Les gouttelettes se solidifieraient dès leur formation et ne pourraient plus se réunir pour former des grêlons de grandes dimensions. Le phénomène de la formation de la grêle serait donc en quelque sorte régularisé.

Il paraît acquis aujourd'hui qu'un mortier à cornet peut protéger un espace circulaire de 500 à 700 mètres de diamètre. Il suffirait donc d'espacer ces pièces d'artillerie d'un nouveau genre de 1 kilomètre à 1 kilomètre et demi.

Les principes généraux de l'application de cette méthode sont les suivants : 1° il ne faut pas créer de stations isolées ; 2° le tir doit être commencé avant la chute de grêle ; 3° il faut tirer le plus rapidement possible au moment critique ; 4° ne pas cesser le tir jusqu'à la disparition de l'orage.

L'appareil employé aujourd'hui est une sorte d'entonnoir de 2 mètres de haut, en tôle de 2 millimètres d'épaisseur. Son orifice a 80 centimètres de diamètre, sa petite base 20 centimètres. Il est fixé sur un fort billot de chêne cerclé de bandes de fer (*fig.* 168; *3*).

Les fréquentes chutes de neige observées après les tirs contre les nuages à grêle semblent une preuve nouvelle de leur efficacité (*fig.* 166). Le 14 juin 1900, la neige est tombée abondante pendant deux heures sur la ville de Brescia, après des tirs dans la région.

A la fin de 1899, il y avait en Italie 445 stations de tir ; à la fin de 1900, il y en avait 1 630.

En France, à la même époque, il y avait une station, avec 50 canons, à Denicé (Saône-et-Loire), la première en date ; une à Liergues, près Villefranche (Rhône), avec 8 canons ; une à Saint-Gengoux et Burnaud (Saône-et-Loire), 30 canons ; une à Boën (Loire), 15 canons ; enfin à Saint-Émilion (Gironde), avec 8 canons.

M. E. Vidal a proposé de remplacer le mortier paragrêle par des fusées porte-pétard ou des bombes qui éclateraient plus près des nuages orageux.

Il préconise encore sa méthode pour être employée en

Algérie *contre les sauterelles*. L'énorme déplacement d'air produit par cette artillerie agricole dans les masses compactes formées par les acridiens aurait sans doute un effet autrement considérable que les coups de fusil tirés par les Arabes, et cependant, grâce à ces détonations, ils parviennent parfois à préserver leurs champs.

FABRICATION DU DIAMANT A COUPS DE CANON.

Un chimiste italien, M. Majorana, a eu l'idée fort originale de fabriquer le diamant à coups de canon (1897).

A l'aide de l'arc électrique, il porte à la plus haute température possible un morceau de charbon, puis il tire sur celui-ci un coup de canon. Le charbon est pulvérisé par le choc, puis volatilisé par l'énorme quantité de chaleur résultant de l'arrêt du projectile contre une sorte d'enclume.

Après refroidissement, on trouve, dans une cavité de l'enclume, de minuscules diamants dus à l'action combinée de la chaleur et de la pression.

LE CANON LANCE-AMARRE.

Une pièce de campagne ordinaire peut lancer dans la direction d'un navire en perdition des boulets ramés auxquels un câble est attaché. Si ce câble peut être saisi par le navire, il permet l'établissement d'un va-et-vient et le sauvetage de l'équipage.

Des modèles spéciaux ont été établis pour canons lance-amarre, tel celui que nous reproduisons (*fig.* 167) et qui est dû à M. d'Arcy Irvine. C'est un canon à air comprimé qui a figuré, en 1891, à l'Exposition navale de Chelsea.

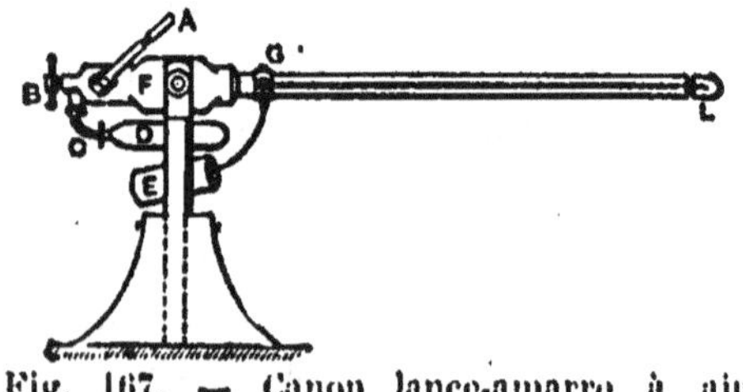

Fig. 167. — Canon lance-amarre à air comprimé.

Il consiste en une forte base supportant un long tube avec une crosse F en forme de chambre à air, relié par un tuyau C avec un réservoir D contenant de l'air comprimé. Une vis B ouvre ou ferme cette communication, lorsque le canon est armé. Le projectile L est relié par le collier G à une amarre contenue dans le tambour E.

LE CANON LANCE-BALLE.

Jouer à la balle avec un canon comme lanceur est une idée bien américaine.

L'usage d'un canon ordinaire, même fort réduit, présentant quelque danger, l'inventeur, M. Hinton, auquel on doit le petit appareil que nous allons décrire, a fait preuve d'ingéniosité.

Fig. 168. — Applications pacifiques du canon. — *1*. Le lance-balle. — *2*. Coupe du lance-balle. — *3*. Mortier paragrêle.

Le lance-balle comprend un très court canon muni d'une crosse qui permet au joueur d'épauler (*fig.* 168; *1*, et 169).

L'âme du canon est divisée en deux chambres par un piston en arrière duquel est un ressort à boudin (*fig.* 168; *2*), qui le maintient en place; en avant est le canon proprement dit où sera placée la balle.

La charge de poudre n'est pas mise directement derrière la balle, comme dans les armes à feu ordinaires ; la vitesse initiale donnée à la balle eût été dangereuse pour le joueur chargé de la recevoir. La poudre est brûlée dans une chambre à part et les gaz sont amenés derrière la balle par un tube, de sorte que la vitesse initiale ne dépasse pas 30 mètres à la seconde, vitesse que lui aurait donnée tout aussi bien le bras du joueur.

Le ressort à boudin est muni d'un piston qui se comprime pour amortir le choc et qui, au besoin, laisse échapper l'excès

Fig. 169. — Le lance-balle Hinton.

des gaz par un trou pratiqué dans la culasse, quand la pression nécessaire est dépassée.

On comprend dès lors que la présence de ce piston permet de régler à volonté la vitesse de la balle. La tige qui le porte est maintenue en arrière par un écrou que l'on peut serrer ou desserrer à volonté. On fait ainsi varier la position initiale du piston et par conséquent la longueur de sa course de détente. La résistance à la force d'expansion des gaz est donc modifiée et, par suite, la vitesse de la balle.

Au sortir du canon, la balle passe entre deux guides qui la font tourner et lui donnent absolument la direction d'une balle lancée à la main. Alors, pourquoi enlever au jeu l'un de ses plus grands attraits ?

LE CANON-HORLOGE.

Le *canon-horloge*, guère plus utile que le canon lance-balle, a conquis à Paris une véritable célébrité. Que le ciel soit pur ou nuageux, celui de la Tour Eiffel tonne chaque jour à l'heure de midi ; malgré sa grande élévation il ne va pas à la cheville du canon du Palais-Royal, plus petit, il est vrai, mais combien plus respectable par son âge, les événements auxquels il a assisté depuis sa naissance. Tandis que la main d'un modeste employé met chaque jour le feu au premier, il faut, au canon du Palais-Royal, un plus noble artilleur : c'est le soleil qui opère lui-même. Une lentille placée au-dessus de l'amorce en détermine l'inflammation, à midi vrai... à moins qu'un nuage malencontreux ne recouvre en ce moment l'astre du jour.

Placé là depuis 1786, le canon du Palais-Royal n'est bourré chaque année qu'à partir du 1er mai; il est entretenu aux frais de l'État et émarge au budget, si l'on peut ainsi dire, pour 200 francs. Les personnes, assez nombreuses, qui règlent leur montre sur sa détonation la règlent mal : elle leur indique le midi vrai, qui diffère souvent de plusieurs minutes du midi moyen de nos horloges.

En 1858, un enseigne de vaisseau, M. Trève, proposait de signaler à tous les navires d'un port le midi vrai ou moyen, par l'explosion d'une pièce de canon, à laquelle un courant électrique vient mettre le feu quand l'aiguille du chronomètre de l'Observatoire arrive à l'heure précise de midi.

La seule imperfection que comporte cette méthode, qui n'a pas d'ailleurs été employée, est l'évaluation du temps nécessaire à la propagation du son du canon aux navires.

LE CANON ET L'ACOUSTIQUE.

On sait justement que c'est à l'aide du canon que la vitesse du son a été déterminée exactement par des expérimentateurs partagés en deux groupes, les uns à Villejuif, les autres à Monthléry.

Nous avons déjà dit (1) que, dans des conditions particulières de calme, le bruit du canon pouvait être entendu avant le commandement de faire feu.

En 1846, Sudre employa le canon pour sa *téléphonie* ou système de correspondance acoustique. Les intervalles longs ou brefs séparant les coups servaient de signaux.

Au cours d'expériences faites à Vincennes, le 4 février 1846, en présence du duc de Montpensier et du général Gourgaud, Sudre disposait de huit pièces d'artillerie à l'aide desquelles il transmit à un de ses aides placés à plus de 2 kilomètres de

(1) Voir p. 93.

l'endroit du tir les ordres qui lui étaient dictés par le général et qui étaient aussitôt interprétés avec la plus scrupuleuse fidélité par le collaborateur de Sudre et le groupe d'officiers qui l'entouraient.

Nous terminerons par le *canon instrument de musique.*

Sans doute, sa voix de tonnerre, mélangée au son des cloches, se fait entendre aux jours de fête ; mais nous voulons parler de l'emploi du canon dans un orchestre.

Le 11 juillet 1891, à Lyon, pour les fêtes du quatrième concours international de tir, un orchestre exécuta une cantate patriotique qui contient des parties de canon ; l'instrument avait été emprunté à un régiment d'artillerie.

Une grande cantate de Rossini, composée à l'occasion de l'Exposition universelle de 1867, comprenait aussi de l'artillerie.

Comme de juste, la chose fit grand tapage ; elle inspira Cham, le célèbre caricaturiste, qui fait dire par le chef d'orchestre à l'artilleur musicien :

« A la reprise, votre canon doit jouer *piano, piano.* Vous mettrez le bras dans l'âme de la pièce pour amortir le son. »

CHAPITRE XXIII

LE VERRE

L'industrie du verre, l'une des plus anciennes qui soient, est de première importance. Ses produits se rencontrent, même dans les plus pauvres logis, sous forme de bouteilles, de vitres, de miroirs.

Les matières les plus vulgaires, sable, craie, carbonate de soude et de potasse, servent à sa fabrication. Le cristal n'est qu'un verre plus transparent et complètement incolore dans lequel la chaux de la craie est remplacée par de l'oxyde de plomb.

Le verre, étant fondu, peut être mis en œuvre par *coulage* ou par *soufflage*.

LE SOUFFLAGE DU VERRE.

Le soufflage, employé pour la fabrication des bouteilles, est une opération des plus pénibles (*fig.* 170). L'ouvrier, soufflant sans répit dans sa canne de fer pendant huit heures par jour, lance environ 1 200 à 1 500 litres d'air à une pression élevée. Ses joues se dilatent, deviennent, au repos, flasques et légèrement tombantes. Cet inconvénient serait cependant léger sans la fatigue intense qui en résulte pour les poumons. Après quarante ans on ne rencontre plus de souffleurs de verre.

Pour fabriquer les dames-jeannes, l'ouvrier met un peu d'alcool dans sa bouche et le projette peu à peu dans la canne; l'alcool en se vaporisant dilate le verre.

Ce procédé peu fatigant a dû donner l'idée du *soufflage artificiel*. Depuis 1824, on a employé, dans certaines usines, une pompe ou un soufflet pour opérer le gonflement de la pièce, mais il est difficile d'obtenir un jet régulier.

La canne de l'ouvrier venait s'appliquer dans la partie conique du piston; l'air refoulé par le cylindre gonflait la pièce.

A la verrerie de Choisy-le-Roi, on a utilisé l'air comprimé pour souffler les manchons pour verres à vitres de grandes dimensions. L'insufflation était produite en ajustant au bout de la canne un tuyau de caoutchouc en relation avec un grand soufflet mis en mouvement par un enfant, sur les indications de l'ouvrier. Très hygiénique, ce mode de soufflage était difficile à gouverner.

De même, on a dû renoncer au soufflage à l'air comprimé provenant d'une canalisation, à cause des brusques variations de pression de ce gaz. Ce serait là pourtant l'idéal. Toute fatigue serait supprimée (*fig.* 171 ; *1*).

LA TAILLE DU VERRE.

Un grand nombre d'objets en verre doivent être taillés, soit pour faire disparaître leurs défauts de fabrication, soit pour les orner.

La taille des cristaux et du verre se fait d'ordinaire

Fig. 170. — Ouvrier soufflant un manchon de verre.

en employant quatre meules verticales, mises en jeu par le pied de l'ouvrier ou par un moteur à vapeur. La première est en fer, la deuxième en grès, la troisième en bois, la quatrième en liège (*fig.* 172).

Sur la roue en fer, l'ouvrier jette de temps en temps du sable humide. La meule en grès donne plus de perfection à la tailler la meule en bois donne du brillant ; la meule en liège achève le travail.

LA FABRICATION DES VERRES DE MONTRE.

Nous ne pouvons songer à décrire la fabrication de tous les objets en verre ; nous décrirons seulement, parmi les objets

Fig. 171. — *1*. Soufflage du verre à l'air comprimé. — *2*. Les larmes bataviques.

usuels et à titre d'exemples, la fabrication des verres de montre et celle des bouteilles.

La fabrication des verres de montre est la spécialité de certaines usines ; la plus importante du monde entier est celle de Trois-Fontaines, près de Sarrebourg.

On commence par souffler des boules de verre de 0ᵐ,15 à 1ᵐ,50 de diamètre qu'on coupe au milieu. Sur chaque hémisphère, avec une *tournette*, sorte de compas dont l'une des branches est armée d'un diamant, on découpe les verres. Une bonne ouvrière peut en découper 6 000 par jour.

Chaque verre subit ensuite le *moulage* qui lui donne la cour-

Fig. 172. -- Ouvriers taillant des cristaux à la meule.

bure voulue, puis le *flettage* par lequel la meule enlève sa convexité supérieure, le rend plat et mince au milieu tout en laissant l'épaisseur des bords, le *biseautage* qui donne au rebord circulaire du verre la rectitude nécessaire à un bon ajustement. Viennent ensuite le *polissage*, la *rectification à la pince du rebord*, la *vérification*, le *calibrage*, etc.

De la sortie du four du verrier à la caisse de l'emballeur, le verre de montre a subi 35 opérations différentes. On évalue à cent millions de verres de montre la consommation annuelle dans le monde entier.

A côté de ces verres qui exigent un travail si minutieux, il n'était pas sans intérêt de voir, à l'Exposition de 1900, les pièces gigantesques obtenues par l'industrie ; notamment des glaces énormes de la Société de Saint-Gobain, une boule de verre soufflé de 2 mètres de diamètre sortant de la maison Appert et, pour l'usage du grand télescope, une lentille de 1ᵐ,25 de diamètre fabriquée par M. Mantois et le miroir du sidérostat coulé à Jeumont. Cette pièce unique avait 2 mètres de diamètre, 27 centimètres d'épaisseur et pesait 3 600 kilogrammes !

LES BOUTEILLES.

Grâce à Molière, certain chapitre des chapeaux a acquis, de par le monde, une célébrité incontestée ; le chapitre des bouteilles, bien souvent traité, est plus populaire encore. Les amis de la « purée septembrale » l'apprécient hautement ; il n'est pour eux belle bibliothèque que de flacons.

Ce point de vue n'est pas le nôtre ; négligeant le contenu, le contenant seul nous intéresse.

La bouteille, vase à étroit goulot, est connue depuis la plus haute antiquité. Noé, qui planta la vigne, avait peut-être au fond de l'arche quelques bonnes bouteilles de ses dernières récoltes. Les Égyptiens, les Grecs, les Romains, ont fabriqué ces vases dont plusieurs sont parvenus jusqu'à nous. Chez les Égyptiens, les bouteilles s'offraient comme cadeau du nouvel an ; le goulot affectait la forme d'une fleur de lotus ; chez les Grecs et les Romains et surtout pendant le moyen âge, elles étaient en cuir bouilli. C'est seulement de nos jours que l'industrie des bouteilles a pris de l'importance.

LA FABRICATION DES BOUTEILLES.

Pour fabriquer une bouteille, un « gamin » cueille du verre avec sa canne et le passe au « grand garçon » qui ajoute le verre nécessaire à la confection totale de la bouteille, la roule sur le marbre, la souffle, aplatit la partie inférieure et forme le goulot en tirant doucement la canne à lui.

La bouteille est ensuite réchauffée et remise à l'ouvrier qui en rectifie la forme et lui donne la dimension propre à entrer dans le moule en fer.

Il ferme le moule, souffle en tournant la pièce (*fig.* 173), puis

Fig. 173. — Ouvrier soufflant une bouteille dans un moule.

retire la bouteille, la retourne, le pose sur le marbre et en enfonce le fond. Un peu de verre en fusion tourné avec un petit crochet en fer forme ensuite une bague à l'extrémité du col.

La France fabrique annuellement de 95 à 100 millions de bouteilles, à raison d'un kilogramme par bouteille.

LA FORME DES BOUTEILLES.

Le plus souvent, la bouteille est en verre incolore, ou jaune, brun, vert foncé ou clair, parfois bleuté ou légèrement rosé, suivant sa destination.

Elle passe du fabricant chez le consommateur, subit mille avanies, supporte bien des heurts, un dernier la brise; mais les morceaux en sont bons, le chiffonnier s'en empare, le verrier les remet au four et en fait une bouteille neuve.

A notre époque, la bouteille présente les formes les plus variées; une collection un peu complète de ces récipients offrirait un grand intérêt, non seulement au point de vue industriel, mais à celui des mœurs et de la politique. La bouteille Tour-Eiffel y figurerait, comme de juste, à côté de celle qui représente la Roue de Paris; les personnages les plus connus, les plus divers en feraient partie; nul n'est célèbre de nos jours s'il n'a été fourneau de pipe ou bouteille (*fig.* 174; 1).

Le litre vulgaire et la populaire canette de bière y coudoieraient — si j'ose ainsi dire — l'élégante bordelaise, le litre à cerises, la bouteille allongée de fine champagne ou celle de bénédictine aux formes plus lourdes. On y verrait le « marteau », la gourde, la bouteille de soda, la « hollandaise », les bouteilles de chasse, rondes à panse aplatie, tous les aspects, toutes les couleurs, tous les modes de fermeture.

Pour être complet, un semblable musée devrait comprendre les bouteilles de grès pour l'encre, celles en fer pour mettre le mercure, les bouteilles en gutta-percha pour la solution d'acide fluorhydrique, etc.

Les *bouteilles en papier comprimé*, fabriquées à Chicago, ont eu pendant quelques années une certaine vogue, à cause de leur bas prix, de leur légèreté et de leur résistance.

On y a renoncé aujourd'hui à peu près complètement.

Bien commodes aussi les *bouteilles pliantes* en caoutchouc ou en papier de riz enduit sur ses deux faces de laque du Japon. Ces dernières surtout sont absolument étanches, flexibles, légères, d'une solidité remarquable et, pour ainsi dire, inusables.

Une collection de bouteilles ne serait pas digne de ce nom si on n'y mettait celles de Leyde et de Lane, destinées à contenir

de l'électricité, la bouteille étincelante, le pistolet de Volta qui
n'est qu'une bouteille malgré ses prétentions, les bouteilles
plus ou moins magiques qui laissent couler l'eau par le fond
dès qu'on les débouche, la *bouteille inépuisable* qui distribue à

Fig. 174. — *1*. Formes diverses des bouteilles. — *2*. La bouteille qu'on ne peut
remplir qu'une fois. — *3*. La bouteille inviolable.

volonté les liquides les plus divers, la bouteille de champagne
lance-confetti, etc.

Il est surtout deux types de bouteilles qu'il serait intéressant
d'y voir figurer : la *bouteille inviolable* et la *bouteille qu'on ne
peut remplir qu'une fois.*

LA BOUTEILLE INVIOLABLE OU VERSEUR HERMÉTIQUE.

La bouteille inviolable doit résoudre le problème suivant : *Étant donné un récipient hermétiquement clos, rempli de liquide, en extraire une portion quelconque sans laisser rentrer l'air extérieur. Le liquide sort du récipient clos en ne laissant derrière lui que le vide.*

M. de Sennevoy a réalisé la bouteille inviolable en adaptant au goulot un pas de vis qui permet d'y fixer une sorte de petite pompe. Un tube ouvert aux deux bouts plonge jusqu'au fond de la bouteille (*fig.* 174 ; *3*) ; son extrémité inférieure est fermée par une soupape s'ouvrant de bas en haut. Dans ce tube on glisse, à frottement doux, un autre tube dont les deux bouts sont fermés par des soupapes s'ouvrant également de bas en haut.

Quand la bouteille est pleine de liquide et qu'on y introduit ces deux tubes, ils se remplissent également. Si maintenant on soulève le tube intérieur, ses soupapes se ferment sous le poids du liquide qu'il contient et celui-ci est soulevé hors de la bouteille, mais, pendant ce temps, le grand tube se remplit de nouveau de liquide, et quand on enfonce le petit, la soupape inférieure du grand se ferme. En somme, le grand tube fonctionne comme un corps de pompe et le petit comme un piston.

L'air ne pouvant rentrer à cause des soupapes, le vide se fait derrière le petit tube, par suite le liquide restant se vaporise, bout à froid.

Au lieu de recueillir directement le liquide à la sortie du petit tube, on peut le recevoir dans un petit réservoir que l'on visse à la partie supérieure de la bouteille, et qui contient de l'air. Le liquide comprime cet air et dès qu'on ouvre le robinet placé à la partie inférieure la pression le fait couler.

Les substances les plus altérables, les révélateurs photographiques peuvent se conserver indéfiniment en vidange ; l'éther, le pétrole, etc., sont à l'abri des causes d'inflammation ; de plus, la bouteille munie du petit appareil est inviolable, car elle dénoncerait le voleur. Si on a mis un cachet de garantie sur le raccord de la pompe au goulot, les domestiques ou employés peu scrupuleux pourront bien y puiser en cachette, mais ne pourront rien y remettre. Le larcin sera donc aisément découvert.

LA BOUTEILLE QU'ON NE PEUT REMPLIR QU'UNE FOIS.

La bouteille qu'on ne peut remplir qu'une fois présente encore un grand intérêt. Son but est d'empêcher cette fraude de plus en plus fréquente qui consiste à mettre dans la bouteille d'origine un produit de valeur médiocre. Le pavillon couvrant la marchandise, le produit pourra passer, grâce à l'enveloppe, comme de grande marque.

Il y a pour l'inventeur une fortune à réaliser. Plus de cinq cents brevets ont été pris, mais aucun n'a résolu jusqu'ici le problème de façon très satisfaisante.

Citons cependant deux solutions intéressantes.

La première est due à M. H. Small, de Portland (États-Unis).

Le goulot porte à sa partie supérieure une large nervure et au-dessous un renflement (*fig.* 175 ; *3*).

Après avoir fermé la bouteille avec un bouchon de liège ordinaire, on coiffe son goulot d'un manchon ajusté (*fig.* 175 ; *2*) dont le

Fig. 175. — La bouteille de sûreté. — *1*. La bouteille munie du manchon. — *2*. Le manchon. — *3*. Goulot avec renflement.

bord inférieur vient reposer sur le renflement (*fig.* 175 ; *1*) L'espace laissé entre le goulot et le manchon est luté au moyen d'un ciment dur à prise rapide ou, mieux, soudé au chalumeau.

Pour avoir le liquide, il faut absolument briser le manchon, qui entraîne toujours des morceaux du bourrelet et rend la bouteille impropre à l'usage auquel elle était destinée puisque, fût-elle pleine de nouveau liquide, on verrait qu'elle a déjà été ouverte.

Voici une seconde solution due encore à un inventeur américain, M. Wyckoff.

Le goulot porte trois pièces complémentaires : une calotte hémisphérique percée d'un trou par lequel s'écoule le liquide, un disque obturateur en verre, une petite bille.

La bouteille une fois remplie et munie de ses accessoires, la calotte est fixée au goulot par un mastic résistant et le joint recouvert d'une bande de garantie. Quand on retourne complètement la bouteille, une partie du liquide tombe dans la calotte, mais non plus au dehors, grâce à la bille. Si on incline la bouteille, au contraire, le liquide sort. En recommençant l'opération plusieurs fois, on vide le récipient, mais celui-ci ne peut être rempli de nouveau qu'en détachant le goulot et, par suite, en détruisant la bande de garantie (*fig.* 174 ; 2).

Si ingénieuse que soit cette solution, elle est beaucoup trop compliquée pour remplir le but industriel que les propriétaires de marques renommées réclament des inventeurs. On peut dire, il est vrai, que le problème est difficile à résoudre, tel qu'il est posé, et le fût-il à la satisfaction des intéressés, l'imagination des fraudeurs s'exerçant sur de nouveaux frais arriverait encore à éluder les précautions prises contre leurs agissements coupables.

Il n'y a qu'un seul procédé absolument radical d'empêcher une bouteille d'être remplie une seconde fois : c'est de la casser après avoir utilisé son contenu ; mais ce serait trop demander au client que d'exiger cela de lui.

LA BOUTEILLE TOUJOURS PLEINE.

Pour réaliser ce desideratum des photographes, il n'y a pas besoin de dispositif spécial. La bouteille toujours pleine est la première bouteille venue.

On sait que les révélateurs photographiques, très altérables à l'air, ne se conservent que quand la bouteille qui les renferme est pleine. On est donc forcé de les transvaser à mesure qu'on s'en sert, dans une série de bouteilles de plus en plus petites. M. Gaumont, chef de la maison bien connue, a songé aux *billes de verre* que l'on introduit à mesure des besoins dans le flacon pour le maintenir plein.

LA BOUTEILLE AUX POISONS.

Les étiquettes rouges, avec ou sans adjonction de tête de mort, semblent suffisantes pour indiquer la nature toxique du liquide contenu dans une bouteille ; ce qui n'empêche pas que, chaque jour, des accidents arrivent. Une garde-malade confond deux flacons et envoie dans l'autre monde le malade qu'elle est chargée de soigner.

M. Edwin Orchard a pensé qu'il était bon d'ajouter aux indications fournies par la vue celles que peut donner l'ouïe ; il a inventé le bouchon-signal (*fig.* 176), invention d'une simplicité presque naïve, mais d'un effet immanquable. Sur le bouchon qui ferme la fiole au poison un petit grelot est attaché ; il est impossible de toucher à l'objet sans qu'un léger tintement ne retentisse.

Fig. 176. — Le bouchon-signal pour bouteilles à poisons.

L'EMPLOI DU VERRE EN LITHOGRAPHIE.

Mais c'est assez parler de bouteilles ; occupons-nous d'autres usages du verre.

En 1890, M. Vinterhoff, de Cologne, a imaginé de remplacer les pierres lithographiques par des plaques de verre sur lesquelles les reports, obtenus par un procédé demeuré secret, étaient d'une finesse extraordinaire. La méthode ne semble cependant pas avoir eu un grand succès jusqu'ici, malgré les avantages qu'elle présente au point de vue du prix de revient.

LE DOUBLAGE DES NAVIRES EN PLAQUES DE VERRE.

On a songé aussi à remplacer les plaques de cuivre servant à doubler les navires par des *plaques de verre.*

Ce moyen de placage, inventé en 1864 par M. Leetch, a été appliqué pour la première fois sur un navire en fer, le *Buffalo.*

Un autre navire ainsi protégé a séjourné, à différentes reprises, vers l'année 1882, dans le port de Marseille.

Là encore le succès ne semble pas avoir répondu aux avantages énumérés : absence d'oxydation et de gondolement, absence d'incrustations qui, en s'accumulant après les longues traversées, finissent par gêner la marche du navire.

LES TONNEAUX EN VERRE.

On peut en dire autant des *tonneaux en verre* pour la fabrication desquels Hubart prit un brevet en 1860. Ils présentaient cependant, à côté d'une fragilité gênante pour le transport, des avantages incontestables sur les tonneaux en bois : propreté, nettoyage facile, absence de fuites, enfin, transparence qui rend aisé le contrôle du propriétaire, lui permet à chaque instant de savoir à quoi s'en tenir sur la quantité de vin ou de bière dont il dispose et gêne les employés peu scrupuleux.

LES COUSSINETS EN VERRE.

Parmi les petits emplois intéressants, il faut citer celui des *coussinets en verre* pour les machines de faible puissance. Ils supportent fort bien un arbre léger à rotation rapide ; s'échauffent à peine, ne s'usent pas et exigent peu de graissage ; il ne semble pas cependant qu'ils donnent, en toutes les circonstances, une sécurité complète.

LES POIDS EN VERRE.

Nos ménagères fulminent contre l'entretien des poids en laiton — accessoires de la balance — qui font partie de toute cuisine bien montée. Ces plaintes n'ont plus leur raison d'être en Suisse, car le gouvernement fédéral a autorisé, en 1897, l'usage de poids formés d'un verre spécial presque incassable. De forme conique, ils se terminent par un bouton sur lequel est gravée l'indication du poids. La série actuelle comporte des poids de 10, 20, 50, 100, 200, 500 grammes ; 1, 2, 5 kilog. (*fig.* 178 ; *1*).

L'EMPLOI DU VERRE EN ÉLECTRICITÉ.

En électricité, les usages du verre sont de première importance.

C'est un isolant fort employé, malgré ses légers défauts. Il forme les plateaux des machines électrostatiques des laboratoires, les bouteilles de Leyde, les baguettes, les vases pour piles, les lampes à arc et à incandescence, les lames de condensateurs, les cuvettes isolantes pour poser les accumulateurs, les rhéostats électriques, etc., etc. On s'est servi à Londres de blocs en verre brut pour isoler le rail central qui amène le courant aux locomotives électriques.

Aux États-Unis on a même employé des *traverses en verre* sur les chemins de fer ordinaires pour remplacer les traverses en bois.

LE COTON DE VERRE.

Le *coton de verre*, qui consiste en fils très souples, extrêmement fins, obtenus dans les verreries de Bohème, sert à faire des filtres fort employés dans les laboratoires, car ils sont inaltérables et peuvent servir indéfiniment, à la condition de les laver à grande eau et de les faire sécher après chaque opération. Le coton de verre peut servir à la confection de pinceaux pour les liqueurs caustiques employées en badigeonnage, comme le nitrate d'argent, la teinture d'iode.

LES VITRES PERFORÉES ET LES VITRES A VENTILATEUR.

Mais c'est dans l'habitation que les emplois du verre se sont multipliés en ces dernières années.

Les vitres, qui représentent le principal usage du verre dans la maison — le plus ancien aussi, puisqu'on en a trouvé à Pompéi — tendent elles-mêmes à se modifier. On commence à employer un peu partout les *vitres perforées* qui renouvellent l'air sans produire ces vents coulis qui glissent traîtreusement par les joints des fenêtres et des portes. Les trous, distants d'environ 15 centimètres, sont coniques ; la petite ouverture du trou regardant l'extérieur, l'air entre dans la pièce en filets divergents.

Fig. 177. — Une vitre à ventilateur.

Cependant leur prix d'achat est un peu élevé ; les trous se

bouchent facilement, le nettoyage est difficile et détermine des bris fréquents.

Aussi préfère-t-on parfois employer les vitres à ventilateur, imaginées par le Dr Castaing, médecin-major à La Rochelle. On ne les pose qu'à la partie supérieure des fenêtres.

La vitre habituelle est conservée, seulement on la coupe en bas de façon à laisser 5 à 6 centimètres de vide entre son bord libre et le bois de la fenêtre; elle tient donc à la feuillure par trois côtés seulement (*fig*. 177).

Derrière cette première vitre et intérieurement, on place, à l'aide d'un dispositif particulier facile à installer, une seconde vitre de même dimension, mais l'hiatus est en haut.

L'intervalle qui sépare les deux vitres doit être au moins d'un centimètre.

L'air du dehors pénètre par l'orifice inférieur, rencontre la seconde vitre et s'élève, puis, par la seconde ouverture, pénètre à la partie supérieure de la pièce où il se réchauffe.

La seconde vitre doit être mobile, afin de permettre des nettoyages fréquents, les poussières de l'air s'accumulant très vite entre les deux vitres.

LE VERRE ARMÉ.

Dans les magasins, les ateliers, pour former la toiture des cours vitrées, on emploie beaucoup le *verre armé*, obtenu par l'interposition à chaud d'un treillage métallique entre deux plaques de verre. Le verre armé, tout en étant presque aussi transparent que le verre ordinaire, a une résistance extraordinaire au choc, à la pression, à l'action du feu; de plus, on ne peut le couper au diamant, et il ne se laisse pas enlever par les moyens ordinaires sans faire beaucoup de bruit, précieuse garantie contre les voleurs.

PRISMES LUXFER ET CARREAUX A PRISMES.

Les appartements des étages inférieurs, dans les rues étroites, ne reçoivent par les fenêtres qu'une lumière oblique très insuffisante. Pour obvier à cet inconvénient on a imaginé les *prismes luxfer* en verre ou en cristal (*fig*. 178; *3*) que l'on met à la place des vitres ou dans des châssis inclinés sous forme de marquises.

Le rayon lumineux qui les traverse dévie et, au lieu d'aller frapper le plancher, est diffusé dans toute la pièce (*fig.* 178 ; 2).

Quant à l'éclairage des sous-sol, on l'obtient à l'aide de *car-*

Fig. 178. — *1.* Poids en verre. — *2.* Appartement éclairé par les prismes luxfer. *3.* Prisme luxfer et carreau à prismes.

reaux à prismes qui projettent la lumière jusque dans le fond de la pièce (*fig.* 178 ; 3). La maison hygiénique de l'avenir aura ses murs revêtus de ce *verre malléable*, dans lequel on peut enfoncer des clous, qu'a imaginé M. Henry Cros. Un linge imprégné d'une solution de sublimé suffira à sa désinfection.

LA PIERRE DE VERRE.

Le temps n'est pas loin peut-être où la maison même sera bâtie entièrement en verre. La *pierre de verre* Garchey, ou *céramo-cristal,* obtenue comme la porcelaine de Réaumur, en dévitrifiant des débris de verre, agglomérés ensuite par une énergique pression à chaud, a le premier rang parmi les matériaux de construction, le granit compris, pour sa résistance à l'écrasement, au choc, à l'usure, à la gelée, aux actions chimiques. Elle peut se colorer à volonté, se mouler et commence à jouer un grand rôle dans la construction.

On peut en dire autant des *briques en verre soufflé*, fermées à chaud pour éviter l'entrée des poussières dans la cavité intérieure. Ces briques ont déjà fait leurs preuves dans la construction des serres et ont donné d'excellents résultats.

Quant à la maison de verre elle-même, on l'a vue déjà au Japon, aux États-Unis (1). A Paris même, pendant l'Exposition dernière, nous avons eu un *Palais de verre* qui était une merveille.

Murs, plafonds, planchers, rampes, escaliers, tout était en verre. Déjà très élégant pendant le jour, il présentait la nuit un spectacle féerique quand les mille feux des lampes électriques filtraient discrètement à travers ses parois.

LE VERRE TREMPÉ.

Passons maintenant aux propriétés physiques les plus remarquables du verre.

De toutes les circonstances qui peuvent les modifier, la plus importante est la *trempe.*

On dit qu'un corps a été *trempé* lorsque, après avoir été chauffé, il est brusquement refroidi.

Quand on laisse tomber une goutte de verre fondue dans l'eau froide ou dans l'huile, elle se solidifie en prenant la forme d'une poire allongée terminée par une queue très fine; c'est une *larme batavique*, ainsi nommée parce que l'expérience a été faite pour la première fois en Hollande, il y a plus de deux siècles (*fig.* 171; 2).

(1) Voir p. 231.

Si l'on frappe avec un marteau le corps de la larme, elle résiste ; si, au contraire, on casse la pointe, toute la masse se détruit en une poussière de verre lancée avec force dans toutes les directions (1). Cette explosion est due à l'état d'équilibre instable des molécules de la couche extérieure.

Jusqu'en 1875, la trempe du verre resta sans applications.

A cette époque, M. de la Bastie prit un brevet pour la préparation d'objets d'usage en verre trempé.

La méthode consiste à chauffer le verre à une température voisine de son ramollissement et à le plonger dans de l'huile ou de la graisse fondue. Le verre ainsi traité est moins dense, plus dur — il ne se coupe pas au diamant, — plus élastique que le verre ordinaire, il supporte très bien les variations brusques de température et résiste étonnamment aux chocs.

On raconte que M. de la Bastie, sa découverte faite, fabriqua une carafe, un plateau, des verres qu'il fit apporter dans sa salle à manger, en présence de quelques amis. A la grande stupéfaction de ces derniers, il prit le plateau des mains de son domestique et le lança violemment sur le parquet : rien ne fut cassé.

Des sphères pleines en verre trempé, d'un décimètre de diamètre, jetées d'un quatrième étage, tombent sur le pavé sans se casser et rebondissent à la façon d'une balle de caoutchouc jusqu'au premier étage.

Voilà un merveilleux produit. Il est bien regrettable, pensez-vous, qu'il ne soit pas plus répandu. C'est qu'il s'est heurté, dès son apparition, à l'hostilité des marchands de verre et de cristaux peu désireux de vendre un article d'une trop grande solidité. Ce n'est pas pour rien que beaucoup ont pris pour enseigne « Au père Fragile ». Le renouvellement de la marchandise — bien plus que la concurrence — est, en effet, l'âme du commerce.

LE VERRE DÉVITRIFIÉ OU PORCELAINE DE RÉAUMUR.

Chauffé, puis refroidi brusquement, le verre acquiert, nous venons de le voir, des propriétés nouvelles.

Chauffé jusqu'à ramollissement pendant vingt-quatre à quarante-huit heures, il se *dévitrifie*, c'est-à-dire devient opaque

(1) Voir F. Faideau. *La chimie amusante*, MM. Montgredien et Cie, éditeurs.

et prend l'aspect d'une poterie à pâte blanche ; c'est la *porcelaine de Réaumur*, que ce savant du xviii° siècle a cherché à introduire dans l'usage courant, mais sans grand succès à cause de son prix de revient assez élevé.

Le verre dévitrifié est un peu moins dense que le verre ordinaire ; très dur, il fait feu au briquet, il est un peu moins cassant que le verre ordinaire. Il est formé de petits cristaux allongés, parallèles, perpendiculaires à la surface du verre.

On a trouvé quelquefois, dans les fours des verreries mis hors feu par accident, des cristaux de verre ayant jusqu'à 3 centimètres de longueur. Ils diffèrent du verre non cristallisé parce que la soude y fait presque complètement défaut.

SOLUBILITÉ DU VERRE DANS L'EAU.

Le verre est-il soluble dans l'eau ? La question semble tout au moins bizarre, puisque c'est dans des bouteilles qu'on emprisonne les liquides. Les expériences de Scheele et de Lavoisier ont montré cependant que l'eau altère le verre par une ébullition prolongée. Après 101 jours de distillation dans un alambic de verre, Lavoisier constata que son appareil avait perdu 9 décigrammes.

Mais si on pulvérise, on obtient des résultats surprenants.

En mettant de la poudre de verre en contact avec l'eau froide pendant quelques minutes, Pelouze vit que le verre perdait 2 à 3 p. 100 de son poids. Placé dans l'eau bouillante pendant cinq jours, le verre pulvérisé perdit *le tiers de son poids*.

Est-ce bien une dissolution ? MM. Mylius et Forester affirment que c'est une décomposition. L'eau décomposerait le verre en alcali libre et acide silicique qui s'hydrate en partie et entre en solution.

LA PRÉTENDUE POROSITÉ DU VERRE.

L'opinion que le verre est poreux s'est répandue sur les bords du lac de Côme, à la suite de l'expérience suivante qui y fut accomplie il y a quelques années par plusieurs amateurs.

On descend à 60 mètres de profondeur dans le lac une bouteille de champagne, vide, bouchée à la machine avec un gros bouchon, cachetée à la cire et lestée d'un poids suffisant. Un flotteur auquel est attachée la corde indique l'endroit où s'accomplit le miracle. Au bout de huit à dix heures on retire la bouteille, elle est aux deux tiers pleine d'eau et pourtant le bouchon et la cire paraissent parfaitement intacts.

En réalité, le bouchon se rapetisse sous la pression de six atmosphères qu'il supporte, la cire à cacheter se fendille et laisse pénétrer l'eau. Quand on remonte la bouteille, la pression diminue et le liège, par sa propre élasticité, reprend son volume primitif.

La preuve qu'il en est bien ainsi, c'est qu'une sphère de verre soufflé, complètement close, soumise à la même expérience ne laisse pas pénétrer une goutte d'eau.

Sous l'action de l'électricité cependant le verre peut se laisser traverser. On plonge un ballon contenant du mercure et de l'acide sulfurique dans un amalgame de sodium ; on chauffe légèrement et on fait passer un courant électrique de l'extérieur vers l'intérieur; au bout de très peu de temps on constate que le sodium, grâce à l'électrolyse, traverse le verre et se dissout dans le liquide qui remplit le ballon.

ACTION DE LA LUMIÈRE ET DE LA CHALEUR SUR LE VERRE.

Les effets de l'insolation du verre ne sont guère plus connus que ceux de l'électrisation. Ils sont réels cependant. Tous les verres contenant des traces de manganèse, un peu jaunâtres à la sortie de l'usine deviennent violets par l'exposition à l'air et à la lumière, tandis que la partie protégée par le mastic reste jaunâtre.

Sous l'action de la chaleur, le verre, comme la plupart des corps, se dilate. Bien que très faible, cette dilatation peut être mise en évidence par une élégante expérience de cours due à un physicien anglais, M. Campbell.

On dresse verticalement sur une table un long tube de verre fixé seulement à sa partie inférieure. On le chauffe d'un seul côté avec un bec Bunsen; on le voit s'incliner du côté non chauffé, par suite de la dilatation du côté chaud, l'autre restant froid. Quand on retire la source de chaleur, le tube reprend vite sa position première.

MANIER DU VERRE INCANDESCENT SANS SE BRULER.

Mais voici une autre expérience qui semble d'une exécution moins facile.

Quand on plonge dans l'eau froide une masse de verre incandescente, il ne se produit dans l'eau aucun signe d'ébullition.

Le verre est aperçu rouge à travers l'eau, et ce n'est pas

Fig. 179. — La danse, pieds nus, sur des éclats de verre.

sans effroi qu'on voit un ouvrier le manipuler, le remuer dans tous les sens. Avec un peu de hardiesse, on en ferait autant sans se brûler.

Il y a deux temps dans l'expérience. Le premier est caractérisé par le passage de l'eau à l'état sphéroïdal, d'où isolement de la masse de verre en fusion. Dans le second, le verre est mouillé, sa surface se solidifie et prend la température de l'eau, mais l'intérieur est encore en fusion, et comme la couche solide est transparente, la masse entière semble incandescente. Le verre étant très mauvais conducteur de la chaleur, on conçoit qu'on puisse le manier sous l'eau dans cet état.

LA DANSE PIEDS NUS SUR DU VERRE CASSÉ.

Ce qui surprend tout autant, sinon plus, c'est la danse pieds nus sur des verres cassés, danse qui fut exécutée il y a quelques années, aux États-Unis, par un acrobate mexicain.

Arrivant sur la scène avec une boîte dont le fond était entièrement garni de verre cassé, il brisait encore quelques bouteilles et en jetait les fragments dans la boîte.

Il sautait alors sur celle-ci et se mettait à danser sans aucun dommage pour ses pieds (*fig.* 179).

Ces derniers avaient été trempés au préalable dans une solution saturée d'alun et ils avaient été frottés de résine ; de plus, les morceaux de verre, cassés devant le public, étaient jetés seulement dans les coins de la boîte, tandis que le fond était formé de verre préparé dont les angles trop aigus et les bords trop coupants avaient été émoussés.

Malgré ces précautions, peu de gens seraient désireux de répéter cet exercice en petit comité.

COUPER DU VERRE AVEC DES CISEAUX.

Pour couper le verre bien des procédés ont été donnés.

Aucun n'est plus curieux que celui qu'indique Bernardin de Saint-Pierre — qu'on ne s'attendait guère à voir en cette affaire — dans son *Voyage à l'île de France.* Dans son journal de bord, on lit ce qui suit : « Le 7 avril 1768, nous prîmes des bonites.

« Je vis couper du verre dans l'eau avec une grande facilité, effet dont j'ignore la cause. » (*fig.* 180.)

Avec une forte paire de ciseaux on coupe, en effet, dans l'eau du verre aussi aisément que du carton.

DESSIN SUR VERRE PAR L'ALUMINIUM.

M. Margot, préparateur de physique à l'Université de Genève, a signalé la propriété que possèdent l'aluminium et le magnésium d'adhérer assez fortement aux substances à base de silice pour laisser des traces très visibles.

Sur du verre bien nettoyé, mais humide, on peut tracer, avec un crayon en aluminium préalablement effilé, des lettres, des dessins de toutes sortes.

On réussit beaucoup mieux, disons-le d'ailleurs, en em-

Fig. 180. — Comment on coupe du verre dans l'eau avec des ciseaux.

ployant une meule en aluminium en rotation rapide. On peut alors se dispenser de mouiller le verre. Les dessins obtenus sont d'une netteté remarquable et présentent des reflets chatoyants qui flattent agréablement l'œil.

CHAPITRE XXIV

LE DIAMANT

Le diamant, au premier rang des pierres précieuses par sa dureté, son éclat, sa rareté surtout, est, comme on sait, du carbone pur. On le rencontre sous trois états : le *diamant cristallisé*, incolore ou légèrement teinté, le *boort*, à faces courbes, employé pour polir le premier, et le *carbonado* ou *diamant noir*, inutilisable dans la parure, mais précieux, ainsi que le boort, pour scier et percer les roches les plus dures. Le diamant se rencontrait jadis aux Indes et au Brésil ; on en trouve de petites quantités à Bornéo, en Australie et en Chine, mais il n'y a actuellement qu'un seul gisement important, celui du Griqualand, avec Kimberley pour capitale.

Les diamants s'y rencontrent dans de grandes colonnes cylindriques de 100 à 600 mètres de diamètre enfoncées verticalement jusqu'à une profondeur qui semble indéfinie, au milieu de terrains absolument stériles ; ce sont les *cheminées diamantifères*.

Les roches sont extraites, exposées pendant six mois à l'air, ce qui les rend friables, puis passées à l'eau, criblées, triées à la main. Pour obtenir un carat ($0^{gr},205$) de diamant qui vaut environ 32 francs sur la mine, il faut trier un mètre cube de terre (*fig.* 181, *3*).

On recueille par jour, dans le district, environ un demi-litre de diamants, du poids de 1800 grammes et valant 260 000 francs. Kimberley expédie en Europe 650 kilog. de diamant par année.

On en trouve même dans les rues de la ville qui fut macadamisée à l'origine à l'aide des déchets de la mine. On a depuis « lavé » les rues, ce qui a produit pour plusieurs millions de francs de pierres précieuses. Pas de chances d'en rencontrer autant à Paris, surtout depuis l'invasion du pavé de bois.

LES DIAMANTS EXPLOSIBLES.

Les diamants extraits de la mine subissent une légère diminution de poids; comme les pierres de taille ils perdent leur eau de carrière. On en a vu même parfois éclater pendant la première huitaine de leur exposition à l'air. Les morceaux en sont bons, certes; mais on a beau les réunir, ils ne valent pas le diamant entier, la valeur augmentant proportionnellement au carré du poids.

On évite cet accident ruineux en entourant le diamant d'une couche de suif, ou en lui donnant pendant quelques semaines une pomme de terre pour écrin.

LES PLUS GROS DIAMANTS DU MONDE.

Pour loger l'*Excelsior*, découvert le 30 juin 1893, près de Kimberley, il a fallu une belle pomme de terre. Il pèse 971 carats, soit 205 grammes. Il a $7^{cm},619$ de hauteur et $6^{cm},348$ de largeur (*fig.* 181 ; *1*). Escorté au Cap par un escadron du 16ᵉ lanciers, il fut embarqué pour l'Angleterre sur une canonnière. Sa teinte est légèrement bleuâtre, mais son éclat est incomparable. On l'évalue à 25 millions. Belle trouvaille, n'est-ce pas?

Mais le plus gros diamant du monde fut présenté le 23 septembre 1895 à l'Académie des sciences par M. Moissan. De la grosseur du poing, cette pierre pesait 630 grammes! Empressons-nous d'ajouter que c'était un diamant noir valant environ 200 000 francs et qui, après cette présentation purement honorifique, fut brisé pour les usages industriels.

On évalue le volume total des diamants taillés du monde entier à 4 mètres cubes, représentant un capital de 3 milliards (*fig.* 181 ; *1*). Mais si les mines du Griqualand continuent leur production intensive, ce stock sera triplé à la fin du vingtième siècle.

LES BAGUES EN DIAMANT.

Comme curiosités relatives à la joaillerie, nous nous bornerons à parler des *bagues en diamant* et des *diamants gravés*.

Tailler une bague dans un bloc de diamant est une opération des plus délicates, d'une part à cause de la dureté de la pierre ; d'autre part à cause du clivage et des veines qu'il faut bien connaître avant de commencer le travail.

Fig. 181. — 1. L'*Excelsior*, le plus gros diamant du monde, en vraie grandeur. — 2. Vrais diamants et diamants faux vus aux rayons X. — 3. Tas de terre de Kimberley contenant 1 centimètre cube de diamant. — 4. Le stock des diamants taillés du monde entier.

M. Bordinck semble être le premier joaillier ayant taillé une bague dans du diamant. Son travail fut exposé à Anvers en 1890. Quatre ans plus tard, M. Gustave Antoine montra à l'Exposition d'Anvers une bague en diamant de 17 millimètres de diamètre extérieur et de 11 millimètres de diamètre intérieur.

LES DIAMANTS GRAVÉS.

C'est également M. Bordinck qui, par des procédés tenus secrets, a réussi à graver le diamant.

La gravure sur diamants et pierres précieuses constitue des joyaux plutôt curieux que réellement beaux. Elle permet d'utiliser des pierres trop minces pour être taillées à facettes, ou des pierres déshonorées par des défauts trop visibles. On s'arrange pour que la gravure ou le reperçage enlève ces défauts ; de là le caprice apparent qui semble résider dans le choix des modèles adoptés pour les pierres précieuses gravées.

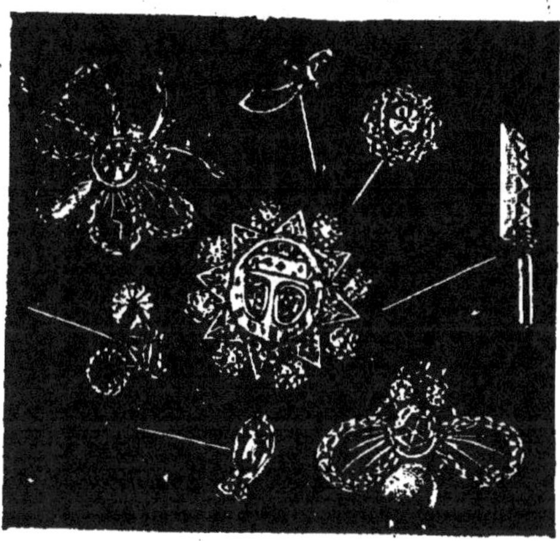

Fig. 182. — Diamants gravés.

Notre gravure reproduit quelques-uns de ces bijoux étranges (*fig.* 182).

On y voit une épingle en forme de yatagan avec lame en diamant et poignée en rubis ; une autre épingle forme une table arrondie avec une pensée gravée ; une autre figure un couteau de table.

Ce sont encore, une mouche, une abeille dont les corselets, les têtes sont formés de pierres différentes, mais les ailes sont en diamants avec des nervures très délicates ; un tricycle à roues complètement ajourées, un poisson taillé et gravé formant épingle ; enfin, au centre, une broche avec un gros diamant taillé et gravé, entouré de saphirs et de brillants.

LES DIAMANTS TOMBÉS DU CIEL.

En 1891, M. Kœnig, étudiant un fragment d'une météorite tombée dans l'Arizona, y trouva une cavité tapissée de petits diamants noirs.

Deux ans après, dans un échantillon de la même pierre, Friedel en découvrit d'autres ; M. Moissan y trouva même le diamant incolore et transparent en grains parfaitement discernables, rayant le rubis et brûlant dans l'oxygène en laissant une proportion à peine visible de cendres.

Partant de ces recherches, plusieurs personnes ont cru pouvoir admettre l'origine céleste du diamant. Tout le diamant rencontré dans le sol proviendrait de la chute de météorites. Un des principaux arguments donnés à l'appui de cette théorie fantaisiste c'est que souvent les diamants se trouvent au fond de puits verticaux creusés dans le sol, comme si la terre avait été perforée par un projectile céleste. Par suite de l'ancienneté de la chute, le fer, qui existe toujours dans les météorites diamantifères, aurait disparu sous l'action de la rouille et il ne serait resté que le carbone cristallisé.

LE DIAMANT ARTIFICIEL.

Quoi qu'il advienne de cette théorie, le diamant a dû se former dans la nature sous l'influence d'une haute température et d'une forte pression.

Ces conditions peuvent être réalisées dans l'industrie. Quand l'acier fondu se refroidit, ses molécules se contractent, compriment le carbone qui, à cette haute température, se transforme partiellement en diamant. Aussi tous les couteaux en contiennent-ils des fragments microscopiques.

Les alchimistes du siècle dernier cherchaient en vain à faire de l'or; les nôtres, plus heureux, ont réussi à fabriquer le diamant. Ce n'est pas encore une opération avantageuse; elle revient fort cher, mais elle constitue un beau succès scientifique. Que la gemme obtenue pèse 2 milligrammes ou 5 grammes, qu'elle coûte 10 francs ou 10 000 francs, la possibilité de la former est toujours démontrée.

M. Moissan, en février 1893, a, le premier, fabriqué le diamant artificiel avec du charbon de sucre placé dans un cylindre de fer doux et précipité dans un creuset plein de fer en fusion à la température de 3 000° obtenue dans son four électrique.

Le fer se sature de carbone, c'est-à-dire devient de la fonte. On retire le creuset, on le plonge dans l'eau; il se forme à la surface une couche de fer solide. A mesure que la température baisse, la fonte, liquide à l'intérieur, tend à se dilater, mais trouvant une enveloppe très résistante, elle est soumise à une pression considérable. Après refroidissement complet, on trouve des parcelles de diamant grosses comme des têtes d'épingle.

Nous avons vu qu'un savant italien, modifiant le procédé Moissan, avait songé à fabriquer le diamant à coups de canon (1).

LE MAQUILLAGE DU DIAMANT.

Le prix du diamant naturel varie non seulement avec son éclat, mais aussi avec sa coloration. On peut, par artifice, modifier cette dernière.

En 1866, MM. Halphen transformèrent par le chauffage un diamant jaunâtre en un diamant rose de valeur double. Malheureusement pour eux, huit jours après il reprenait sa teinte primitive, pour redevenir rose autant de fois qu'on le chauffait.

Cette transformation est due à l'action de la chaleur sur le fluorure d'aluminium qui colore les diamants jaunes. On réussit même avec les topazes qui, de jaunes, deviennent roses à température élevée.

Cette teinte jaune fait le désespoir des diamantaires. Certains, peu scrupuleux, sont parvenus à obtenir, avec des diamants couleur de miel, des pierres incolores, et d'une belle eau en les plongeant dans une solution de violet d'aniline. Un lavage à l'eau forte découvre ce maquillage.

Si les falsifications sont nombreuses, les imitations le sont plus encore. Le corindon, le grenat décoloré, le cristal de roche et même le strass brillent comme du diamant. La différence de dureté permet à elle seule de reconnaître la nature de ces joyaux.

Un crayon d'aluminium laisse une trace sur le diamant faux, n'en laisse pas sur le diamant vrai. — Ce dernier, exposé à une forte lumière, soleil ou arc électrique, et frotté ensuite devient phosphorescent dans l'obscurité. Rien de semblable avec les imitations.

Enfin, MM. Buguet et Gascard ont montré que le diamant est traversé par les rayons X, alors qu'au contraire, les grenats décolorés, le corindon, le quartz sont opaques à ces mêmes rayons (*fig.* 181 ; 2).

(1) Voir p. 303.

CHAPITRE XXV

L'ACIER

Les métaux ferreux sont : les *fers* proprement dits, les *aciers* et les *fontes*.

L'acier est une combinaison de fer et de carbone dont la teneur en ce métalloïde est comprise entre 0,4 et 1,5 p. 100. Quand elle dépasse ce chiffre, le métal cesse d'être malléable ; c'est une fonte.

LE CONVERTISSEUR BESSEMER.

L'acier est connu depuis des siècles : on l'obtient soit en carburant le fer, soit en décarburant la fonte.

Malgré l'antiquité de cette fabrication, on peut dire que l'ingénieur anglais, Henri Bessemer, a inventé l'acier en 1856, car il a inauguré un procédé qui a permis d'en abaisser le prix de 1 500 francs à 150 francs la tonne et de porter la fabrication de 50 000 à 12 000 000 de tonnes par an.

Jusqu'en 1856, il fallait plus de huit jours pour obtenir l'acier ; avec le procédé Bessemer, il faut une demi-heure.

Cette méthode, qui a bouleversé profondément l'industrie, consiste à faire passer de l'air dans la fonte en fusion ; sous l'influence de l'oxygène, le silicium brûle d'abord, puis le carbone, la fonte se décarbure et on a de l'acier fondu prêt à être employé.

L'opération se fait dans une cornue ou *convertisseur*, récipient en tôle épaisse, revêtu sur une épaisseur de 20 centimètres d'un enduit entièrement réfractaire contenant environ 90 p. 100 de silice. Cette cornue a d'ordinaire de grandes dimensions, parfois jusqu'à 3 mètres de diamètre sur 5 de profondeur ; elle oscille sur deux pivots qui lui permettent de décrire, dans un plan vertical, un arc de 300°. Ce mouvement est réglé par une roue dentée, qu'actionne le piston d'un cylindre hydraulique. L'un des pivots est creux et amène l'air par des tuyères perforées de nombreux orifices, donnant au total 100 à 150 jets.

On remplit d'abord la cornue de coke incandescent, dont on active la combustion en faisant passer de l'air afin de porter l'appareil à une haute température, puis on enlève le coke et on introduit par le goulot de l'appareil un jet de fonte liquide. L'air sous pression pénètre dans cette masse ; une flamme éclatante apparaît à l'orifice, en même temps qu'a lieu une violente ébullition du métal (*fig.* 183). Quand la flamme s'abaisse, perd son éclat et prend une teinte légèrement rosée, on arrête la soufflerie et on introduit dans le convertisseur le *spiegeleisen*, fonte spéciale contenant 10 p. 100 de manganèse qui rapporte du carbone, transforme le fer en acier, et joue un rôle épurateur. On fait passer de nouveau le courant d'air pendant une demi-minute.

Fig. 183. — Début de l'ébullition de la fonte dans le convertisseur Bessemer.

L'acier liquide est ensuite coulé dans un grand moule en fer revêtu d'un enduit réfractaire, puis dans des lingotières en contenant environ deux tonnes. Les lingots passent au laminoir ou subissent différentes autres préparations avant d'être employés.

QUELQUES PROPRIÉTÉS DE L'ACIER.

Les propriétés de l'acier sont remarquables. Il a plus de résistance que le fer, plus de nerf. Il se réduit en fils d'une finesse étonnante dont la ténacité est considérable ; un fil d'acier de 1 millimètre carré de section peut supporter, sans se rompre, un poids de 225 kilos.

Il peut s'obtenir en lames aussi minces que des feuilles de papier à cigarettes.

A l'exposition de Stockholm, en 1897, le public s'extasiait devant l'envoi des usines de Sandviken qui, parmi de nombreuses curiosités, renfermait une bande d'acier laminé à froid large de 6 centimètres, longue de 1 400 mètres, et pesant seulement 19 kilos et demi : son épaisseur n'était que de $0^{mm},03$.

A côté, on voyait le plus grand morceau d'acier qui ait jamais été laminé à chaud. Du poids de 563 kilos et d'une largeur de 19 centimètres, il avait 95 mètres de longueur.

L'acier fond plus facilement que le fer, moins aisément que la fonte. Il devient liquide vers 1 300°. Par ses teintes successives, on connaît sa température : le rouge sombre indique 450°, le rouge cerise 675°, le saumon 905°, l'orange 940°, le jaune clair 1 080°, le blanc 1 200°.

L'or en lame mince et quelques autres métaux présentent une certaine porosité sous une pression hydraulique intense ; l'acier est absolument réfractaire au passage du liquide. A l'arsenal de Washington on a soumis des tôles d'acier de $0^{mm},8$ d'épaisseur à une pression d'eau de 42 000 kilos par décimètre carré ; on n'a pas vu l'eau traverser le métal.

COMMENT ON TREMPE L'ACIER.

La *trempe*, qui consiste, comme on sait, à chauffer ce métal au rouge, et à le refroidir brusquement en le plongeant dans l'eau ou dans un autre liquide, modifie profondément sa structure et ses propriétés. Il devient très dur, mais cassant ; il a perdu sa souplesse et son élasticité. Il les reprend en partie par le *recuit*, qui se fait en plongeant le métal *trempé* dans des bains métalliques de plomb ou d'étain chauffés à la température de fusion, puis en laissant refroidir lentement.

La théorie de la trempe la plus généralement admise est la suivante : le refroidissement brusque de la barre d'acier amène une diminution de volume qui cause des pressions énormes ; les grains d'acier se resserrent et le métal se trouve durci. Mais les molécules de la barre métallique sont en équilibre instable, c'est la raison de sa fragilité.

On trempe à l'eau pure, à l'eau gommée, à l'huile, au mercure, aux acides, etc. Les pratiques bizarres ne sont pas rares encore. Certains ouvriers, rebelles au progrès, sont convaincus, par exemple, de l'efficacité d'une mixture de vinaigre, de sel marin et d'ail écrasé, à notre avis plus propre à assaisonner une salade qu'à tremper l'acier.

La *trempe à l'acide phénique* donne de bons effets, mais le « dernier cri » est la *trempe à l'air liquide*, qui communique aux outils d'horloger et de lapidaire une dureté incroyable.

La *trempe par l'électricité* consiste à immerger la pièce chauffée dans un bain conducteur traversé par un fort courant, ce qui, paraît-il, donne des résultats étonnants.

La *trempe par compression*, imaginée par M. Clémandot, sort des chemins battus. On place le bloc d'acier, fortement chauffé, entre les plateaux bien dressés d'une presse hydraulique, et on le soumet, jusqu'à refroidissement complet, à une pression qui peut atteindre 30 kilos par millimètre carré.

L'acier comprimé conserve plus longtemps ses propriétés que l'acier trempé ; son grain est plus fin ; il n'est pas rendu cassant ; on peut encore, par la suite, le limer et y percer des trous.

GRAVURE SUR ACIER PAR LE PLOMB.

A cause de cette dureté, vous aurez peine à croire qu'avec un burin de plomb on puisse graver sur acier. Rien n'est plus exact, et voici la méthode employée pour réussir cette expérience paradoxale :

On grave un caractère quelconque, chiffre ou lettre, sur la pointe d'une balle en plomb, puis on tire cette dernière normalement contre une plaque en acier poli, à grain très fin. Le projectile est presque volatilisé par le choc, mais on retrouve le caractère imprimé en relief au fond de l'empreinte laissée par lui sur l'acier (*fig.* 184 ; *1*).

COMBUSTION SPONTANÉE DE PARTICULES D'ACIER.

On a parlé souvent de la combustion spontanée du charbon, du foin, etc. ; celle de l'acier était jusqu'ici inédite. C'est un fabricant de Chicago, M. Kellett, qui l'a observée le premier.

Une meule en émeri pour user des plaques d'acier très dures était mouillée depuis longtemps par une éponge, qui avait fini par se remplir de grains d'acier détachés sous l'action de la

meule. L'éponge, après un long service, fut retirée et déposée
sur une planche en sapin. Elle y mit le feu. Les particules
d'acier avaient dû s'oxyder rapidement au contact de l'éponge

Fig. 184. — *1.* Gravure sur acier par une balle de plomb. — *2.* Combustion
spontanée de particules d'acier.

humide, dégageant assez de chaleur pour produire l'incandescence (*fig.* 184 ; *2*).

QUELQUES USAGES CURIEUX DE L'ACIER.

Rails, canons, fusils, navires, ponts, cycles, ressorts, outils
de toutes sortes, etc., utilisent des million de tonnes d'acier.

La fabrication des *cloches d'acier*, au son très pur et d'un prix très abordable, a pris ces temps derniers une grande importance.

Les *barils en acier soudé* fabriqués en Angleterre à l'aide de machines très compliquées n'ont pas eu jusqu'ici un succès bien éclatant.

Un emploi plus intéressant est celui de l'*acier broyé* comme matière à polir. Cette poudre, fabriquée en Amérique, est obtenue à l'aide de vieux matériaux en acier fondu, par exemple avec des scies hors d'usage. On les trempe, on les broie grossièrement, et on trie par le tamisage les grains de tailles diverses. Les plus gros servent au polissage des pierres, les plus fins à celui du verre. On emploie cette poudre en la mouillant un peu. Elle peut servir beaucoup plus longtemps que l'émeri, car au lieu de s'arrondir par l'usage, les grains se fendent et il se forme de nouveaux angles vifs.

LES ACIERS SPÉCIAUX.

Une catégorie importante d'aciers est celle dite des *aciers spéciaux* qui comprend des alliages de fer et de différents métaux.

Les aciers à l'argent, au platine, au rhodium, n'entreront pas de sitôt dans la pratique, par suite de la cherté du métal allié. L'acier à l'aluminium est encore une curiosité. Les aciers au chrome, au tungstène, au molybdène, au nickel, d'une dureté et d'une résistance extrêmes, ont des applications surtout pour le blindage des navires.

De tous, les aciers au nickel ont les propriétés les plus remarquables. Jusqu'à 25 p. 100 de nickel, ils ne sont pas magnétiques ; pour les teneurs supérieures, ils le deviennent. Certains ont une dilatation très faible, presque nulle, d'où une foule d'applications aux instruments de physique et de géodésie, aux pendules compensés, etc.

CHAPITRE XXVI

LE SABLE

Le sable, formé de petits grains siliceux, est dû à l'action des eaux courantes. Plus ou moins blanc ou gris d'ordinaire, il est fréquemment coloré en rouge ou en jaune par des sels de fer.

Ses usages : il sert à sabler les allées, à fabriquer le verre, à préparer le mortier, il entre dans la confection du *papier de verre* pour fourbir les métaux communs et qui est tout simplement formé de grains de sable de différentes dimensions collés sur du papier.

Dans la nature le sable forme des plages au bord de la mer ou le long des cours d'eau ; dans certaines conditions il s'accumule en collines nommées *dunes*.

LE MODE DE FORMATION DES TROMBES DE SABLE.

Au soleil, le sable s'échauffe plus vite que l'air. Dans les régions désertiques il en résulte des trombes qui, pour l'Afrique, ont été étudiées par M. Pictet, à l'aide de thermomètres et de petits corps légers. Au milieu de la matinée la température de l'air étant $+ 22°$, celle du sable atteint $+ 30°$, mais elle monte rapidement et peut atteindre $+ 75°$ vers deux heures après midi. D'où un mouvement giratoire de bas en haut qui peut entraîner des objets assez lourds, comme chapeaux, grands journaux, etc.

LA GRAVURE AU SABLE.

En raison de sa dureté, le sable entraîné par le vent a des effets mécaniques qu'on ne soupçonnerait pas. En certains points, il use les roches et même les troncs d'arbre qui sont striés et polis comme par les glaciers. Les verres à vitres exposés au sable poussé par le vent, près des bords de la mer, perdent, au contraire, leur poli.

Un Américain, M. Tilghman, de Philadelphie, a songé, dès 1871, à utiliser cette propriété du sable. Au cours de ses premières expériences, il lança à l'aide de la vapeur d'eau un jet de sable quartzeux contre un bloc de corindon et y fit, en moins d'une demi-heure, un trou de 4 centimètres de diamètre et d'une profondeur égale.

Ces résultats paraîtront d'autant plus curieux que le corindon est beaucoup plus dur que le sable. Bien mieux, le poids d'un diamant diminua sensiblement en une minute et, dans le même temps, une topaze fut complètement détruite.

En variant ses expériences, M. Tilghman se rendit compte de l'importance du procédé qu'il venait de découvrir. Quelques secondes d'exposition au jet de sable suffiraient pour dépolir complètement une plaque de verre. En recouvrant certaines parties de la surface de cette dernière avec un dessin ou un modèle en caoutchouc ou en papier, etc., on peut obtenir une gravure.

Avec un jet plus faible, une délicate feuille de fougère n'est pas attaquée, tandis que le verre est dépoli, d'où un dessin très fin.

Les patrons de papier ou de caoutchouc, les feuilles de plantes s'usent moins vite que le verre ou la pierre, sans doute parce que les grains rebondissent sur leur surface molle et élastique.

Un verre à vitre partiellement garanti par une toile métallique est bientôt perforé, formant un tamis de verre.

En adaptant à l'appareil qui contient le sable un tube flexible qu'on peut faire mouvoir dans tous les sens, on grave le verre, on trace des rainures, des moulures, des lettres dans la pierre, le marbre, on décape les métaux, on nettoie les pièces de fonte, de fer, d'acier, on retaille les limes.

A New-York, en 1896, on a nettoyé par ce procédé un viaduc métallique de 350 mètres de long avant de le peindre. Un mètre carré était décapé en cinq minutes et exigeait 30 litres de sable sortant à la vitesse de 90 mètres à la seconde. L'orifice de chaque tuyau, tenu à 15 centimètres des surfaces à nettoyer, avait 18 millimètres de diamètre. On a ainsi nettoyé des carènes de navire. La méthode est rapide et d'une grande perfection.

L'appareil employé par Tilghman consistait en une trémie cylindrique contenant le sable sec qui s'écoule par un tube placé à la partie inférieure. Au-dessus de ce premier tube en est un autre plus étroit qui amène un jet de vapeur ou d'air d'une machine soufflante. Le sable est entraîné violemment par ce jet.

Fig. 185. — *1*. Dessins aux sables colorés. — *2*. Nettoyage des surfaces métalliques.
3. Les têtes de chat, concrétions de sable.

L'appareil que reproduit notre gravure (*fig.* 185 ; 2) est un perfectionnement du précédent, dû à M. Mathewson. Une cage de verre ou un masque respiratoire permet à l'ouvrier d'éviter les dangereuses poussières produites pendant l'opération.

On peut, du reste, supprimer la pression et remplacer le

sable par d'autres substances. C'est ainsi qu'en 1872, M. Morse a pris un brevet pour une méthode permettant d'obtenir une gravure extrêmement fine en laissant tomber d'une certaine hauteur, *sans pression*, un mélange de sable et de corindon pulvérisé.

M. G. Hopkins, en 1886, a obtenu des résultats analogues en donnant un simple mouvement d'oscillation à une boîte de laquelle s'écoule un mélange d'émeri et de plomb de chasse.

LES DESSINS AUX SABLES COLORÉS.

Puisque nous parlons de gravure au sable, nous ne pouvons passer sous silence les dessins aux sables colorés.

Plongeant la main droite dans une série d'assiettes contenant des sables de couleur, on les laisse tomber sur une table en filets réguliers. On peut, avec un peu d'habitude et beaucoup de goût, former de charmants paysages, des portraits ou, tout simplement, des lettres tracées en traits aussi déliés qu'avec un pinceau (*fig.* 185 ; *1*).

LES SABLES SONORES.

Après la peinture, la musique. Les *sables chantants* ou, mieux, les *sables sonores* décrits pour la première fois par Seetzen en 1810, se rencontrent en plusieurs points du globe, dans l'île de Hauï (Hawaï), à Beg-Rawan, près de Caboul, sur la plage de Manchester (Massachusetts, États-Unis). Le gisement le plus célèbre est le Gebel-Nagus ou « montagne de la cloche », colline sablonneuse de 60 mètres de hauteur, non loin du massif du Sinaï. Le sable, chauffé par le soleil, glisse à certains moments le long de la pente très forte de cette colline (31° d'inclinaison), produisant un bruit singulier, léger au début, augmentant avec la rapidité de la progression du sable. Il rappelle les notes les plus aiguës d'une harpe éolienne et est perceptible à distance.

Un Américain, M. Bolton, qui a fait une étude complète des sables sonores, est arrivé aux conclusions suivantes : tous sont purs, ne contiennent ni poussière, ni vase ; leurs grains anguleux ou arrondis ont de 0^{mm},3 à 0^{mm},5 de diamètre ; leur nature est très variable. Quand ils ont été mouillés et que l'humidité s'évapore, il se forme à la surface de chacun une pellicule d'air qui remplit le rôle d'un caisson élastique et permet au sable de vibrer quand il remue. Le chauffage, le frottement, les secousses, en détruisant l'enveloppe d'air, *tuent* le sable, c'est-à-dire le rendent muet.

LES SABLES FLOTTANTS.

Les *sables flottants* de la rivière Llano sont une curiosité naturelle non moins extraordinaire. Ce sont des sables siliceux que de petites vagues détachent des rives et qui forment à la surface de l'eau des plaques de la largeur d'une pièce de un franc qui bientôt s'attirent, se réunissent à la suite d'actions capillaires et forment des plaques de 30 à 40 centimètres. M. Simonds a fait des expériences de laboratoire sur ces sables, dont la densité est de 2,6. En les laissant glisser doucement d'une feuille de papier sur l'eau d'un vase, il a vu qu'une partie tombait, mais qu'une autre surnageait, formant une dépression à la surface de l'eau. Certains grains flottèrent pendant plus d'un mois. Les grains angulaires sont ceux qui se maintiennent le plus longtemps ; ils s'attirent quelquefois à la distance de 4 centimètres.

LES TÊTES DE CHAT.

Abandonnons les rivières américaines pour la région de Paris. On trouve dans le terrain éocène, dans les sables qui surmontent le *calcaire grossier*, des grains agglutinés par un ciment naturel calcaire ou magnésien formant de petites boules plus ou moins régulières, ressemblant parfois à des fruits, souvent à des *têtes de chat*, d'où le nom qui leur a été donné par les carriers (*fig.* 185 ; *3*).

LES VOIES SABLÉES DANS LES GARES.

Ce nouvel emploi du sable tend à se généraliser ; il est susceptible d'éviter certains accidents trop fréquemment renouvelés depuis quelques années et qui ont pour cause l'imprudence des mécaniciens ou le non-fonctionnement des freins.

Il existe dans la gare du chemin de fer de Dresde-Neustadt une voie sablée de 500 mètres de longueur. Les rails, qui peuvent être vieux et usés, car les roues n'y portent guère, s'enfoncent de plus en plus dans le sable et finissent par être cachés sous une couche de 5 à 6 centimètres. Le sable est maintenu latéralement par des longrines ; il doit être arrosé souvent en été à cause du vent. Peu à peu la voie sablée rejoint la voie ordinaire.

Quand l'aiguilleur remarque qu'un train entre à une trop grande vitesse dans la gare, il le lance sur cette voie de sûreté.

Un jour, un train de marchandises comportant 20 vagons qui pesaient plus de 420 tonnes, traîné par une machine de 60 tonnes, arriva sur la voie sablée à la vitesse de 40 kilomètres à l'heure. Il s'arrêta cependant à 25 mètres du bout de cette voie. Malgré la présence de vagons vides intercalés entre des vagons chargés, le matériel ne subit aucuns dégâts.

Avec l'emploi général de cette méthode nous ne verrions plus de locomotives venant défoncer les buttoirs, les murs des gares, ou même tomber d'un deuxième étage, et bien des accidents de personnes seraient évités.

LES BAINS DE SABLE.

Terminons le chapitre du sable en indiquant son emploi en médecine. Le malade, placé en plein air, est plongé partiellement ou complètement — moins la tête, bien entendu, qui repose sur un coussin — dans un bain de sable chauffé au gaz à 45° lors des premières séances, plus tard à 50° ou même à 60°. Il en résulte une dilatation des vaisseaux superficiels et une sudation abondante favorables aux rhumatisants et aux arthritiques.

A la fin de la séance, un nouveau bain, d'eau, cette fois, est nécessaire pour débarrasser le malade du sable collé à sa peau.

CHAPITRE XXVII

LE PAPIER

Le xix° siècle aura été non seulement le siècle du fer, mais encore celui du papier. Grâce au papier, l'instruction à tous les degrés se répand dans le monde, la presse exerce son influence, les relations commerciales ou amicales sont facilitées, les valeurs fiduciaires remplacent le métal ; il n'est pas une industrie qui n'emploie le papier.

LA TRANSFORMATION DES FORÊTS EN JOURNAUX.

Depuis longtemps le chiffon ne suffit plus à la fabrication de cet indispensable produit ; grâce aux progrès de la chimie on le retire surtout du bois : les arbres des forêts se transforment en papier avec une rapidité inquiétante. Des espaces immenses sont défrichés, en une année seulement, pour nous donner notre pâture quotidienne de journaux.

Pour donner une idée de cette activité dévastatrice, nous dirons qu'aux États-Unis il y a actuellement plus de mille fabriques en plein travail, dont le rendement s'élève à 13 000 tonnes de papier par jour.

Le sapin et le peuplier, surtout recherchés pour cet usage, sont coupés en bûches de 1ᵐ,33 de longueur sur 22 centimètres et demi de diamètre.

Ces bûches subissent, dans une machine spéciale, une mouture qui les transforme en ce qu'on nomme la *pulpe de bois* ou la *pâte de bois mécanique* (*fig.* 186), simple matière de remplissage qu'on peut assimiler, par exemple, au kaolin, avec lequel on *charge* souvent la pâte de papier. Au microscope le bois moulu se présente sous la forme de petits fragments ayant 1 à 2 millimètres de longueur sur un demi-millimètre de largeur.

Quant à la *pâte chimique*, avec laquelle on fait le papier, elle est obtenue en traitant la pulpe de bois par une solution de bisulfite de chaux à 130°, réactif énergique, qui décolore le bois et dissout les gommes. La cellulose reste presque pure et il suffit de quelques lavages à l'eau pour avoir la pâte prête à servir.

Un seul numéro du *Petit Journal* utilise 20,000 kilogrammes de papier et, par suite, l'abatage de 125 sapins de trente ans ; or il y a 365 numéros dans l'année, et le *Petit Journal* n'est pas la seule feuille donnant les nouvelles au public français. On voit que, si on n'y prend garde, nos forêts s'en iront en peu de temps, transformées en journaux. Quant à la rapidité de cette transformation, elle tient de l'escamotage (1).

DISTINCTION DU PAPIER A LA FORME DU PAPIER A LA MACHINE.

On conçoit que dans ces conditions, la qualité du papier ait baissé. Il y a loin, en effet, du vigoureux papier à la forme, d'autrefois, qui brave toujours le temps, à notre papier d'aujourd'hui fabriqué hâtivement à la machine avec un peu de chiffon et beaucoup de pulpe de bois.

Pour distinguer le papier à la forme — car il s'en fabrique encore — du papier à la machine, il suffit d'en découper une rondelle et de la déposer à la surface de l'eau. Si les deux côtés de la rondelle se relèvent et s'enroulent vers le milieu, c'est qu'elle est constituée par du papier à la machine ; si, au contraire, elle devient simplement concave, c'est du papier à la forme (*fig.* 187 ; 2).

Tandis que dans la fabrication à la main le papier est vraiment homogène et d'une égale résistance dans tous les sens, dans le papier à la machine la résistance au déchirement est beaucoup plus grande dans le sens de la longueur des fibres que dans celui de la largeur.

DÉTERMINER LE SENS DES FIBRES DU PAPIER.

Pour reconnaître ce sens, un Suédois, M. Nickel, a indiqué cette méthode aussi simple qu'élégante : on découpe dans une feuille de papier deux bandes de 15 millimètres de large, l'une

(1) Voir p. 65.

dans un sens, l'autre dans une direction perpendiculaire, et on les tient ensemble appliquées l'une contre l'autre par leur extrémité, comme l'indique la figure.

Fig. 186. — Conversion des bûches en copeaux et en pâte de bois mécanique.

On les fait incliner alternativement d'un côté, puis de l'autre. Dans l'une des positions les deux bandes restent unies ; dans l'autre elles se séparent ; la bande qui conserve sa rigidité indique le sens des fibres (*fig.* 187 ; *I*).

L'ESSAI DES PAPIERS.

Pour déterminer la valeur d'un papier on lui fait subir, dans les laboratoires d'essais, une série d'épreuves, les unes micro-

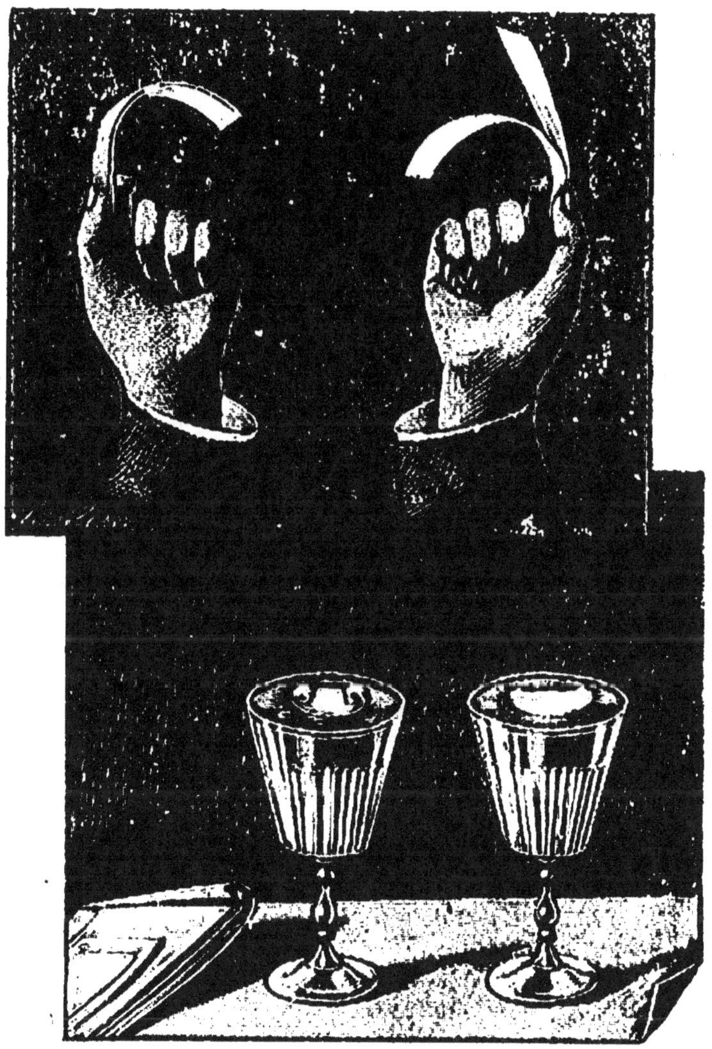

Fig. 187. — 1. Reconnaître le sens des fibres du papier. — 2. Reconnaître le papier à la forme du papier à la machine.

scopiques ou chimiques pour déterminer sa composition, les autres mécaniques pour connaître son épaisseur, sa résistance au pliage, au froissement, à la perforation, à la déchirure.

Les essais mécaniques sont les plus importants et, en particulier, l'épreuve par laquelle on détermine la principale qualité de ce produit, c'est-à-dire sa résistance au déchirement.

On l'obtient à l'aide d'un appareil dynamométrique qui donne en même temps le poids de rupture et l'allongement à la rupture. Il se compose (*fig.* 188) de deux pinces entre lesquelles on fixe la bande de papier à essayer.

Fig. 188. — Essai de la résistance du papier.

On écarte ces deux pinces de façon régulière au moyen d'une vis actionnée par une manivelle ; en même temps une longue aiguille se déplaçant sur un quadrant divisé donne, au moment de la rupture, une indication qui n'est autre que le poids de rupture cherché. Un petit appareil accessoire donne l'allongement de l'échantillon.

Tandis que le papier fabriqué à la main a une résistance égale dans tous les sens, le papier à la machine a une résistance au déchirement et une faculté d'extension variables. La résistance est plus grande du tiers dans le sens de la longueur; c'est le contraire pour la faculté d'allongement.

Il faut donc toujours faire les essais doubles sur des bandes prises dans les deux sens et prendre la moyenne.

On exprime d'ordinaire la résistance d'un échantillon à la rupture par la longueur de la bande de papier qui serait nécessaire pour que la rupture eût lieu par son propre poids. Ainsi une feuille du papier dont sont faites les obligations de la ville de Paris se rompt sous un poids de 6 ^{kilog}, 3 ; elle se romprait elle-même sous son propre poids, si elle avait 5313 mètres de longueur.

On utilise encore la machine décrite plus haut pour déterminer la résistance à la perforation. On tend l'échantillon sur un cercle de cuivre, et un piston arrondi vient appuyer sur lui jusqu'à perforation. Il n'y a aucune relation entre la résistance à la traction et la résistance à la perforation.

Quant à la résistance au pliage, au frottement, etc., agents ordinaires de détérioration du papier, on peut l'obtenir par différents procédés dont le plus simple, mais le plus long, consiste à mettre dans sa poche les échantillons pliés. Au bout de quelques jours le bon papier de chiffon est intact, les autres sont plus ou moins abîmés.

Ce procédé est peu recommandable pour des gens qui ont à essayer des milliers d'échantillons dans une année. On préfère froisser violemment l'échantillon entre les mains, le plier à différentes reprises dans plusieurs sens, etc., et voir au bout de combien d'essais il se déchire.

Les essais chimiques sont également fort compliqués. On brûle le papier, on examine les cendres : s'il y en a plus de 3 p. 100, c'est qu'il y avait dans la pâte de l'argile, du kaolin, du spath ou du gypse.

La fécule d'encollage est révélée par une solution iodée très faible qui donne une coloration bleue ; si l'encollage a eu lieu à la résine ou à la gélatine, des réactifs appropriés l'indiquent également.

A l'aide des rayons X on pourrait, par la différence d'opacité à épaisseur égale, distinguer un papier qui serait composé seulement de chiffons ou de pâte de bois d'un autre papier dans lequel on aurait introduit un sel destiné à en augmenter le poids.

Pour les recherches microscopiques un grossissement de
200 à 350 diamètres suffit aisément. On fait bouillir le papier
avec une solution de soude caustique à 1 p. 100 qui enlève
l'encollage. On lave la bouillie obtenue et on traite sur le
porte-objet du microscope par l'iodure de potassium; les fibres
qui se colorent en brun indiquent le linge, le coton, le lin; le
jaune dénote la présence des fibres de bois. Pas de coloration,
c'est du papier de cellulose.

L'observation microscopique directe du papier traité à la soude
caustique et coloré au chlorure de zinc iodé permet de reconnaître, à l'aide de la forme seule des éléments, les cellules d'alfa,
de ramie, de lin, de paille, de bambou, d'essences résineuses, etc.

PAPIER INCOMBUSTIBLE ET PAPIER DE SURETÉ.

Le papier, qui sert souvent de support à des valeurs considérables (testaments, titres, etc.), a de grands inconvénients
malgré la protection que lui offrent les coffres-forts actuels.

Au premier rang est sa facile inflammabilité.

La difficulté a été résolue par l'invention d'un papier formé
d'un peu de pulpe de bois (5 p. 100 environ) et de fibres
d'amiante ayant subi une préparation spéciale.

Pour éviter les faux et surcharges, on a imaginé différents
papiers de sûreté qui ne semblent pas jusqu'ici faire la fortune
de leurs inventeurs.

Voici l'une des méthodes usitées : Quand les mentions nécessaires ont été inscrites sur le papier (chèque, billet à ordre, etc.)
on applique, au moyen d'un tampon, un mélange d'essence de
lavande (3 parties), de teinture de safran (16 parties) et d'alcool
(21 parties) et on frotte jusqu'à ce que la solution soit sèche.
De la même manière on applique une seconde solution concentrée de carbonate de soude, puis on fait sécher au feu. Le
résultat de cette opération est que si l'on veut écrire sur ce
papier, l'encre s'y étend comme sur du papier non collé.

Le *papier phosphorescent* est une simple curiosité, et le
papier imperméable n'a guère plus d'emploi.

LES OBJETS EN PAPIER.

Le papier, comprimé, moulé, préparé de façon spéciale,
acquiert une dureté et une résistance extraordinaires. Depuis

vingt ans on lui a trouvé une foule d'applications plus invraisemblables les unes que les autres et cependant très heureuses pour la plupart.

Sans doute, les canons, les bicycles, les roues de vagons, les rails, les tonneaux, les conduites à gaz et les poteaux télégraphiques en papier ne sont pas près de remplacer les mêmes objets en métal ou en bois ; les vêtements en papier n'ont pas eu un succès durable, sauf cependant les faux cols et les manchettes, mais les canots de papier ont rendu quelques services aux explorateurs ; les vases en papier sont fort employés, les maisons en carton comprimé, les ambulances surtout rendent des services journaliers ; aux États-Unis on utilise des vitres en papier pour les serres et des poulies de transmission également en papier. Les crayons, les allumettes, les voiles, les cannes, les bouteilles, les cuvettes, les jouets, etc., etc., se font aussi en papier.

LES PAPIERS-SUPPORTS.

Dans les laboratoires le papier sert de support à beaucoup de réactifs ; on a songé aussi à l'employer pour transporter facilement certaines substances. Dans cet ordre d'idées, il faut citer le *papier d'Arménie*, qui, en brûlant, dégage un parfum d'encens capable de masquer une odeur désagréable, le *papier au magnésium*, employé par les photographes pour obtenir commodément l'éclair magnésique, le *papier-amadou*, qui prend feu aux étincelles d'un briquet ou d'un corps en ignition, cigare ou cigarette ; le *papier-savon*, enduit sur ses deux faces de savons diversement colorés ou parfumés, constitue une petite invention très pratique, fort appréciée des voyageurs et des touristes.

LE PAPIER QUI COUTE LE PLUS CHER.

De tous les commerçants et industriels, ceux qui ont trouvé sans grand effort l'application la plus rémunératrice du papier sont les marchands au détail. Le papier dans lequel ils enveloppent les différents objets vendus, et qui représente parfois 10 p. 100 du poids total, est payé fort cher par l'acheteur.

CHAPITRE XXVIII

LE CHAPITRE DES CHAPEAUX ET...
CELUI DES SOULIERS

Quelques lecteurs seront peut-être étonnés de voir apparaître ce titre dans un ouvrage tel que celui-ci. A la réflexion, ils se rendront compte que l'unique chapitre consacré aux chapeaux et aux chaussures pourrait être dédoublé et, après lecture faite, ils affirmeront, nous en sommes certain, que ces parties du vêtement ne sont pas du tout déplacées parmi les curiosités scientifiques.

A tout seigneur, tout honneur. La tête commande, les pieds obéissent. Parlons d'abord du chapeau et, pour commencer, du chapeau haut de forme.

LE CHAPEAU HAUT DE FORME COMME MESURE DE LONGUEUR.

Au point de vue géométrique c'est un cylindre, tantôt absolument régulier, tantôt évasé ou cambré, selon les fluctuations de la mode qui fait revenir les mêmes modèles à peu près tous les dix ans ; mais ce qui n'a pas varié depuis un demi-siècle, c'est sa hauteur D C qui, prise en avant, rebord non compris, est uniformément de 15 centimètres, ou très voisine de cette longueur (*fig.* 189 ; 2). Pour obtenir un chapeau de soie plus haut ou plus bas il faut une commande spéciale.

Nous avons sur la tête une coiffure lourde, laide et incommode ; consolons-nous en songeant que c'est en même temps une mesure de longueur : 6 chapeaux 2/3 superposés font 1 mètre ; 2000 placés l'un au-dessus de l'autre atteindraient exactement le sommet de la Tour Eiffel. Quelle belle science que l'arithmétique !

LE CHAPEAU HAUT DE FORME ET LES ILLUSIONS D'OPTIQUE.

Le chapeau haut de forme nous trompe d'ailleurs aisément sur ses dimensions et sur leurs rapports. Il peut servir de prétexte à quelques récréations scientifiques intéressantes sur l'estimation oculaire.

Demandez, par exemple, à l'un de vos amis d'indiquer du doigt, sur la muraille, la hauteur à laquelle votre chapeau arrivera quand vous le poserez sur le parquet. Généralement il montrera une hauteur presque double de la véritable. La raison en est que la portion de la muraille qui touche au plancher étant vue obliquement lui paraît plus courte et comme, d'un autre côté, il conserve dans sa mémoire la hauteur véritable du chapeau, il égale à celle-ci une trop grande portion de la muraille (1).

Connaissant maintenant la hauteur exacte de tous les haut-de-forme, vous vous laisserez prendre beaucoup moins facilement à cette attrape.

Mais échapperez-vous à celle-ci qui surprend tant de gens même attentifs et de bon sens : un chapeau haut de forme est-il plus haut que large ?

Tout le monde, après l'avoir examiné sur la tête d'un ami, dira oui ; c'est, en réalité, l'inverse qui est toujours vrai, comme le prouve la mesure directe (*fig.* 189 ; 2).

LE ROLE DU CHAPEAU DANS LES EXPÉRIENCES EN PUBLIC.

Puisque nous parlons d'illusions d'optique, nous ne pouvons passer sous silence le rôle important que jouent les chapeaux entre les mains des prestidigitateurs. C'est toujours avec une certaine appréhension comique — pour les voisins — que le propriétaire de la coiffure empruntée par « l'artiste » voit — ou croit voir — ce dernier en faire sortir un mètre cube de rubans ; mais cette crainte, qu'il cherche en vain à dissimuler, n'est pas loin de se changer en colère quand l'opérateur sans gêne se dispose à y faire cuire l'omelette classique.

Un opérateur également habile et qui ne craint pas de tra-

(1) Pour tout ce qui concerne les illusions des sens, voir F. Faideau, *Les Amusements scientifiques*. Montgredien et Cie, éditeurs.

vailler en public est un petit hyménoptère, le *Pélopée tourneur*, dont Fabre, d'Avignon, nous conte l'histoire. Très frileux, recherchant les endroits les plus chauds pour y construire son nid, il travaille l'argile avec une rapidité incroyable ; à tel point qu'un jour, des personnes ayant déjeuné dans une auberge

Fig. 189. — *1.* Le chapeau-photo. — *2.* Hauteur d'un chapeau de soie.
3. Nid du Pélopée tourneur dans un chapeau.

de village — la scène se passa dans le midi de la France — trouvèrent, à la fin du repas, leurs chapeaux à moitié remplis par les nids des petits travailleurs (*fig.* 189 ; *3*). La surprise fut vive, comme on peut le penser.

Mais le chapeau ne sert pas qu'aux prestidigitateurs — hommes ou insectes, — il a occupé, à différentes reprises, une place d'honneur dans des expériences scientifiques exécutées devant un public mondain. C'est ainsi que James Dewar, de la

Société royale de Londres, transforma pour la première fois, devant une assistance stupéfiée, l'air d'un chapeau en un petit bloc d'air solidifié.

LA TEMPÉRATURE AU FOND D'UN CHAPEAU HAUT DE FORME.

Le rafraîchissement est, dans ce cas, peut-être un peu brusque, mais qui ne souhaiterait, pendant les chaleurs de l'été, un peu d'air glacé au fond de son haut de forme? Vous n'avez jamais eu l'idée, j'en suis sûr, de placer sous la coiffe du vôtre un thermomètre de précision. Un de nos compatriotes plus curieux que vous, M. Vallin, aidé d'un médecin de marine, M. Corre, a voulu connaître la température de l'air emprisonné dans différents couvre-chef.

Au Sénégal, par les plus fortes chaleurs, elle est de 33° sous le casque colonial blanc; sous la casquette du sous-officier, munie de ventilateurs, elle atteint 39° et 41° sous celle de l'officier de marine privée de ces utiles perforations. Mais le chapeau haut de forme détient le record. A Paris même, après une heure de promenade au soleil, sa température s'élève jusqu'à 46°! Quelques degrés de plus et, à l'exemple du prestidigitateur dont nous parlions plus haut, on y ferait cuire des œufs !

D'après plusieurs médecins, l'existence de cette couche d'air chaud et non renouvelé serait la principale cause de la calvitie si fréquente chez les citadins et, en particulier, chez les employés et les personnes exerçant des professions dites *libérales*. Les cheveux, toujours maintenus dans une sueur chaude qui ne peut s'évaporer, tomberaient victimes de l'amour de notre siècle pour le chapeau haut de forme.

LE MERCURE DANS LES CHAPEAUX.

Cette chaleur terrible, bien capable de provoquer une tempête sous plus d'un crâne, n'est pas le seul danger que puissent nous faire courir nos chapeaux; le mercure qu'ils contiennent, sinon tous, du moins les chapeaux de feutre, a peut-être une influence nuisible sur la santé de certaines personnes. Il provient de l'opération dite *sécrétage* qui consiste à traiter les peaux par le nitrate de mercure. M. Jungfleisch, chargé par le comité d'hygiène de recherches à ce sujet, a trouvé que tous les chapeaux de feutre contiennent, en moyenne, 5 à 6 décigrammes de mercure, même après plus d'une année d'usage. Maigre ressource pour nos descendants quand les mines de vif-argent seront épuisées !

LES CHAPEAUX GIBUS.

Le chapeau *gibus*, du nom du chapelier qui l'inventa, ou chapeau à claque, est un haut de forme qui, grâce à des ressorts placés dans l'intérieur de la coiffe, peut se replier sur lui-même ; c'est une coiffure de cérémonie logique et commode, mais que l'on semble délaisser aujourd'hui, probablement à cause de son poids.

Les ennuis qu'un gibus peut procurer à son propriétaire ont été narrés de façon amusante par Alexandre Dumas dans son livre *De Paris à Cadix*. Deux de ses compagnons de voyage, Desbarolles et le peintre Giraud, avaient emporté chacun un chapeau gibus — drôle d'idée pour voyager. — Au bout de quelques semaines «les habits, les redingotes et les pantalons, tout en se râpant de la façon la plus absolue, avaient conservé leur forme et sentaient toujours leur tailleur parisien. Mais les deux gibus, ces produits encore mal assurés de notre civilisation moderne, n'avaient pu supporter le soleil africain de Barcelone et de Murcie, et avaient complètement dévié de la ligne droite pour se projeter en avant. Cette cambrure qui, en France, eût disparu en quelques secondes, avait obstinément résisté à tous les efforts des chapeliers espagnols, lesquels en sont encore au feutre Louis XIII et au sombrero andalou. Il en résultait que Giraud et Desbarolles avaient l'air d'être coiffés chacun d'un de ces tuyaux de cheminée que le vent a courbés ; quand ils marchaient côte à côte et qu'ils avaient soin de mettre leur chapeau du même sens, soit que la cambrure se projetât en avant, soit qu'elle se projetât en arrière, cela ne jurait pas trop encore ; si elle se projetait en avant, ils avaient l'air de deux grenadiers russes marchant à la charge ; si elle se projetait en arrière, ils avaient l'air de Bertrand et de son ombre battant en retraite. Mais si, par un oubli bien excusable chez des voyageurs préoccupés du paysage, de l'air, de la lumière, des hommes, des femmes, de tout enfin, ils disposaient leur chapeau en sens opposé, alors ils prenaient l'aspect fantastique d'une paire de ciseaux à quatre pattes qui marcherait toute ouverte.

« Un jour, Desbarolles eut une idée : c'était, puisque les chapeliers étaient impuissants, de porter son gibus chez un horloger. L'idée fut couronnée d'un plein succès. L'horloger redressa le gibus à l'aide d'un ressort de pendule, et Desbarolles, au grand étonnement de Giraud, revint à l'hôtel avec une coiffure perpendiculaire. Cet état de choses se maintint trois jours dans la disposition la plus satisfaisante, mais le troisième jour, pendant que Desbarolles dormait, le ressort se distendait avec le bruit d'un coucou qui va sonner. Desbarolles avait un chapeau à échappement. »

La morale de cette histoire est la suivante : ne confiez jamais votre chapeau à un horloger. A chacun son métier, les gibus seront bien réparés.

UN CHAPEAU DE PAILLE MÉCANIQUE.

Le système du gibus a été étendu au chapeau de paille par

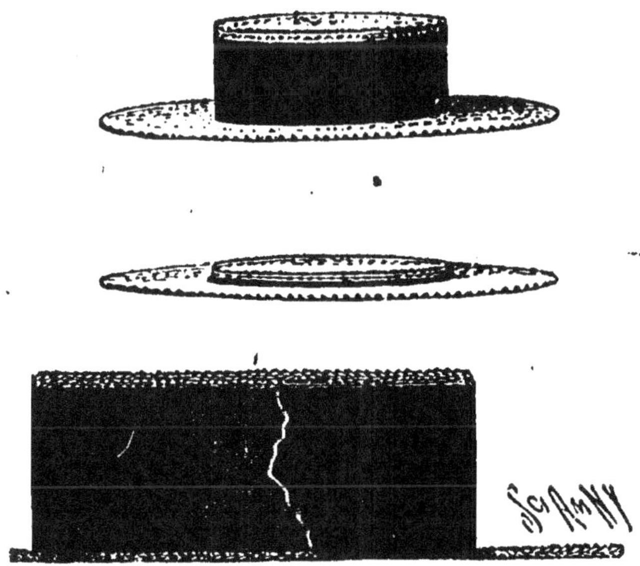

Fig. 190. — Un chapeau de paille mécanique.

un chapelier parisien, mais tandis que son invention rencontrait en France le plus profond dédain, elle était accueillie avec une faveur marquée en Amérique. Nul n'est prophète en son pays. Le fond et les bords du chapeau sont en paille. Ils sont réunis par un ruban de soie, doublé d'une étoffe plus résistante ; sur cette étoffe est cousu un fil d'acier enroulé en spirale, qui s'affaisse à la moindre pression, et qui se détend lorsque la pression prend fin (*fig*. 190). Ce n'est pas tout à fait le mécanisme ordinaire du gibus, qui se compose de ressorts s'insérant les uns dans les autres au moyen de rivets, formant pivots, mais c'est une disposition analogue et dont le but est le même, c'est-à-dire de réduire à sa plus minime expression un objet encombrant.

INFLUENCE DES DYNAMOS SUR LES GIBUS ET DE CEUX-CI SUR LES GALVANOMÈTRES.

Il suffit d'une visite à l'une des usines électriques, aujourd'hui si répandues, pour aimanter fortement les tiges d'acier d'un chapeau à ressorts, surtout si l'on s'approche quelque peu d'une puissante dynamo. Allez donc ensuite vous servir, le chapeau sur la tête, d'un galvanomètre un peu sensible, vous obtiendrez des résultats extraordinaires.

Traitez l'instrument avec respect, n'approchez de lui que la tête découverte, il reprendra toute sa sensibilité.

Bien mieux, un savant anglais, M. John Munro, effectuant des mesures électriques très délicates, a vu son travail troublé par son chapeau en feutre ordinaire, mais dont le bord rigide était garni intérieurement d'un fil d'acier.

Ce chapeau agissait comme un aimant ayant le pôle nord du côté du front et le pôle sud en arrière, et cependant il n'avait jamais été en contact avec la moindre dynamo.

Tous les chapeaux du même genre, prêtés par des amis, se comportèrent de façon identique,

M. Munro a donné de ce fait mystérieux l'explication suivante : Quand on accroche son chapeau à une patère, on le pend d'ordinaire par la partie antérieure, le bord postérieur se trouvant en haut. Dans ces conditions, la partie intérieure du cercle d'acier prend une polarité nord sous l'influence du champ magnétique terrestre et la conserve.

Si vous ne voulez pas avoir sur la tête un chapeau aimanté, changez de temps en temps le mode d'accrochage.

LE CONFORMATEUR DES CHAPELIERS.

Ce chapeau mécanique et temporaire — heureusement ! — imaginé par Allié, sert, comme on sait, aux chapeliers pour prendre la mesure de la tête du client. Cet instrument de torture se compose de lamelles verticales pouvant se mouvoir isolément par un ingénieux mécanisme ; il s'élargit à volonté et adhère exactement au contour de la tête qu'il suit dans toutes ses sinuosités (*fig.* 191).

Quand le conformateur est bien en place, le chapelier abat une petite table ovale munie d'une feuille de papier sur laquelle une suite d'aiguilles vient dessiner une réduction au tiers de la forme de la tête.

Les figures ainsi fournies, sans avoir une valeur scientifique considérable en craniométrie (car Broca a démontré en 1879 que la circonférence de la tête à l'entrée du chapeau

Fig. 191. — Le conformateur des chapeliers.

n'est pas exactement la même que la *circonférence horizontale* étudiée par les anthropologistes), sont cependant intéressantes à comparer.

Elles nous montrent d'abord ce dont nous étions loin de nous douter, combien sont irréguliers les contours de la tête. Que de caps et de golfes offrent la plupart des crânes !

Elles montrent encore qu'il est impossible de trouver dans les occupations favorites, les aptitudes ou le talent d'un homme les indices nécessaires pour préjuger sûrement de la forme de son crâne. Nous n'en voulons d'autres preuves que l'examen

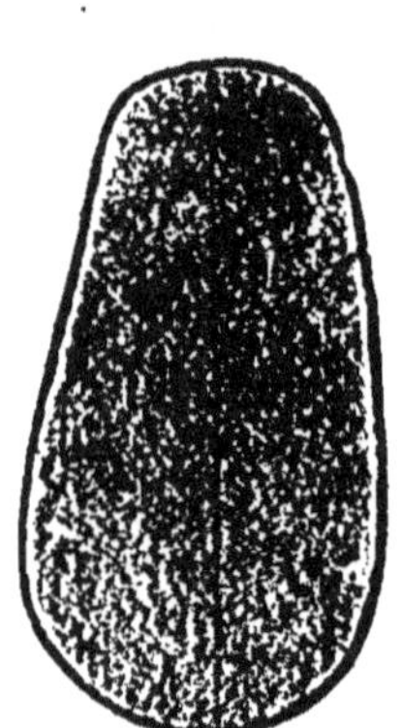

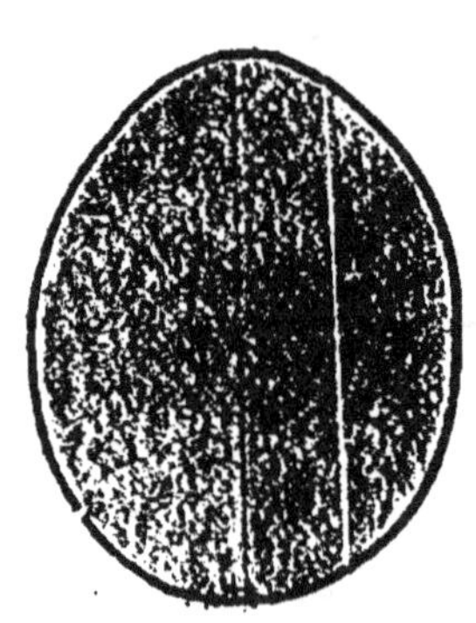

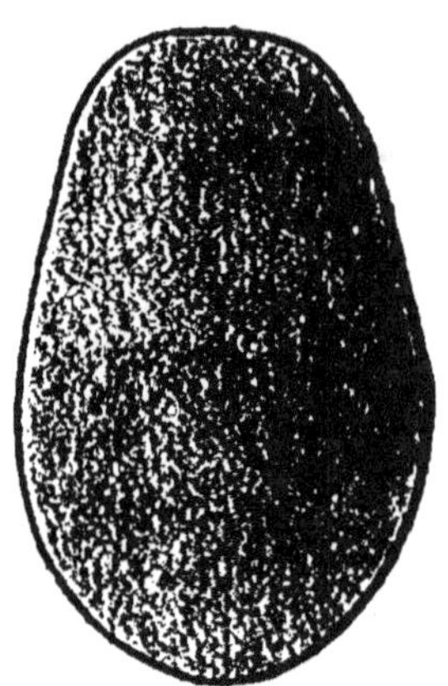

Fig. 192. — Me Cléry.   Fig. 193. — Me Demange.   Fig. 194. — Me Caraby.

des graphiques, obtenus au conformateur, des têtes de trois célèbres avocats de notre époque, MM. Demange (*fig.* 193), Cléry (*fig.* 192), Caraby (*fig.* 194).

La grande analogie entre la tête de Voltaire (*fig*, 195), d'après

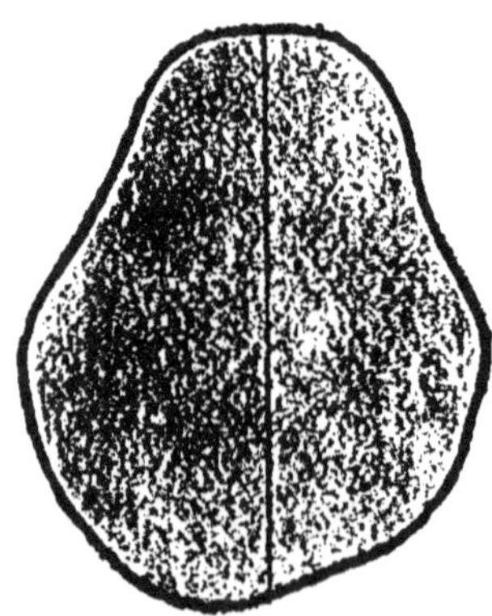

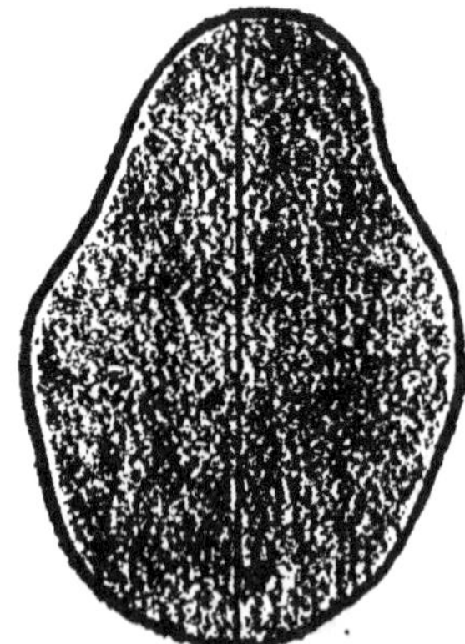

Fig. 195. — Voltaire.   Fig. 196. — Paul Bert.

son masque sur son lit de mort, et celle de Paul Bert (*fig.* 196) est, en somme, fort surprenante. Nous montrons en plus comme exemple de *dolichocéphalie* (tête longue) la tête d'Osman-Pacha (*fig.* 197), et de *brachycéphalie* (tête large), celle du Dr Kasparian, de Pesth (*fig.* 198).

Toutes ces figures sont des réductions de moitié des graphi-

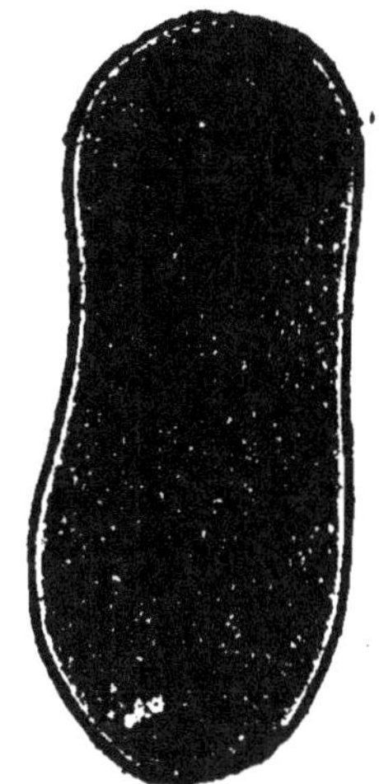

Fig. 197. — Osman-Pacha.

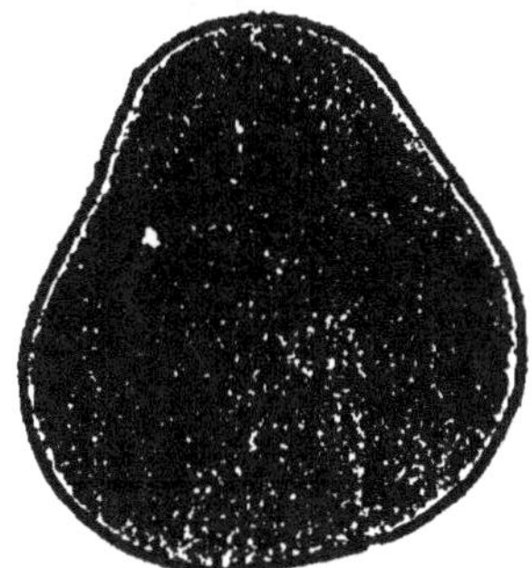

Fig. 198. — M. Kasparian.

ques des conformateurs, c'est-à-dire qu'elles représentent le sixième des dimensions linéaires de la tête.

LE CHAPEAU PHOTOGRAPHIQUE.

Pour terminer, quelques applications inattendues du chapeau.

Un chapeau peu pratique comme coiffure, mais qui eut cependant quelque succès vers 1885, c'est-à-dire dans ces temps reculés où l'on tenait encore à se cacher des gens que l'on voulait photographier, c'est le chapeau photographique.

Réalisé par plusieurs inventeurs, il se compose d'un chapeau ordinaire à fond plat, contenant dans sa partie supérieure un tout petit appareil photographique complet, muni, en général, de glaces sensibles de $4^{cm},5$ de côté.

La lentille de l'objectif est placée exactement dans l'axe d'un petit ventilateur. L'obturateur fonctionne à l'aide du cordon du chapeau (*fig.* 189 ; *1*).

Un lorgnon en verre noirci, à l'exception d'un carré central, sert de viseur ; il est attaché, à l'aide d'une petite glissière, au rebord du chapeau et en face de l'œil de l'observateur.

CHAPEAU DE SAUVETAGE.

En 1873, un inventeur anglais, Lawson, cherchant les moyens de venir en aide aux personnes en danger de se noyer, est arrivé à cette conclusion que la légèreté d'un chapeau ordinaire, renversé sur l'eau, répond dans une grande mesure à ces conditions. D'après Lawson, un chapeau ainsi renversé peut être chargé d'un poids de 4 kilogrammes avant de couler; or, comme le corps d'un homme est à peu près du même poids que l'eau, un objet flottant pouvant porter un poids de 4 kilogrammes l'empêchera d'aller au fond.

Pour rendre le chapeau plus conforme à ce but, il est bon, d'après l'inventeur, et nous l'en croyons sans peine, d'en couvrir l'orifice avec un mouchoir fortement attaché à la couronne.

Si l'on peut avoir deux ou quatre chapeaux, ainsi préparés et réunis à un bâton, le sauvetage n'en est que plus certain.

L'invention ne nous paraît guère pratique, et en attendant que tous ces chapeaux soient préparés le malheureux auquel on veut porter secours est noyé.

L'inventeur terminait par ces mots : « En tout cas, s'il arrive qu'un homme tombe d'un navire ou d'un bateau, il peut, jusqu'à ce qu'on vienne à son aide, attendre un certain temps en retournant son chapeau et en le tenant par les bords avec ses deux mains, *de manière que le chapeau reste au niveau de l'eau* ».

C'est justement là le point difficile : voudra-t-il rester au niveau de l'eau? Nous proposons de jeter l'inventeur à l'eau en même temps qu'un chapeau haut de forme afin de voir comment l'un et l'autre se tireront de l'épreuve.

CHAPEAU-DOUCHEUR.

Croirait-on qu'un brevet a été pris pour un chapeau-doucheur au fond duquel est une éponge que pressent des ressorts? Quand le sujet enfonce son chapeau sur la tête, il comprime l'éponge et s'inonde de liquide. Commencez donc le premier, monsieur l'inventeur, vous en avez vraiment besoin.

CHAPEAU-PARATONNERRE.

Le physicien voyageur Bridone raconte qu'une dame de sa connaissance, regardant par sa fenêtre pendant un orage, eut son chapeau réduit en cendres par la foudre.

Le fluide, d'après Bridone, aurait été attiré par le mince fil métallique qui dessinait le contour du chapeau et sur lequel s'appuyait l'étoffe.

Partant de ce fait, il proposait aux dames de renoncer à ces bordures métalliques, ainsi qu'aux épingles ou tresses en or, en argent, retenant les cheveux ou, tout au moins, de porter, en temps d'orage, une petite chaîne ou un fil de fer qui s'accrocherait aux parties métalliques du chapeau et traînerait d'autre part sur le sol !

Cette invention est tout aussi pratique que les chapeaux à larges bords proposés par un physicien pour garantir les personnes qui les portent contre la chute des aérolithes !

A celui-là, tirons le chapeau et passons à la deuxième partie de ce chapitre qui a rapport à la chaussure.

LA CHAUSSURE ET LA MODE.

Mettre les pieds à l'abri de l'humidité et les préserver des atteintes du sol et des pierres, tel est le but des chaussures. Un bon soulier doit évidemment représenter la forme du pied et le protéger, non le comprimer ; mais ce serait compter sans la mode qui oblige souvent le pied à se modeler sur la chaussure.

On a fait de la mode la déesse du caprice ; en réalité, elle a toujours une cause et elle est soumise à des lois.

Foulques V, comte d'Anjou, qui vivait au début du xiiᵉ siècle, imagina, pour masquer la difformité de ses pieds, de porter des souliers terminés en avant par une pointe.

Par imitation et courtisanerie, les seigneurs de son entourage en firent autant ; ils furent suivis bientôt par la France entière.

Une mode tend toujours à s'exagérer ; ces pointes ou *poulaines* atteignirent, à la fin du xivᵉ siècle, plus de 50 centimètres, si bien que pour marcher il fallut les fixer aux genoux par une chaîne de métal et mettre au-dessous des semelles, des patins en cuir épais (*fig.* 201 ; *2*). On arrivait, en somme, — comble de l'illogisme ! — à porter des souliers qui empêchaient la marche.

En vertu de la loi de décroissance qu'on retrouve dans toute mode, les poulaines diminuèrent et une réaction amena, vers 1420, l'adoption de souliers carrés ou même élargis au bout en forme de pelle (*fig.* 201 ; *3*).

Un talon de taille moyenne a son utilité ; il donne de l'aplomb et diminue la fatigue. Quelques dames, peu favorisées sous le rapport de la taille et voulant paraître plus grandes, se dressèrent sur des talons hauts. Les imitatrices ne manquèrent pas

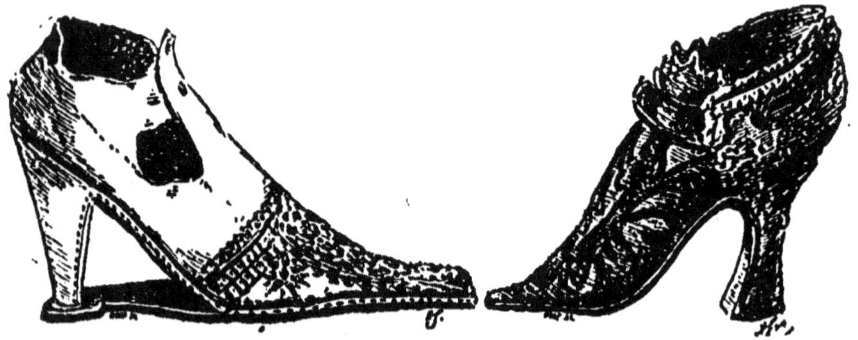

Fig. 199. — Chaussure du XVIᵉ siècle des collections du musée de Cluny.

Fig. 200. — Chaussure Louis XV des collections du musée de Cluny.

et on vit, à différentes époques, apparaître de ces chaussures ridiculement inclinées, en compagnie desquelles la promenade, même la plus courte, est une souffrance, l'équilibre est toujours un problème d'une solution difficile et l'entorse vous guette à chaque pas (*fig.* 199, 200 et 201 ; *1*).

On se moque volontiers du pied atrophié des Chinoises, mais c'est à qui déformera le sien par l'usage de chaussures trop étroites qui font lever une abondante moisson de cors, d'oignons, de durillons, qui provoquent les atroces souffrances de l'ongle incarné, qui rapprochent les doigts, les contournent et les font s'imbriquer, pour ainsi dire, les uns dans les autres.

Le pied est terminé par une extrémité large que forment les cinq doigts ; c'est pourquoi, sans doute, on voit tant de souliers à bouts pointus, en dépit des règles les plus élémentaires du confort et de l'hygiène (*fig.* 201 ; *6*).

LA CHAUSSURE ET L'HYGIÈNE.

Voulez-vous avoir de bons souliers? Suivez les règles indiquées pour ceux de l'infanterie, cette reine des batailles. Elle remporte, a-t-on dit, les victoires avec ses jambes; on nous accordera qu'elle les gagne aussi avec ses souliers.

Cette chaussure idéale, indifférente à la mode, doit : 1° avoir une semelle qui reproduise le contour du pied, mais avec un centimètre et demi de longueur en plus ; 2° une forme dont la plante reproduit autant que possible les saillies et les creux de la plante du pied ; 3° une empeigne qui embrasse bien le cou-de-pied ; 4° un talon ni trop haut ni trop court (*fig.* 201 ; 5) ; 5° enfin elle doit être graissée à la lanoline, ce qui l'assouplit, et non cirée, ce qui la durcit. Avec de pareils souliers et... les pieds propres, un troupier fait le tour du monde sans durillons, ni écorchures ; nous ne dirons pas sans fatigue.

LES CHAUSSURES A TALON SOUPLE.

La fatigue due aux marches prolongées est accrue, en effet, par le choc du talon sur le sol; choc qui, à raison de 1200 fois par kilomètre, se transmet à tout le corps et, en particulier, à l'encéphale, produisant souvent des maux de tête.

Le D͏ʳ Colin, médecin militaire, a songé, en 1891, à remplacer le talon rigide employé depuis des siècles par un talon de caoutchouc qui amortit la secousse, l'emmagasine et l'utilise pour la progression au moment où le talon se détache du sol. Le pneu pour piétons, en définitive !

L'essai fut fait, dans quelques régiments d'infanterie, d'un brodequin dont le talon évidé contenait un petit bloc de caoutchouc sur lequel la peau appuyait directement.

Sans doute à cause d'un vice de construction quelques hommes furent blessés au pied; le brodequin fut abandonné sans plus d'insistance.

L'année dernière, M. del Pallo a créé une nouvelle chaussure à talon souple fort originale. Sous la partie postérieure de la semelle, elle porte un tube en gomme, en forme de fer à cheval et présentant deux ouvertures qui correspondent à des trous percés dans la semelle (*fig.* 201 ; 4). Pendant la marche, le tube s'aplatit quand le pied pose à terre, puis reprend sa forme quand il se soulève. Il en résulte un mouvement de soufflet qui fait circuler l'air dans la chaussure.

En même temps qu'un amortisseur de chocs, ce tube est donc

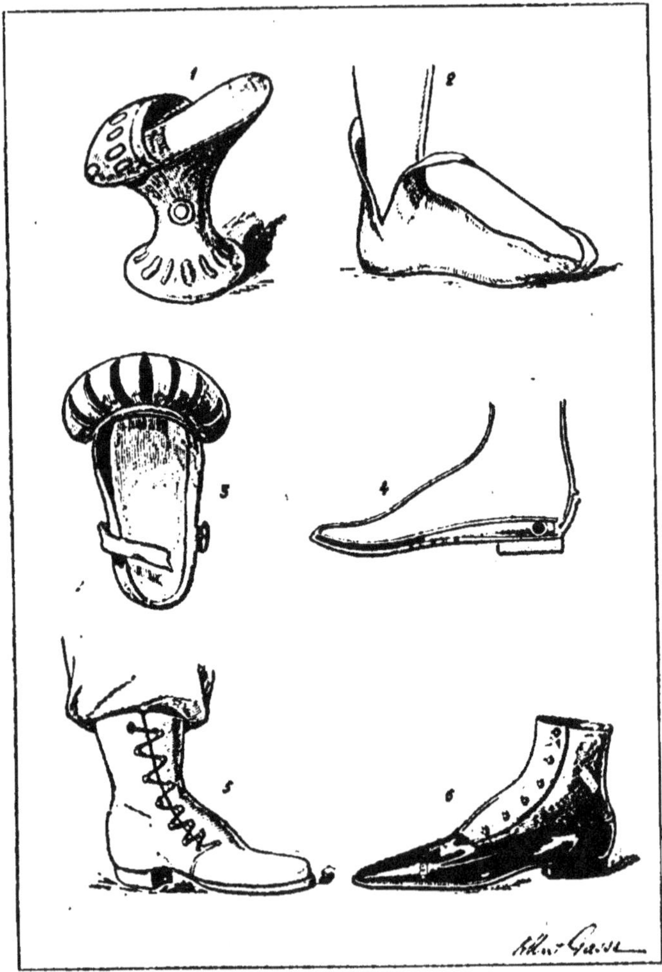

Fig. 201. — 1. Patin vénitien à talon haut. — 2. Chaussure à la poulaine. — 3. Chaussure pied d'ours. — 4. Chaussure del Pallo. — 5. Brodequin Perron pour l'armée. — 6. Chaussure moderne antihygiénique.

un éventail pour plante des pieds. Les marcheurs qui ont essayé les chaussures construites sur ce principe en font de grands éloges ; il est à craindre cependant que la boue et la poussière ne finissent par obstruer les orifices.

LES INGÉNIEURS EN CHAUSSURES.

C'est en vain que vous demanderez à la cordonnerie actuelle de vous fournir à un prix raisonnable de pareils souliers. Elle n'a d'autre souci que de produire vite et à bon marché et elle y parvient, grâce à l'envahissement du machinisme.

Le patron cordonnier s'intitule aujourd'hui *ingénieur en chaussures*.

Dès 1814, l'Angleterre possédait des établissements de cordonnerie à la mécanique. Aujourd'hui, c'est dans tous les pays d'Europe une invasion de machines et les usines qui fabriquent mille paires par jour ne sont pas rares.

Tout le monde a vu sur les murs cette affiche-réclame d'un marchand de chapeaux sur laquelle est figurée une machine qui reçoit d'un côté des lapins vivants et rend, de l'autre, des chapeaux entièrement terminés. La réalité vaut presque la légende, comme le prouve cette machine qui fonctionna, en 1895, à l'Exposition spéciale d'Islington (1).

LES SOULIERS POUR CHIENS.

Fabriquer des souliers en quantité, c'est très bien ; mais les vendre c'est encore mieux. Même en les faisant très mauvais, ce qui diminue leur durée, leur placement rencontre de par le monde bien des difficultés, beaucoup de peuples s'obstinant encore à marcher pieds nus. De plus, il faut bien noter que chacun de nous n'a que deux pieds.

Les chiens, eux, en ont quatre et s'ils se décidaient à mettre des chaussures, cette clientèle nouvelle serait la bienvenue. Les temps sont peut-être proches. Depuis quelques années, à Londres, on a l'habitude de passer aux pattes des chiens à la mode de petites gaines en peau de chamois terminées par des semelles de cuir. Ces bottes canines se mettent quand il pleut ou quand il y a du brouillard, c'est-à-dire presque tous les jours. L'intéressant animal est ainsi préservé de la boue et peut rentrer chez lui sans salir l'escalier, les tapis, les parquets cirés.

(1) Voir p. 65.

De petits souliers de caoutchouc empêchent aussi les chiens de chasse de s'abîmer le pied en courant pendant de longues heures dans les terres quand elles sont trop sèches.

C'est égal, « cordonnier pour chiens », voilà un beau titre à mettre sur une carte de visite.

LA MACHINE A CIRER LES BOTTES.

La machine à cirer les bottes est le complément indispensable de la machine à les fabriquer. En Angleterre, en Amérique, elle est d'un usage courant. Elle consiste en un petit moteur électrique qui actionne deux brosses placées en avant; la brosse supérieure est creusée de manière à reproduire exactement la forme de la chaussure, la brosse inférieure nettoyant les semelles (*fig.* 202; *1*).

Nous avons déjà parlé d'un autre modèle, installé dans les grandes villes, sous forme de distributeur automatique (1).

LA CHAUSSURE EXPLORATRICE DES PHYSIOLOGISTES.

Passons maintenant en revue, si vous le voulez bien, quelques usages peu ordinaires des chaussures.

M. Marey, pour obtenir des graphiques des mouvements de la marche et de la course, a employé une chaussure exploratrice dont la semelle, d'un centimètre et demi d'épaisseur, est creusée vers le tiers antérieur d'une chambre à air. La paroi amincie de cette dernière est préservée par une petite plaque de bois saillante (*fig.* 202; *2*).

L'expérimentateur muni de ces chaussures tourne autour d'une table sur laquelle sont placés les appareils enregistreurs; quand le pied presse le sol, l'air de la petite chambre est comprimé; la pression est transmise, par un tube de caoutchouc, à un tambour récepteur, puis à un levier qui l'inscrit en l'amplifiant sur un cylindre tournant.

Pour apprécier la valeur de l'effort exercé par le pied à un moment donné, il suffit de voir quel poids placé sur la chaussure isolée détermine un soulèvement de levier identique. On voit ainsi, non sans surprise, qu'au moment où la pointe du

(1) Voir p. 63.

pied se soulève, sa pression sur le sol est supérieure d'environ 20 kilogrammes au poids du corps.

LA BOTTE BOITE AUX LETTRES OU VERRE A BOIRE.

Autres emplois moins scientifiques, à présent.

N'en déplaise à nos modernes facteurs, les chaussures peu-

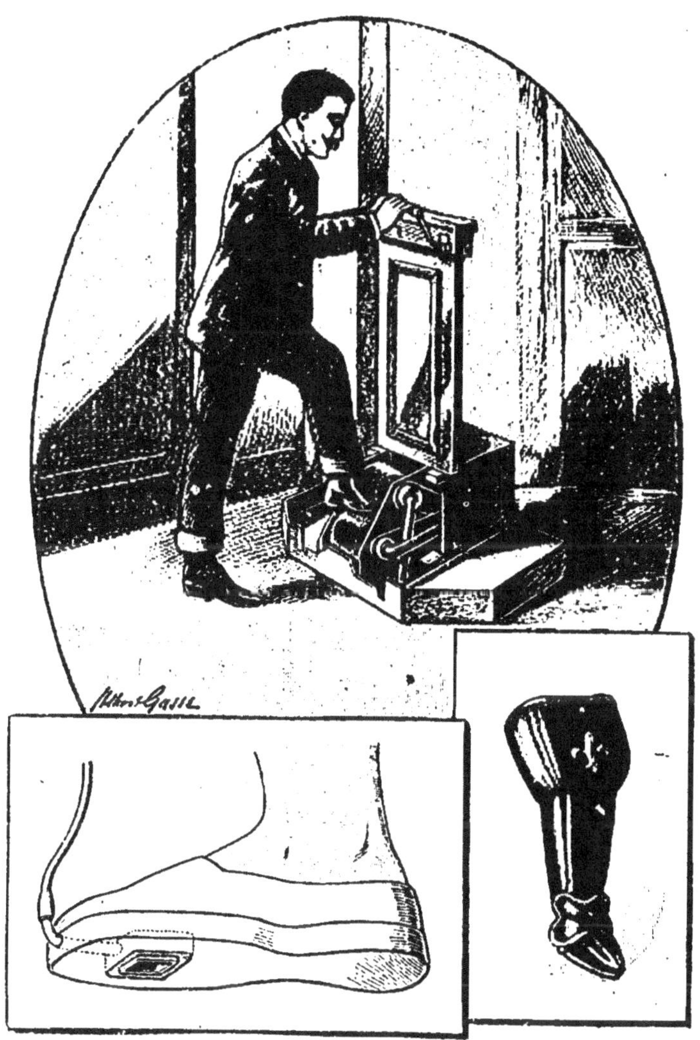

Fig. 202. — *1*. Machine à cirer les souliers. — *2*. Chaussure exploratrice des pressions du pied. — *3*. Botte d'ancien courrier.

vent servir de boîte aux lettres — ne souhaitons pas un pareil emploi ! — Sous Louis XIV, les courriers plaçaient leurs dépêches dans la partie évasée de leurs bottes à l'écuyère (*fig.* 202 ; *3*).

La botte boîte aux lettres, passe encore ; mais la botte verre à boire n'est pas, il faut le dire, bien séduisante, surtout après une longue marche. En 1602, Bassompierre, ambassadeur à Berne, voulant répondre dignement au toast que venaient de porter à la France les treize députés des cantons avec des widercomes de la contenance d'une bouteille, fit tirer sa botte par un domestique, la saisit par l'éperon, y fit verser treize bouteilles et, à la grande admiration de ses hôtes, connaisseurs en la matière, il but aux treize cantons.

LES BOTTES FLOTTANTES LEYMAN.

Comme bateaux, les chaussures — du moins certaines — sembleraient avoir plus de succès. Un inventeur américain, Leyman, ne se fiant pas, pour flotter, aux souliers ordinaires, même fort larges, a imaginé des bottes aquatiques. Ce sont des jambières avec pieds, en toile imperméable, s'élargissant au-dessus des genoux et se rattachant à un gros bourrelet qui forme flotteur. On le gonfle d'air à l'aide d'une poire pneumatique. Comme nos cuirassés, il est divisé par des cloisons en trois compartiments étanches. Avant d'entrer dans l'eau le porteur rattache l'appareil à ses épaules par une paire de bretelles.

Il entre dans l'eau ; dès qu'il perd pied il flotte, et pour avancer, il n'a qu'à agiter les jambes.

Dans le mouvement d'avant en arrière, une paire d'ailettes fixée au talon des bottes s'ouvre et demeure en éventail jusqu'à ce que la jambe revienne d'arrière en avant, alors les deux ailettes se renferment : c'est le principe de la natation chez les oiseaux aquatiques.

Le navigateur peut s'asseoir tranquillement au fond de l'évasement, le dos portant sur le rebord ; il est là en excellente position pour la pêche à la ligne, pour la chasse au canard (*fig.* 203).

Les bottes Leyman pèsent 9 kilos et peuvent en porter 100. Elles ont eu, il y a quatre ou cinq ans, un grand succès de curiosité de l'autre côté de l'Atlantique.

LA PUBLICITÉ PAR LES CHAUSSURES.

La publicité par les chaussures doit être aussi d'origine américaine. Voulez-vous lancer une pilule, un savon? vous mettez ses mérites en relief sous les semelles en caoutchouc de quelques paires de chaussures. Vous en chaussez de pauvres diables qui, moyennant une faible rétribution, se promènent toute la journée en inscrivant sur le pavé de la ville le nom du merveilleux produit. Tout leur travail consistera à passer de temps en temps sur leurs semelles un rouleau chargé d'encre grasse. La Renommée antique avait cent bouches; la nôtre a, de plus, cent pieds.

LES SANDALES A DIAMANTS.

Un autre métier dans lequel les chaussures jouent le rôle d'instrument professionnel est celui de chercheur de diamants dans le district de Shantoung, en Chine. Les pierres précieuses y abondent, mais elles sont très petites.

Ayant aux pieds d'énormes chaussons de paille, l'ouvrier va et vient tout le jour parmi les sables diamantifères préalablement remués. Les diamants sur lesquels il marche pénètrent par les angles dans la paille de la semelle, et l'on n'a plus qu'à brûler la chaussure pour les recueillir dans les cendres.

CE QUE DEVIENNENT LES VIEUX SOULIERS.

Les souliers ne sont pas utiles seulement pendant leur vie, ils le sont encore après leur mort. Rien ne se crée et rien ne se perd dans l'industrie moderne.

Le vieux cuir découpé, traité par le chlorure de soufre, donne une matière cassante qui, pulvérisée, mélangée à une gomme adhésive, puis soumise à une pression modérée, sert à fabriquer des boutons, des manches de couteaux et une foule d'objets communs.

Les vieux souliers servent aussi pour faire des souliers neufs. On les découd, on arrache tous les clous, on fait tremper les morceaux pour les assouplir, on y taille des souliers d'enfants, des talons.

Les clous eux-mêmes ne sont pas perdus. On sépare avec un

Fig. 203. — Les bottes flottantes Leyman.

aimant ceux de fer de ceux en cuivre qui ont une assez grande
valeur.

Les dernières rognures, inutilisables dans l'industrie, font un excellent engrais recherché par beaucoup d'agriculteurs.

On a fait dans de vieux souliers des découvertes précieuses pour l'archéologie. D'antiques chaussures égyptiennes, parvenues jusqu'à nous, avaient, en effet, pour semelles plusieurs feuilles de papyrus cousues ensemble et couvertes d'écriture qu'on a déchiffrée. Bien des documents intéressants ont été conservés par ce moyen.

LE CARACTÈRE PAR L'USURE DES SEMELLES.

La *scarpologie* est une nouvelle science (?) imaginée par le D‍ʳ Garré, de Bâle. Elle permet, selon l'inventeur, de reconnaître les vices, les vertus, le caractère, le tempérament d'un homme par l'examen de ses semelles de souliers. Un talon et une semelle symétriquement usés annoncent un homme pondéré, énergique, un bon employé ou une bonne mère de famille. Si le bord externe est seul usé, le porteur est un volontaire, un entêté, un homme d'initiative ; si c'est le bord interne, c'est un faible, un irrésolu.

Mais tout cela n'est rien. Si la pointe est râpée en même temps que le bord externe, tout le reste de la chaussure apparaissant neuf, le porteur est presque toujours... un coquin.

« Donnez-moi quatre lignes de l'écriture d'un homme et je le ferai pendre », disait un juge célèbre.

Le D‍ʳ Garré n'est pas si exigeant ; il ne lui faut qu'une paire de souliers.

Pour parler sérieusement, l'usure des semelles, si elle ne peut indiquer le caractère, peut fort bien permettre de reconnaître certaines maladies sans voir le malade, notamment les altérations de la moelle, la paraplégie, dans lesquelles la marche est profondément modifiée.

CHAPITRE XXIX

CURIOSITÉS CYCLISTES

Incomparable comme mode de locomotion, la bicyclette est une merveille comme construction. On a pu dire avec raison que, toutes proportions gardées, c'est la chose la plus forte qui soit au monde.

LA FORCE DE RÉSISTANCE D'UNE BICYCLETTE.

Une bonne routière, pesant 14 kilogrammes, porterait, sans déformation, une pyramide de dix hommes, soit 680 kilogrammes environ, c'est-à-dire cinquante fois son propre poids (*fig.* 204 ; *1*).

Le cadre, dans lequel réside, en somme, toute la force de la machine, ne fléchirait pas si on le chargeait d'un vagon de marchandises pesant 10 tonnes (*fig.* 204 ; *3*). A la chaîne on peut accrocher un bœuf sans crainte de la voir se rompre ; elle est éprouvée, en effet, pour une traction de 700 kilos (*fig.* 204 ; *2*). Quant aux billes d'acier dont sont munis les coussinets, leur résistance est extraordinaire : une bille de 6 millimètres de diamètre résiste à une pression supérieure à 4 000 kilogrammes.

DE COMBIEN DE PIÈCES SE COMPOSE UNE BICYCLETTE.

Ces pièces si résistantes, si parfaites, sont en nombre considérable ; une bicyclette en comprend 852, y compris billes, écrous, contre-écrous, goupilles, entretoises, etc. Le cadre en exige 34, la fourche de direction, 85 : le pédalier, 45 ; la roue d'arrière, 104 ; celle d'avant, 102 ; les tendeurs de chaîne, 6 ; la chaîne, 386 ; les pédales, 66 ; la selle, 24.

L'HORLOGE DU CYCLISTE.

Ces pièces, montées comme l'on sait, donnent une bicyclette ; associées d'une autre façon elles peuvent servir à faire une horloge. On vit une colossale horloge cycliste au Salon du Cycle de décembre 1896. Des roues munies de leurs pneumatiques constituaient les rouages de précision ; des chaînes à doubles rouleaux assuraient la transmission. Le balancier était formé par une fourche de cadre à l'extrémité de laquelle une roue de bicyclette servait de lentille ; les axes de pédalier faisaient d'excellentes aiguilles dont la pointe était une burette de graissage ; des manivelles, disposées en chiffres romains, marquaient les heures sur le cadran ; enfin un poids de 200 kilos actionnait cette horloge qui marchait de façon convenable — sans emballement, malgré sa nature, — sonnait les heures, les demi-heures et les quarts d'heure sur trois cloches accordées.

LA BICYCLETTE EN PAPIER.

Pour remplacer l'acier des bicyclettes, on a songé au papier. Cette matière, préparée d'une certaine façon, acquiert une grande résistance. Les tubes de cycles en papier sont aussi solides que les tubes de métal, tout en étant plus légers d'un tiers et moins coûteux d'un quart. C'est, du moins, ce qu'un journal américain affirmait récemment. Malgré les louanges décernées à ce mode original de construction, la bicyclette en papier demeure introuvable sur notre vieux continent.

LE TRAVAIL EFFECTUÉ PAR UN CYCLISTE.

Nous n'avons parlé jusqu'à présent que de la machine, il serait peut-être temps de s'occuper de son conducteur, ne serait-ce que pour savoir quel travail il accomplit monté sur son cheval d'acier.

M. Guye a indiqué un procédé simple permettant d'évaluer ce travail. Il consiste à laisser rouler la bicyclette sur une longue pente uniforme et de faible inclinaison, sans toucher ni le frein ni les pédales. Le mouvement, lent au départ, va s'accélérant, jusqu'à ce que la résistance de l'air qui croît à

mesure que la vitesse s'augmente, lui donne une allure sensiblement uniforme, ce qu'on reconnaît au mouvement régulier
des pédales. Connaissant alors la pente du sol et la vitesse de
la machine en mesurant l'espace parcouru en un temps donné,

Fig. 201. — La résistance d'une bicyclette. — 1. Pyramide humaine que peut
supporter une bicyclette. — 2. Bœuf suspendu à la chaîne. — 3. Le cadre peut
supporter un vagon de marchandises.

on peut calculer le travail que déploierait le vélocipédiste marchant à plat avec la même vitesse. Il est égal évidemment au
travail effectué à chaque instant par la pesanteur, c'est-à-dire
au travail total des résistances à cet instant (résistance de l'air,
de la route, des essieux).

En multipliant P (poids en kilogrammes du veloceman et de sa machine) par H (*hauteur verticale* en mètres dont il descend pour aller du point où il a commencé à mesurer la vitesse jusqu'au point où cesse l'expérience) on obtient directement en kilogrammètres le travail total effectué pour parcourir le chemin entre les deux points extrêmes à la vitesse qu'avait la machine. En divisant le travail obtenu par le temps employé pour faire le trajet, on a le travail par seconde.

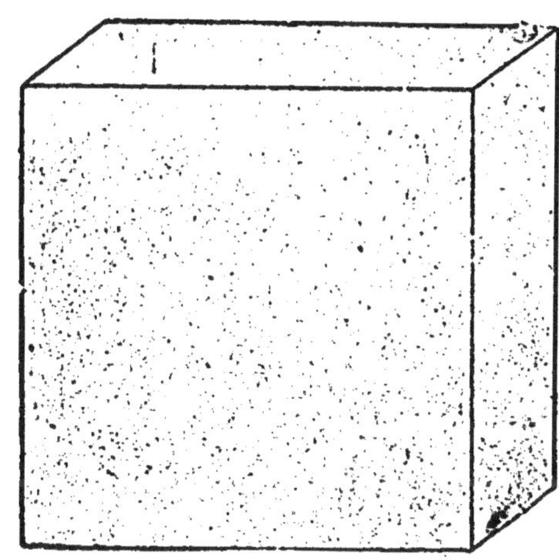

Fig. 205. — Le match Terront-Corre. — Comparaison du cheval-vapeur à la somme de kilogrammètres dépensée par Terront.

Lors du célèbre match de février 1893, entre Corre et Terront, sur un parcours de 1000 kilomètres qui fut couvert en un peu moins de quarante-deux heures par le second, le travail développé fut considérable, comme on s'en doute, et le nombre est faible de ceux qui auraient la vigueur et l'endurance nécessaires pour l'accomplir. On s'est amusé à l'évaluer approximativement.

Le poids de Terront et de sa machine étant 80 kilogrammes et le travail moyen de 10 kilogrammètres à la seconde, on trouve environ 1 500 000 kilogrammètres (*fig.* 205). Il est égal à sept fois le travail d'un homme de 75 kilogrammes faisant l'ascension du mont Blanc, ou à 600 fois celui du même touriste montant aux tours de Notre-Dame de Paris.

LE RECORD DU MILLE EN MOINS D'UNE MINUTE.

Le grand ennemi du cycliste désireux d'obtenir une vitesse fantastique, c'est l'air. La résistance de ce fluide croît rapidement quand la vitesse augmente et la force du coureur est, en grande partie, employée à la vaincre. Qu'on la supprime et on arrive à des résultats surprenants.

En 1898, le coureur américain W. Murphy a couvert un mille

(1 609 mètres) en 57" et 4/5 derrière un paravent entraîné par un train.

Fig. 206. — Le record du mille en moins d'une minute.

La Compagnie du chemin de fer de Long-Island, pour laquelle cette course fut l'occasion d'organiser des trains spéciaux, fit couvrir d'un plancher la voie sur une longueur de 2 milles 1/4.

Le paravent était une sorte de cage en bois s'étendant de $1^m,65$ en arrière du vagon et parfaitement close, sauf sur une distance de 2 centimètres laissée entre le bas des planches et les rails. Une barre de bois verticale peinte en blanc et fixée à l'arrière du vagon servait de mire et permettait au coureur de conserver toujours le milieu de la voie.

Le train comprenait ce seul vagon remorqué par une locomotive de 91 tonnes avec son tender.

Le commencement et la fin du mille étaient indiqués par deux grands drapeaux, et des contrôleurs, le chronomètre à la main, notaient les temps (*fig.* 206). Murphy était porteur de lunettes et d'un masque spécial pour protéger ses yeux et ses voies respiratoires contre le tourbillon de poussières. Ce qui le gêna le plus ce furent les vibrations très violentes du plancher.

La vitesse moyenne pour le mille fut de 100 kilomètres à l'heure.

LA CONSOMMATION EN OXYGÈNE DU CYCLISTE.

Elle a été déterminée à Bonn, sous les auspices de l'Institut physiologique de l'Université de cette ville.

Dans les expériences exécutées en 1898, un coureur du poids de 70 kilogrammes, monté sur une machine de $21^{kilog},5$ avec une vitesse de 15 kilomètres à l'heure, consomme, *par mètre*, $4^{cmc},8$ d'oxygène. Cette consommation diminue de 6 p. 100 quand la vitesse descend à 9 kilomètres à l'heure ; elle augmente au contraire de 10 p. 100 quand la vitesse atteint 20 kilomètres.

Des recherches faites parallèlement sur des piétons ont montré qu'à la vitesse type de 15 kilomètres, le cycliste consomme 72 litres d'oxygène à l'heure ; le piéton à l'allure moyenne de 6 kilomètres n'en consomme que 59 litres ; chez le cycliste, la consommation d'oxygène augmente très notablement avec la vitesse à cause de la résistance de l'air.

LA BICYCLETTE TOUR EIFFEL.

Le vélocipède, après une longue période de tâtonnements, semble avoir aujourd'hui son aspect définitif. De temps en temps, cependant, on voit apparaître une nouvelle forme qui croit constituer un perfectionnement, mais ne rencontre pas toujours la faveur du public. Plus souvent encore, dans un but de réclame, un fabricant fait sortir une machine de formes

Fig. 207. — 1. La bicyclette Tour Eiffel. — 2. Le vélodouche.

bizarres destinée à exciter la stupéfaction des badauds et qui y réussit toujours.

En 1895, on a pu voir sur nos boulevards la bicyclette Tour Eiffel. Cet engin peu gracieux, très peu stable et fort incommode, avait 4 mètres de hauteur ; il était impossible avec son aide de gravir une pente, et une chute dangereuse du haut de ce monument était toujours à redouter (*fig.* 207 ; *1*). La mode n'en fut pas continuée.

UN TRICYCLE MONSTRE.

Un autre paradoxe d'acier fut le tricycle monstre qui, en 1897, circula dans les rues de New-York et de Boston, monté par huit hommes. D'une largeur totale de 5^m,10, il pesait une tonne. La roue d'avant avait 1^m,80 de diamètre, celles d'arrière 3^m,30 avec un pneumatique de 0^m,45 de diamètre. Les rayons des grandes roues avaient une épaisseur de 12 centimètres.

Chaque roue motrice était actionnée par les quatre cyclistes placés de son côté. Le cadre consistait en deux charpentes en treillis disposées parallèlement côte à côte, et venant aboutir à la direction à laquelle était rattaché le guidon.

Cette machine, qu'on verra peut-être quelque jour en Europe, servit surtout lors des manifestations politiques qui accompagnèrent la première élection du président Mac-Kinley.

LES MONOCYCLES.

Les monocycles réalisent le minimum de frottement, mais ils présentent l'inconvénient de se prêter mal à la conservation de l'équilibre du cycliste et à l'ascension des pentes même légères.

On a renoncé bien vite à enfourcher les monocycles à la façon des bicycles et on a placé le coureur au centre de la roue.

C'est à cette catégorie qu'appartient la machine de M. Gauthier, de Saint-Malo (*fig.* 208; *2*).

Le cavalier est dans le plan de la circonférence de la roue; les rais s'infléchissent pour lui faire place.

Le mouvement est imprimé par un pédalier ordinaire, avec une chaîne et un pignon calé sur l'essieu de la grande roue.

Il n'y a pas besoin de chercher une multiplication, la circonférence de la roue développant près de 7 mètres.

Comme tous les monocycles, il n'a d'autre intérêt que celui de la curiosité. Il est encombrant, incommode, et déverse avec prodigalité sur la tête du malheureux qui le monte la boue ou la poussière des routes.

LES PODOSCAPHES.

Les inventions relatives aux applications de la vélocipédie à

Fig. 208. — *1*. Canot mû par un système de pédales. (En angle, détails du mécanisme.) — *2*. Le monocycle de M. Gauthier.

la navigation de plaisance ne manquent pas non plus; aucune ne semble avoir donné des résultats bien pratiques.

Le grand défaut de tous les appareils imaginés est de relever outre mesure la position des pédaleurs en surélevant le centre de gravité, d'où risque continuel de renversement.

Nous reproduisons (*fig.* 208 ; *1*), à titre de curiosité, un modèle établi en 1897, par un Français, M. Vallet. Il a fonctionné pendant quelque temps sur le lac du bois de Boulogne au grand amusement des promeneurs.

La manœuvre s'opère comme celle d'un bicycle ; le conducteur, à cheval sur une selle, met en mouvement un pédalier avec sa roue dentée qui agit par une chaîne sur un ensemble de roues dentées, de façon à transformer l'effort en un mouvement de rotation rapide imprimé à l'axe d'une hélice qui sert de propulseur.

PUBLICITÉ PAR BICYCLETTE.

Comme moyen de réclame, il n'est pas absolument nécessaire d'employer des cycles de formes anormales ; une bicyclette ordinaire y suffit fort bien, à condition que la roue d'arrière soit munie de jantes de forme spéciale constituant un composteur circulaire dans lequel, au moyen de grandes lettres de caoutchouc, on compose une petite phrase. Un souffleur actionné par le vélocipédiste chasse la poussière en avant de la roue pour faire une surface propre. Les lettres passent sur des tampons imprégnés d'encre de couleur et impriment leur trace sur le pavé de bois ou sur l'asphalte. Malheureusement pour l'inventeur de ce mode rapide et original de publicité, la police ne voulut pas laisser salir les chaussées par son engin. L'idée est curieuse et méritait d'être notée.

LE VÉLODOUCHE.

Une application de la bicyclette, un peu plus pratique et non contraire aux règlements de police, est le *vélodouche*, appareil hydrothérapique qui joint l'utile à l'agréable. Il se compose d'un cadre de bicyclette monté sur pieds et dans lequel le pédalier actionne une petite pompe rotative dont le tuyau d'aspiration plonge dans l'eau d'un *tub*. Le tuyau de refoulement s'élève en arrière de la selle, se cintre à son extrémité et se termine par une pomme d'arrosoir au-dessus de la tête du cycliste en chambre.

Pour prendre une douche, il suffit d'enfourcher le vélo et de pédaler (*fig.* 207; 2). On règle soi-même la puissance du jet.

LA BICYCLETTE ET L'ARPENTAGE.

L'emploi de la bicyclette en arpentage peut rendre des services. Si le champ est rectangulaire, on parcourt, en pédalant, sa longueur et sa largeur en comptant le nombre de tours faits par les pédales dans chaque sens. Connaissant le développement de la machine, on aura tous les éléments du calcul avec plus de précision qu'en mesurant au pas.

LES CYCLES ET L'INSPECTION DES VOIES FERRÉES.

L'idée de faire courir les vélocipèdes sur rails est déjà ancienne. En 1887, le capitaine Houdaille, du génie militaire, essaya, sur la ligne de l'Est, un quadricycle pour rails construit par M. Vincent. La vitesse obtenue fut de 30 kilomètres à l'heure, ce qui est peu, mais il faut dire que l'appareil pesait 90 kilos, ce qui est beaucoup.

Depuis, on a réduit le poids et augmenté la vitesse jusqu'à 40 kilomètres et plus à l'heure.

Les compagnies françaises utilisent peu ces vélocipèdes, mais les Américains y recourent avec raison et ils ont imaginé différents types pour l'inspection des voies, pour le transport des lampistes et de leurs lampes jusqu'aux signaux dont il faut garnir et allumer les feux, etc.

En Russie, on a adopté, en 1893, pour les mêmes usages, un tricycle comprenant deux roues principales inégales portant sur l'un des rails et maintenu en équilibre par un contrefort métallique terminé sur l'autre rail par une troisième petite roue.

Un inventeur américain a même imaginé une pièce accessoire qui peut s'adapter à une bicyclette quelconque et semble résoudre le problème du cyclisme sur rails.

Au cadre de la machine il suffit de fixer deux petits bâtis qui portent des roulettes frottant sur le côté latéral du rail.

Deux tiges, disposées en triangle, s'attachent au cadre et supportent une petite roue destinée à suivre le rail opposé et dont le bandage est entièrement semblable à celui des roues de vagon.

La bicyclette se trouve évidemment alourdie, mais la piste est si unie, si plate, que, sans paradoxe, l'augmentation de poids se traduit par un accroissement de vitesse.

LES ROUTES CYCLISTES.

Le cyclisme, ce sport qui, suivant une définition plaisante, mais peu aimable, a l'avantage, sur l'équitation, de supprimer une bête sur deux, cherche aujourd'hui les voies et moyens — les voies surtout — capables d'augmenter la vitesse de ses adeptes tout en diminuant leur fatigue.

Foin des routes ordinaires encombrées par les voitures et par leurs conducteurs brutaux, sillonnées de misérables piétons qui regimbent à l'écrasement, de ruminants, paisibles certes, mais trop lents à s'écarter, de chiens hargneux qui grondent, qui aboient et... mordent volontiers les mollets à travers les bas bien tirés, justifiant la boutade d'Alphonse Karr : le chien aime l'homme comme on aime un bifteck !

Ce qu'il faut au cycliste de l'avenir, c'est une route faite pour lui, route sans ornières, sans empierrement mortel aux pneus, sans montées surtout, où il puisse donner à sa roulante machine une allure vertigineuse et rivaliser avec les trains express.

Différents moyens ont été proposés pour arriver à ce résultat qui débarrasserait les cyclistes des piétons et réciproquement. On a proposé d'établir sur les bas-côtés des grandes routes une barrière limitant un chemin spécialement réservé aux fervents de la pédale. Quelques-uns ont même insisté pour utiliser les deux bas-côtés, l'un pour l'aller, l'autre pour le retour. C'est peut-être trop demander ; aussi n'y a-t-il rien de fait — que des projets — dans cet ordre d'idées.

La roue bandée pouvant s'adjoindre à volonté aux bicyclettes ordinaires a l'inconvénient de les transformer en tricycles, mais l'avantage de leur permettre la circulation sur les voies ferrées.

Utile pour les employés chargés de la vérification de la voie, cette invention ne sera applicable au public pédalant que quand les voies ferrées seront abandonnées pour quelque autre moyen de transport ; les compagnies seront trop heureuses d'utiliser, moyennant une honnête rétribution, leurs rails inutiles.

D'ici là, peu de cyclistes s'aventureront à faire une petite promenade sur rubans d'acier : la crainte des express est le commencement de la sagesse.

Cependant, si un chemin de fer était fait spécialement pour eux, MM. les cyclistes se décideraient peut-être à y rouler.

On a parlé jadis d'un tel chemin de fer établi dans l'État de New-Jersey (États-Unis), entre Mount-Molly et Smithfield. La

Fig. 209. — Chemin de fer pour bicycles.

voie à un seul rail surélevé eût supporté un bicycle d'une forme particulière (*fig.* 209), pourvu cependant de ses organes ordinaires, pédales, chaîne de transmission, etc.

La selle conservait également sa forme usuelle; elle était placée presque au niveau du rail, pour abaisser le centre de gravité et assurer le coureur contre les basculements possibles. Le projet n'a pas eu de suite, heureusement, sans doute, pour les actionnaires.

D'où viendra donc la solution? Elle est venue, non pas du nord, comme la lumière au siècle de Voltaire, mais encore de l'ouest. La route idéale pour roues pneumatiques, la route cycliste existe depuis quelque temps. Il ne tient qu'à vous d'aller l'essayer.

Embarquez votre bécane, et vous-même, sur le prochain paquebot partant pour l'Amérique, traversez ensuite ce continent dans toute sa largeur et gagnez la Californie. Là est cette merveille qui relie les deux villes de Los Angeles et de Pasadena sur une longueur de 16 kilomètres, à travers une végétation exubérante et un paysage absolument adorable, mais semé de trop de collines. Les innombrables cyclistes qui, tous les jours, parcourent le pays entre ces deux villes étaient, à chaque instant, forcés de descendre de machine.

Une société a construit à ses frais une route cycliste. Entièrement en bois, elle forme une sorte de long couloir parqueté, établi en viaduc de 5 mètres de largeur. Sa hauteur au-dessus du sol varie entre 1 et 15 mètres, et sa pente ne dépasse nulle part 3 p. 100.

Elle est munie d'un garde-fou à droite et à gauche et éclairée pendant la nuit à l'aide de lampes électriques espacées de 60 mètres.

Les deux stations terminales, fort élégantes, sont situées au cœur de chacune des deux villes; elles sont munies d'un atelier de réparation pour les cycles et les automobiles. On se procure en location à l'une d'elles une machine que l'on peut rendre tout simplement à la station opposée, sans avoir à la retourner.

La compagnie se charge aussi de la garde et de l'entretien des machines qu'on veut bien lui confier.

Les charpentes, comme on peut le voir sur le dessin (*fig.* 210), dépassent de beaucoup la plate-forme, parce qu'on espère, en cas de succès, doubler la largeur de la piste et en réserver une moitié aux automobiles.

Qui nous dotera en France de la première route cycliste?

LES CYCLISTES ET LA FOUDRE.

Abordons maintenant une autre question qui a fait l'objet de nombreuses discussions. Un cycliste est-il, par un temps d'orage, à l'abri de tout danger? Beaucoup de personnes penchent pour l'affirmative, le cycliste étant isolé du sol par les caoutchoucs de sa bicyclette. Cependant un journal américain a raconté l'accident survenu à un jeune cycliste de Chicago qui, pendant un violent orage, regagnant à toute vitesse sa demeure, fut frappé par la foudre.

Le courant, qui semble avoir pénétré par la tète de la victime,

Fig. 210. — Une route cycliste en Californie, de Los Angeles à Pasadena.

avait réduit en miettes sa casquette, son veston et sa chemise, produisant des brûlures à la poitrine et à l'abdomen. La plaque en argent, insigne d'un club sportique, qui se trouvait sur sa casquette, fut entièrement fondue, tandis qu'une bague en or était à peine ternie et que la montre en argent restait intacte.

LE CHEMIN FAIT EN UN JOUR PAR TOUS LES CYCLISTES
DU MONDE.

Terminons sur une note moins triste que va nous fournir la statistique. Veut-on savoir le trajet total accompli, chaque dimanche, par les cyclistes du globe? Un journaliste, qui avait du temps à perdre, l'a calculé... à quelques kilomètres près. On évalue à 10 millions le nombre mondial des cyclistes. Admettons, avec le statisticien émérite que nous citons, qu'une bonne moitié sorte chaque dimanche et que chacun fasse en moyenne 20 kilomètres. Un calcul simple montre que les 5 millions de cyclistes feront 100000000 de kilomètres, soit 2500 fois le tour de la terre!

En estimant à 5 mètres le développement moyen d'une bicyclette, on voit que ce chiffre correspond à 20 milliards de tours de l'axe des pédales. Belle chose, décidément, que la statistique!

TABLE DES MATIÈRES

Chapitre I. — LE CERF-VOLANT ET SES APPLICATIONS.

Chapitre II. — LES TOUPIES.

Chapitre III. — LES DISTRIBUTEURS AUTOMATIQUES.

CHAPITRE IV. — LE MACHINISME.

CHAPITRE V. — LES AVERTISSEURS.

Chapitre IX. — CURIOSITÉS ÉLECTRIQUES.

Chapitre X. — LE TÉLÉPHONE.

Chapitre XI. — LA FOUDRE.

Chapitre XII. — LA PLUIE.

Chapitre XIII. — LE VENT ET SON UTILISATION.

Chapitre XIV. — LA GLACE.

Chapitre XV. — LE CHAUFFAGE ET LA FUMÉE.

Chapitre XVI. — L'ÉCLAIRAGE.

Chapitre XX. — LES TRAMWAYS.

Chapitre XXI. — COMBUSTIONS SPONTANÉES ET EXPLOSIONS DE POUSSIÈRES.

Chapitre XXII. — LE CANON.

Chapitre XXIX. — CURIOSITÉS CYCLISTES.

TABLE DES GRAVURES